KB244978

레거시를 향하여

도시의 미래 비전

레거시를 향하여

도시의 미래 비전

레거시를 향하여

도시의 미래 비전

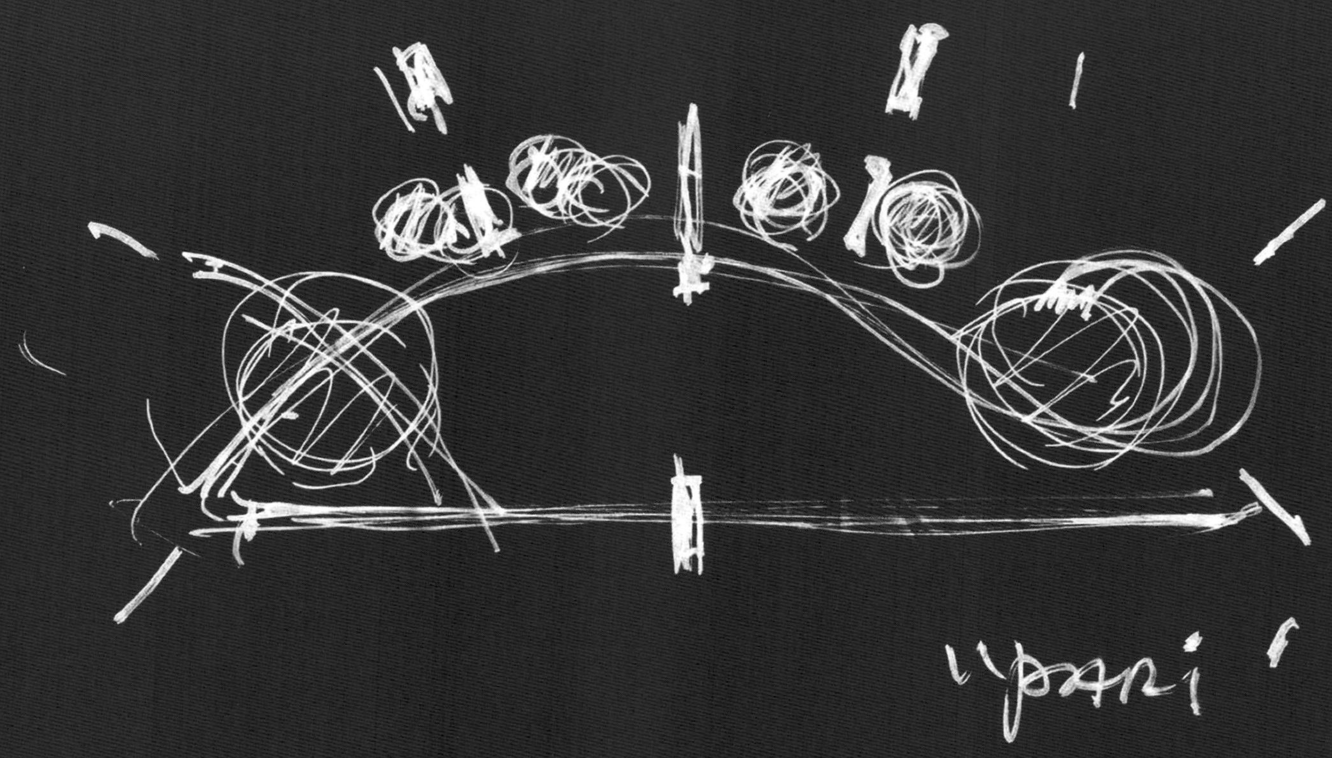

ypari

레거시를 향하여

디자인 워크샵은 경관, 환경계획, 도시디자인 안에서
그들의 이상을 펼친다.

레거시를 향하여

2011년 1월 10일 1판 1쇄 인쇄
2011년 1월 20일 1판 1쇄 발행

지은이 디자인 워크샵(Design Workshop)
옮긴이 김 승 겸
펴낸이 강 찬 석
펴낸곳 도서출판 **미 세 움**
주 소 121-856 서울시 영등포구 신길동 194-70
전 화 02)844-0855 팩 스 02)703-7508
등 록 제313-2007-000133호

ISBN 978-89-85493-39-0   93540

정가 78,000원

잘못된 책은 바꾸어 드립니다.

차례 Contents

자연은 인간이 행복한 삶을 살아가는
데 꼭 필요한 요소다. 손상된 자연을 치
유하고 대지를 보호하는 것은 우리의
삶을 지속적으로 영위하기 위한 인간의
가장 기본적인 책무다.

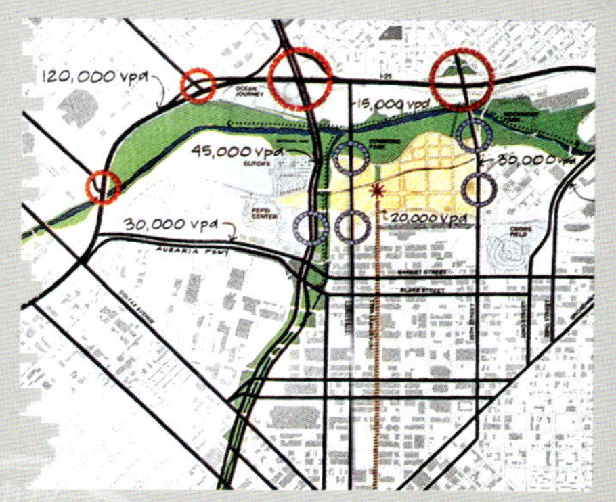

2 장소 _ 078

장소성을 구현하는 과정은 우리의 일상에 아름다움을 가져다주며, 인간의 삶과 그들이 살아가는 환경에 그 의미를 부여한다.

3 커뮤니티 _ 132

성공적인 커뮤니티를 설계하는 것은 자연과 인간이 공생할 수 있는 구조를 만들어 주는 것이며, 자원의 보존과 인간에게 필요한 개발이 적절히 조화를 이룰 수 있는 환경을 구현하는 것이다.

4 연결 _ 176

사람들의 흥미를 유발하며, 도시환경에 자연의 향기를 제공하는 방법은 동시대에 현존하는 정보의 바다와 함께 역사적 문맥 안에서 도출된다.

5 변화의 선도 _ 230

변화는 사람들의 깊은 심상 안에서부터 시작한다. 미래를 위한 비전을 만드는 것은 그 변화에 가장 중요한 의미를 부여하는 것이다.

들어가며

Knowledge of the Client
Knowledge of the Site
Knowledge of the Context
Knowledge of Project Economics
Knowledge of the Program and Users
Knowledge of Design Precedents
GENERAL TO SPECIFICY
Explore
Explore
Explore
Explore
Explore
Synthesis
Conceptual
Schematic
Design Development
Construction Documents
Construction Administration
Document
Evaluate
Evaluate
Evaluate
Evaluate
Evaluate
· Base Map
· Analysis Drawings
· Program Diagrams
· Images
· Budgets
· Ideas and Details
· Goals and Metrics
· Start with An Idea
· The Dumb Plan
· Model
SPECIFICS TO GENERAL
DESIGN PROCESS
Kurt Culbertson   7·16·02

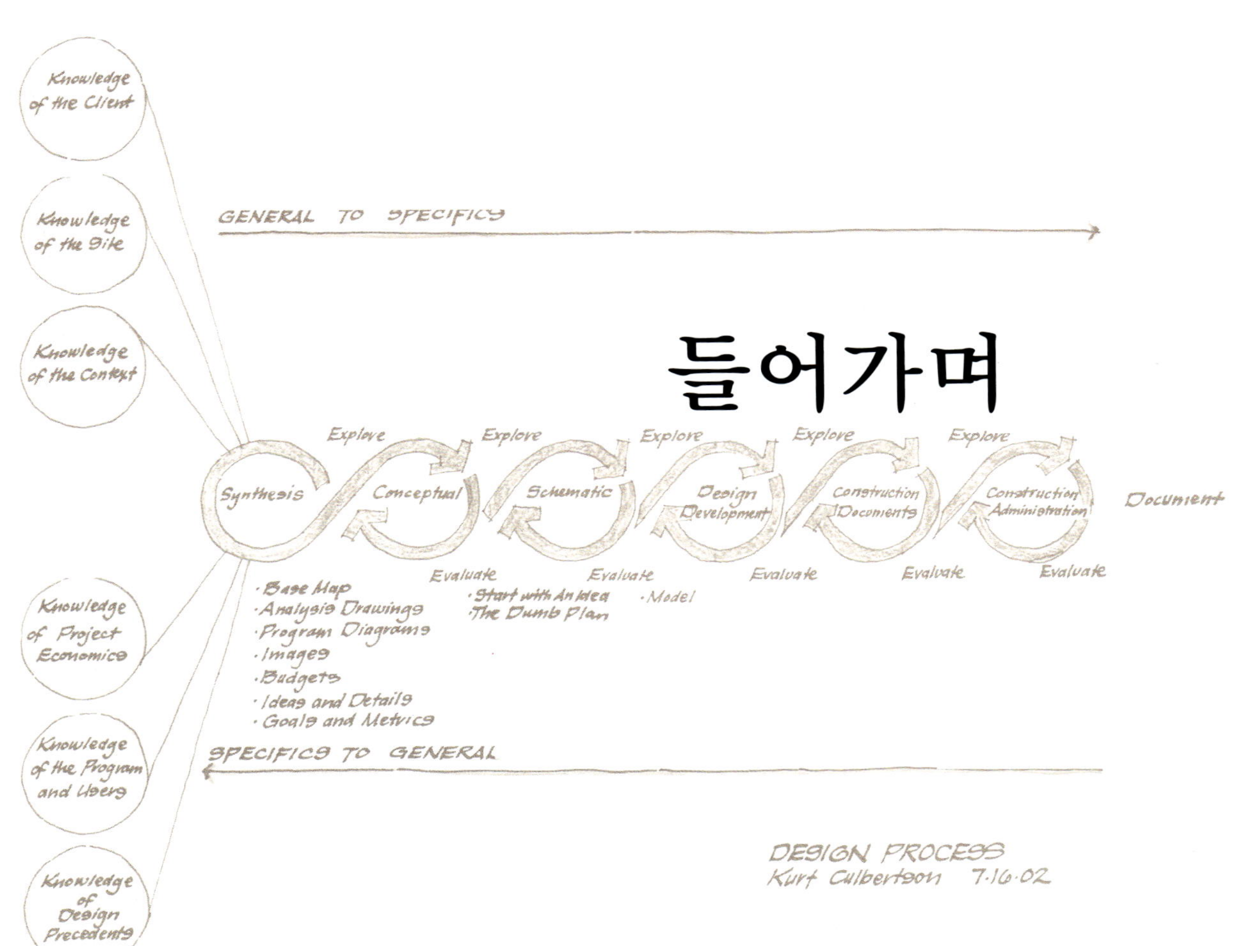

이 책은 지난 35년 동안, 우리가 수행해 온 프로젝트들에 관한 책이다. 하지만, 우리는 일반적인 프로젝트에 관한 내용, 그 이상의 가치를 이 책에 담고자 한다. 우리는 아이디어를 바탕으로 사업을 운영해 나가는 것이 어떤 모습인지, 시간의 변화 속에서 어떻게 우리의 경험과 사고가 진화해 왔는지, 우리가 현재 직면한 문제는 무엇인지, 그리고 지금까지 우리가 무엇을 성취해 왔는지 등에 대해서, 여러분들과 함께 논의해 보고자 한다. 몇 년 전부터, 디자인 워크샵은 우리가 지금까지 수행했던 최고의 프로젝트들을 선별하고, 그 프로젝트들의 개념, 방법, 결과 등을 문서화하는 작업에 착수했다. 이 과정에서 우리는 자연환경의 보존, 장소성의 구현, 커뮤니티의 양성, 연결, 변화의 선도라는 5가지 내용에 초점을 맞췄다. 많은 프로젝트들이 동시에 여러 범주에 중복되기도 하였으나, 우리는 그 프로젝트의 본질이 어떤 범주에 가장 적절하게 속하는지를 고려하여 분류시켰다. 각각의 장은 우리의 생각과 경험을 그림, 도표, 글 등을 통해, 레거시 디자인의 개념에 보다 가까이 접근하고, 그럼으로써 미래 세대들에게 더 큰 가능성을 열어줄 수 있는 기회의 메시지를 담아내는 것으로부터 시작된다.

이 책에서 우리는 경제성에 대한 예를 찾아볼 수 있을 것이고, 거대한 부를 바탕으로 한 설계의 표현도 찾아볼 수 있을 것이다. 또한, 우리는 적극적인 보전 방법을 만날 것이며, 수동적인 보전방법으로서 어디를 개발해야 개발압력이라는 소용돌이에서 환경을 보호할 수 있는가를 알 수 있을 것이다. 어떤 프로젝트들은 수년 간에 걸쳐 난항을 겪어왔으며, 이해관계자들 간의 심한 분쟁으로 인해 프로젝트의 진행이 거의 불가능한 상태에 놓인 적도 있었다. 하지만, 계획·설계가들은 그들의 신념과 회사의 이념 안에서, 개발자들과 커뮤니티를 지도하며, 한걸음씩 전진해간다. 우리는 부분적인 성공을 거두었던 프로젝트들과, 성공하지는 못했으나 큰 교훈을 얻었던 프로젝트도 이 책에 담았다. 그럼으로써 우리는 사람들을 교육하고 자각하며, 그 미래의 가능성에 대한 희망을 안겨주고자 한다.

이 책에서 우리는 무엇을 말하고자 하는가?
우리는 이 책을 어떻게 읽어야 하는가?

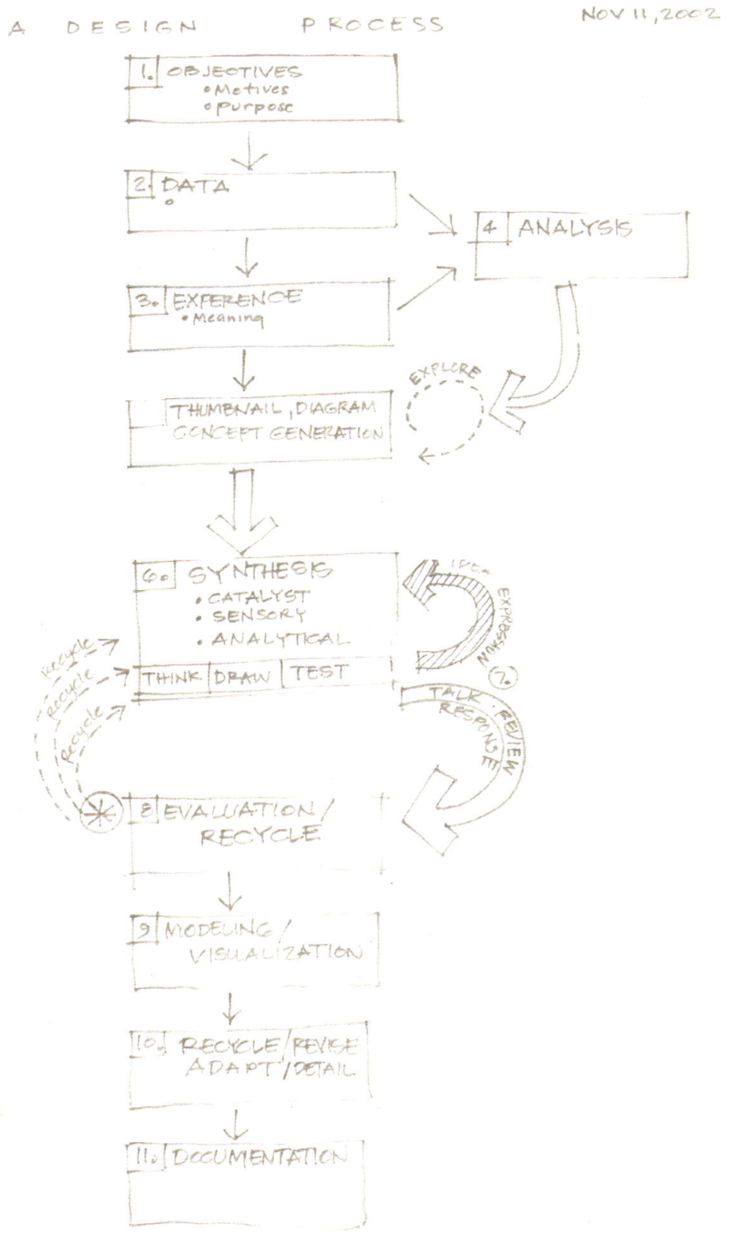
A DESIGN PROCESS
NOV 11, 2002
1. OBJECTIVES
• Motives
• Purpose
2. DATA
4 ANALYSIS
3. EXPERENCE
• Meaning
EXPLORE
THUMBNAIL, DIAGRAM
CONCEPT GENERATION
6. SYNTHESIS
• CATALYST
• SENSORY
• ANALYTICAL
IDEA
EXPRESSION
7.
THINK
DRAW
TEST
Recycle
Recycle
Recycle
TALK
RESPONSE
REVIEW
8 EVALUATION / RECYCLE
9 MODELING / VISUALIZATION
10. RECYCLE / REVISE
ADAPT / DETAIL
11. DOCUMENTATION

서 론

복잡하고 어려운 프로젝트들은, 우리의 지적 흥미를 자극하며, 이를 통해 그 해법은 진화한다. 시작부터 우리는 대지와 관계된 어떠한 문제에도 적극적으로 임할 수 있는 설계가들을 찾아왔다. 그들은 그 문제들을 해결하기 위해서 서로의 의견을 교환하며, 이러한 상호 협력과정에서 도출된 포괄적인 개념들을 문제해결에 적용한다. 우리는 이러한 사고과정들을 통해서 중요한 문제들을 해결해 왔으며, 양질의 차이를 도출해 왔다. 그럼으로써, 우리는 사회의 복지를 향상시키고, 지속가능한 환경을 미래 세대들에게 물려주고자 한다.

디자인 워크샵의 두 가지 철학 : 투명성과 전체론[1]

'투명성'은 모든 수준에서의 개방성을 포함한다. 이는 회사의 이름에 명백히 드러나 있으며, 설립자들이 이행하고자 했던, '협력적 절차'를 표현하기 위해 선택된 것이었다. 그 절차란, 모든 의견에 대해 가치를 부여하고, 모든 의견을 장려하며, 의사결정 과정이 투명한 상태를 유지할 수 있도록 만드는 것이다. '자문'은 다양한 사람들에 의해서 제공된다. 이것은 심의위원들만 할 수 있는 것이 아니며, 수석 디자이너들이 설계의 진행을 포기한다는 의미도 아니다. 이는 프로젝트와 관계된 모든 사람들, 즉 신입사원, 마케팅 담당사원, 재무담당 직원에 이르기까지 개방된 디자인 리뷰[2]에 참여하는 모든 사람들에 의해서 제공된다는 것이다.

'전체론'은 포괄적 접근을 가리키는 것으로서, 1969년, 디자인 워크샵이 설립된 이래로 지금까지 실천해 오고 있는 것들 중 하나다. 프로젝트의 시작단계부터, 여러 가지 관점에서 충분히 고려되어야 하는 계획의 특성상, 부분적인 요소들을 집중적으로 검토하는 것은 물론, 거시적인 측면에서의 포괄적인 접근이 강조되는 것 또한 매우 중요하다. 다양한 스케일 안에서 프로젝트의 거시적인 맥락을 이해하는 것은

---

1) Holism. 한 개체가 그것의 구성요소들을 통해 설명될 수 없다고 하는 사상. 즉, 부분이 기관 전체의 동작을 결정하는 것이 아니라, 기관 전체가 부분의 동작을 결정한다는 생각으로, 환원주의에 대비되는 개념.

2) Design Review. 설계의 각 단계에서 설계내용을 재검토하는 것.

디자인 워크샵은
학문적 이상에 그 뿌리를 둔다.

서로 분리된 영역을 교차시키고, 때로는 고립된 기술적 원칙들을 통합시킴으로써, 다양한 수준의 관심영역과 프로젝트 자체의 본질적 의미를 통합시키는 과정이라 할 수 있다.

그러므로 우리가 최상의 결정을 내리기 위해서 개발자, 주민, 공무원 등 다양한 이해관계자로부터 풍부한 정보를 공유하는 것은 매우 중요하다. 이를 뒷받침하기 위해, 돈 인사인Don Ensign은 '우리가 하는 일이 포괄적이어야 한다는 것을 처음부터 직관적으로 인지했으며, 이는 회사의 유전자를 형성하는 데 매우 중요한 개념'이라고 피력한다.

레거시 디자인(Legacy Design)

회사가 성장하면서, 이러한 포괄적 접근방법의 당위성은 더욱 명확해졌고, 1990년대, 주주회의에서 그 개념을 어떻게 구조화시킬지에 대해 심층 논의된다. '포괄적'이라는 단어는 보통 거시적인 맥락을 고려한다는 것을 의미하지만, 또한 프로젝트에 직결되는 근시적인 요소들을 집중 검토한다는 의미도 포함한다. 그러므로 주주들은 설계가들과 천착3)할 수 있는 방법을 공유하고자 하였다. 이를 통해, 프로젝트의 표면조건들이 프로젝트 내의 중요한 문제를 규명하는 동안, 천착을 통해 문제의 핵심을 정의하고, 깊이 있는 고찰이 진행될 수 있도록 유도한다는 것이다. 이렇게 만들어진 일련의 계획과정은 각각의 요소들을 전체론적인 관점에서 유기적으로 연결시킴으로써, 양질의 결과물을 창조한다.

이러한 개념을 구체화하면서, 주주들은 환경적 측면에 초점이 맞추어진, 지속가능성이라는 개념을 포괄적 접근방법에 접목시킨다. 그럼으로써 '우리가 무엇을 보는 데 익숙한가' 보다 '우리가 누구인가' 라는 책임의식을 고취시킨다. 이를 통해, 우리는 기존의 조경에서 중요하게 다루었던 환경과 예술이라는 전통적인 측면에 커뮤니티와 경제라는 요소를 포함시킴으로써, 우리가 말하는 포괄적인 접근방법의

---

3) go deep. 학문을 깊이 연구함.

구체화를 실현한다.

이러한 4가지의 요소들 중, 세 가지는 서로 밀접한 연계성을 가진다.존 엘킹턴 (John Elkington), 『*Cannibals with Forks*』 하지만, '미' 가 인간의 삶에 의미를 부여하는 본질적인 요소라는 측면에서, 그 연계성은 더욱 확장된다. 이러한 미적 요소를 표현하기 위해, '미학' 이라는 단어보다 더욱 구체적이고 일반적인 이해를 수용하는 '예술' 이라는 단어를 선택하게 된다. 그리고 이러한 네 가지 요소들은 다음과 같이 정의된다.

환경 인간은 자연계 안에서 존재하며, 그것을 보호하고 그들의 활동을 통제하는 것에 의해서 그 삶을 보장받는다. 그러므로 우리는 후손들이 삶을 지속적으로 영위할 수 있도록 대지의 상태와 가치를 보존해 나가야 한다.

커뮤니티 인간을 연결시키는 것은 가족, 단체, 마을, 도시, 그리고 더 나아가 국가의 문화를 형성시키는 것이며, 그들이 번성할 수 있는 기반을 만들어 주는 것이다. 이러한 관점에서, 커뮤니티를 디자인한다는 것은 주민 상호 간의 관계성을 확립시키는 과정이라 말할 수 있으며, 서로를 배려하고 수용할 수 있는 환경을 만들어가는 과정이라고 볼 수 있다.

경제 개발과 투자를 하기 위해 필요한 자본의 흐름은 실물경제에 매우 중요한 역할을 한다. 그러므로 개발이 그 장소 고유의 역사성을 보호하면서, 그 장소를 더 발전시키기 위해서는 장기적 경제 메커니즘을 구축해야 한다.

예술 '미美' 는 영속성의 본질이라고 말할 수 있다. 이는 우리에게 삶의 의미를 부여하고, 인간의 정신을 치유하면서 인간사에 진정한 목적을 부여한다. 또한, 예술은 경제적 가치를 부여하고, 개발을 위한 자본을 유치시킴으로써 우리에게 그 실효성을 제공한다.

　　이러한 아이디어의 본질을 표현하기 위해, 디자인 워크샵의 이사회는 이를 간단명료한 하나의 문장으로 요약한다.

　　우리는 환경, 경제, 예술, 그리고 커뮤니티가 대지를 포용하고, 사회의 요구를 충족하면서 조화롭게 결합되었을 때, 최고의 장소가 실현된다고 믿는다. 그 장소는 본질과 알려지지 않은 가치를 인정하고 시대불변의 미가 함께 하는 지속가능한 장소로서의 정신을 고무시킨다. 우리는 영속적인 미를 담는 경관을 디자인함으로써, 우리의 이웃들을 위해, 사회를 위해, 세계의 복지를 위한 장소를 만들어 나가야 할 것이고, 궁극적으로 미래 세대들을 위한 유산을 창조하는 데 그 노력을 아끼지 않을 것이다.

　　이러한 접근방법은 'Legacy' 라는 단어로 함축된다. 이는 디자인의 일시적인 속성을 인지하고, 그 디자인에 대한 본질적 의미를 부여함으로써, 디자인 그 자체를 지속적으로 유지시킨다는 의미를 함축한다. 이 아이디어는 환경, 커뮤니티, 경제, 예술을 나타내는 각각의 원이 서로 중첩되면서 표현된다. 이 4개의 원이 중첩되면서, 각각의 요소들이 균형을 이루는 중앙부는 프로젝트의 이상향을 나타낸다. 만약, 처음부터 하나의 요소가 다른 요소들에 비해 월등히 강조된다면, 이 프로세스는 그 강조된 요소를 가능한 한 중앙부로 전이시켜, 그 균형의 조화를 구현시킨다.

　　이러한 면밀한 지적 과정을 실제 프로젝트에 일일이 적용하기 위해, 종합적 설계관리를 나타내는 다섯번째 원이 추가된다. '통합' 을 나타내는 이 요소는 설계과정과 인적 자원의 집사적 관리를 말하는 것으로써, 복잡한 선택이나 결과물을 최적화하는 데 이바지한다.

　　파트너 중 한 명인 레베카 짐머맨Rebecca Zimmermann은 이러한 개념에 대해, 에너지와 노력을 집중시키는 방법이라고 말한다. 어떤 프로젝트는 환경이나 경제 같은 특정요소가 두드러지게 강조되기 때문에, 우리는 다른 요소들

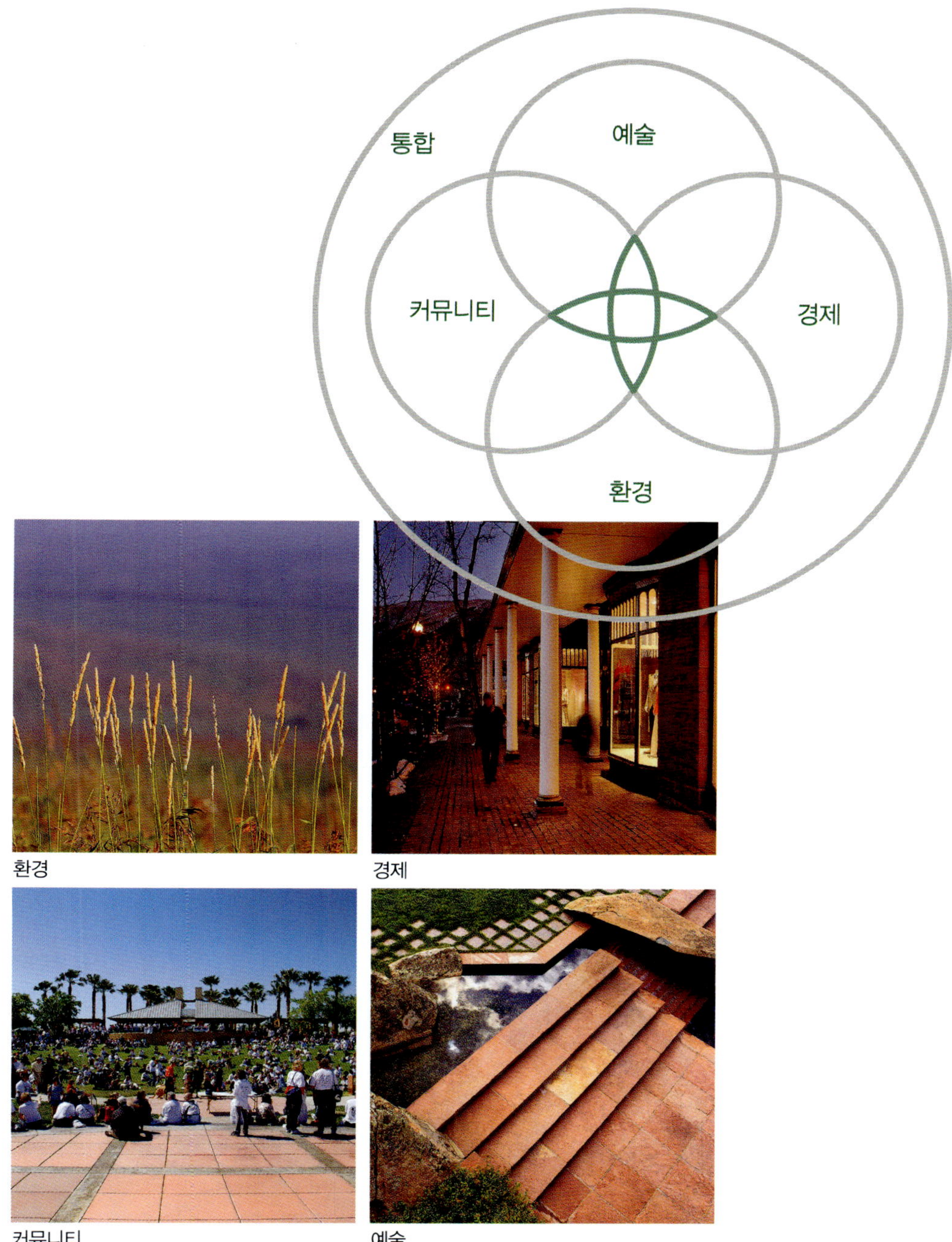

환경

경제

커뮤니티

예술

또한 적절히 고려하여 통합시킬 수 있도록 노력해야 한다는 것이다. 물론 착수단계에서는 한 가지 요소만 강조될지도 모른다. 하지만, 이러한 요소들은 점점 다른 요인들과 연계되고, 상호 관계성을 형성하며 통합된다. 그렇다면 과연 이것이 레거시인가? 아마 그럴 수도 있고, 그렇지 않을 수도 있다. 하지만 우리는 이를 실현시키기 위해 협동하고, 고심함으로써 프로젝트의 높은 완성도를 창출시킨다. 이것이 바로 레거시다.

레거시 디자인은 디자인 워크샵의 학문적 기원, 그 이상으로 성장한다. 그 목표 중 하나는 교육받을 때부터 이미 나뉘어진 전문적 영역의 경계와 틈새를 서로 연결해 준다는 것이다. 디자인 가치와 기술에 대한 개인적 편차는 교육환경에서부터 시작된다. 디자인 워크샵의 설계부문 총책임자인 토드 존슨Todd Johnson은 그가 하버드대학에서 교육받을 당시, 디자인의 형태와 구성을 지향하는 교수들도 있었고, 문제해결에 중점을 두는 교수들도 있었다고 말한다. 이러한 편차는 감수성이 예민한 학생들과 논쟁을 좋아하는 학생들 사이에 파벌을 형성시켰으며, 그룹별로 두드러진 행태적 특성을 만들었다고 회상한다. 형태를 지향하는 사람들은 검은색 옷을 즐겨 입었고, 어떤 특정한 잡지를 즐겨 읽었으며, 그들만의 언어로 이야기하는 경향이 두드러졌다. 반면, 문제해결을 지향하는 그룹은 그들의 의복에 큰 신경을 쓰지 않았으며, 어떤 것을 예측하려 하지도 않았다. 오로지 과학적이고 합리적인 사고과정에 초점을 맞추었다. 감수성이 예민한 집단은 문제해결 과정에서 나타나는 형식성과 합리성의 중간에서 그들이 옳다고 생각하는 이상에 비중을 두는 경향을 보였다. 이렇듯, 자신의 의지와 신념에 의해서, 그 기술과 가치가 종속될 수 있다는 함정은 어디서나 존재한다는 것을 우리는 인지하며, 레거시 디자인이 그 높은 목표와 형태 사이를 연결시키며, 총체적인 해결방안을 구현시킬 수 있도록 지속적으로 발전시켜야 한다는 것을 알게 해준다.

아이디어는 개인적 가치와 신념에 그 뿌리를 둔다고 말할 수 있다. 어떤 관점에서는 그것이 신념의 행위로서 측정될 수도 있으며, 환경적 민감성, 경제적 실효성, 커뮤니티의 가치라는 각각의 요소들을 조화시키는 과정에서 나타나는 시간적 편차를 극복할 수 있어야 한다는 것을 상기시킨다.

이렇게 형성된 장소들은 건설된 현대문명을 배경으로, 그리고 레거시의 일부로서 만들어진 다양한 형태들과 함께, 우리와 같은 직업에 종사하는 사람들의 숭고한 노력을 대표한다. 많은 사람들이 어떤 특정한 레거시 요소들 중 하나만을 강조하는 동안, 레거시를 추구하는 사람들은 모든 관점을 검토하는 어려운 방법을 선택한다. 이러한 사례로는 프레드릭 로 옴스테드Frederick Law Olmsted가 설계한 뉴욕의 센트럴 파크, 친환경 에너지 도시로 유명한 덴마크의 에어로Ærø, 로버트 스미슨Robert Smithson이 디자인 한, 유타 주 솔트레이크의 나선형 방파제Spiral Jetty, 텍사스의 우드랜즈Woodlands, 플로리다의 시사이드Seaside, 애리조나의 버라도Verrado 커뮤니티 등이 포함될 수 있다. 또한 우리는 각 장의 마지막에 심층토론 프로젝트를 소개함으로써, 레거시 이상을 성취하기 위한 우리의 구체적인 접근방법을 제시한다.

이러한 아이디어의 시작단계에서, 디자인 워크샵의 운영위원회는 레거시 디자인이 우리의 이상을 실현시킬 수 있는 본질적인 이론이 될 수 있다는 것을 깨닫는다. 이는 분석과정이 각각의 요소들을 종합하고, 통합함으로써 가장 실용적인 결과를 도출해 나가는 동안, 레거시의 4가지 요소가 하나의 연결고리를 만들어, 각각의 요소들이 서로 소통될 수 있도록 만든다는 것이다. 그러나 비록, 이러한 이상의 성취를 위한 노력들이 측정될 수 있다 하더라도, 예술, 경제, 환경, 커뮤니티의 균형을 유지하는 것이 과연 우리의 후손들에게 훌륭한 유산으로 남겨질지를 명백하게 입증하는 것은 불가능하다. 하지만, 우리는 지속적으로 이러한 접근방법을 주장한다. 왜냐하면, 그 결과가 현재까지 우수했고, 이를 이행하는 과정에서 지식과 경험을 축적하고, 협동이라는 환경을 일구어 내기 때문이다. 그러므로 디자인 워크샵의 실무적 관점에서 '레거시 디자인은 도시계획의 미래' 라고 우리는 말한다.

도전과 이점

디자인 워크샵의 설립 경영자인 조 포터Joe Porter는 "우리가 그동안 근본적인 것들을 솔직하게 표현하는 데 서툴렀다"고 말한다. 우리의 긴 여정 중 상당부분은 배우고 성장하는 과정이며, 우리의 사고를 확장하고, 개발의 완성도를 위해 영향을 미치는 과정이기 때문이다.

파트너, 리처드 쇼Richard Shaw는 "많은 개발자들이 모든 요소들을 넓은 관점에서 바라보려고 노력하는 것은 아니며, 그 결과물이 최선의 답이 아닐 수도 있다"고 말한다. 그러므로 레거시 디자인은 종종 포괄적이고 협력적인 접근의 이점을 개발자들에게 증명해 주기 위한 교육적 수단으로서의 속성을 포함해야 한다고 말한다.

최고 경영자인 커트 컬버트슨Kurt Culbertson은 이러한 상황에 대해 자세히 기술한다. 우리는 인터뷰 중, 레거시 다이어그램을 개발자들에게 보여주었다. 개발자들의 대표는 "우리가 경제에 대해서 관심을 보이는 것은 확실하지만, 그 밖의 다른 요소들을 위해 투자하고 싶지는 않다"고 말한다. 하지만 컬버트슨은 환경과 예술적 가치를 향상시키는 것은 커뮤니티의 경제적 가치를 유도하는 데 있어서 필수요소이며, 당신들이 정말로 경제적 향상을 추구한다면, 다른 3가지 요소들에 대해서도 깊은 관심을 가질 필요가 있다고 피력한다. 그 후 개발자들은 그들이 이러한 항목에 대한 경제적 가치를 간과했었다고 시인하며, 그들의 프로젝트에 부지의 역사성을 담는 옛 방앗간을 활용하여 또 다른 가치를 만들어 보자고 먼저 제안하게 된다. 이는 디자인의 철학을 뛰어넘어, 올바른 개발을 선도하기 위한 활동으로써 우리의 영역이 확장될 수 있다는 것을 보여준다.

디자인 워크샵의 사장인, 그레그 오치스Greg Ochis는 레거시 개념이 설계팀과 개발자들 모두에게 적용되었을 때, 가장 강력한 힘을 발휘할 수 있다고 말한다. 이것은 경제, 환경, 예술, 커뮤니티로 이루어진 4가지 기본영역 중, 오직 한 가지에 집중하는 경향을 가진 자들의 고정관념을 깨뜨리는 데 유용하다. 가령, 평소 커뮤니티에 관심이 많은 회계사가 커뮤니티의 가치와 환경적 향상을 위해 무엇을 할 수 있는지, 그리고 이로 인해, 어떤 가치가 만들어질 수

있는지를 생각하도록 만들어 준다. 그럼으로써 우리는 많은 사람들의 참여를 유도하고, 더 높은 수준의 완성도를 이루어 낼 것이라고 말한다.

포터는 "이러한 과정에서 디자인 워크숍의 임무는 부분적으로 실현되었다"고 말한다. 장기간에 걸쳐, 결과의 차이를 만들어낸, 이러한 프로젝트의 개념은 우리에게 매우 중요시되어 왔고, 우리의 전문성을 개발하기 위해, 그리고 레거시 의제를 발전시키는 데 많은 시간을 투자해 왔다. 우리는 지난 35년간, 많은 가시적 성과를 도출해 왔으며 이를 통해 우리의 진보를 증명해 왔다. 그럼으로써 우리의 아이디어를 필요로 하는 더 많은 사람들과 이러한 과정이 어떻게 현실에 적용되는지에 대해 관심을 갖는 개발자들이 계속적으로 나타날 것이라고 예상한다.

또한, 이러한 과정은 디자이너들에게 큰 도움을 제공한다. 그 이유는 개념을 조직하는 것은 전반적인 작업의 형태를 구성해주기 때문이다.

인사인은 "디자인의 관점에서 레거시의 정의는, 젊은 프로젝트 매니저들에게 큰 도움을 제공한다"고 말한다. 그들이 프로젝트 스케줄, 진행, 예산 등에 중점을 두고 포괄적으로 사고하는 과정을 간과했을 때, 레거시 아이디어는 그들이 그 프로젝트의 본질에서부터 도출되는 보상이라는 가치를 수확하고, 전체적인 결과물을 통합적으로 바라볼 수 있도록 도와준다는 것이다.

최근 몇 년간, 우리는 추상적인 레거시 디자인 개념을 구체화하기 위해 몇 가지 구조적 인프라를 구축한다. 우리는 전체의 프로젝트 이행과정 및 자료를 전산화하여 설계팀이 그 과정을 올바르게 이행하도록 하였으며, 이를 완수하기 위해 필요한 일련의 사고과정을 지도하였다. 프로젝트의 전반적 속성을 이해하기 위한 분석과정은 설계가들이 '딜레마'를 수립하도록 만들었으며, 그 딜레마에 상응하는 주제를 정립하도록 만들어 주었다. 그럼으로써 프로젝트를 전체적으로 관리할 수 있는 서사적 원리Narrative Principle를 도출할 수 있도록 한다. 이러한 과정은 실무 프로젝트에서 나타날 수 있는 예상치 못한 문제에 해법을 제시해 주며, 레거시 디자인의 목표를 다듬어 주는 역할을 한다. 그 후 프로젝트는 일련의 디자인 리뷰와 반복검토 과정을 거치면서 모든 관점을 종합하고 완성도 높은 결과물이 만들어질 수 있도록 이끌어 준다.

워크숍의 가치

워크숍[4]은 레거시 디자인의 이상 안에서 프로젝트의 진보를 실현시키기 위한 가장 중요한 수단이다. 개인의 능력에 의존하며, 외로운 천재의 신화를 지켜보는 것이라기보다는, 회사의 이름에서 드러나 있듯이 고객들과 설계가들이 그들의 공동 목표를 함께 바라보며, 함께 그들의 문제를 풀어나가는 과정이라고 말할 수 있다. 이러한 열린 환경을 구축하기 위해서는 몇 가지 조건이 우선 충족되어야 하는데, 그 조건은 다양한 의견을 장려하는 것, 알고자 하는 의지, 평등성, 탐구정신 등으로 요약할 수 있다.

워크숍은 이상적인 관념으로서, 발견과 소통이 존재하는 열린 작업환경이라고 말할 수 있다. 창조적 아이디어의 도출과 효율적인 진행을 유도하기 위해서 의사소통방법은 매우 섬세하게 다루어져야 한다. 이것은 디자인 리더십에 의해 만들어지며, 모든 참여자들에 의해서 지지된다. 민주주의의 질이 도시의 질과 깊은 관련이 있는 것처럼, 워크숍에서 스튜디오의 성격은 어떤 특정한 방향성을 요구한다. 전문가 그룹은 그들의 풍부한 경험을 바탕으로 전체과정을 이끌어 나가야 하는 반면, 그 과정의 중심골격은 모든 사람들의 참여로 채워져야 한다는 것이다. 워크숍을 수행하기 위한 필수적 요구사항으로는 다자 간의 원활한 의사소통, 프로젝트의 원리와 본질에 근거한 결정, 투명한 의사결정 과정을 유지하는 것 등으로 요약할 수 있다.

워크숍은 문자 그대로, 발견, 신뢰, 분별, 정교함, 해결에 그 목적을 두며, 한 번에 그 목적을 달성하려는 것이 아니라, 여러 번의 반복과정을 통해서, 최선의 방책을 얻고자 함이라 말할 수 있다.

대안적 해결방안을 도출하기 위해서는 다양한 정보들의 통합이 선행되어야 하며, 이를 향상시키고 정제하기 위해서는 설계가들, 개발자들, 이용자들 모두에 의해

---

4) workshop. 참가자 전원이 새로운 이념과 기술을 함께 모색하면서 훈련을 쌓는 과정.

유타 주, 데이브레이크(Daybreak) 커뮤니티 방문객센터의 유
리창에는 집들이 반사되고 있다. 이 건물은 주변의 자생식물들
과 함께 어우러지며 주민들에게 자연의 아름다움을 선사한다.

서 계획과 디자인이 평가되고 검토되어야 한다. 이러한 절차는 단순하게 느껴질 수 있으나, 다양한 그룹들과 함께하는 이러한 과정을 성공적으로 이끌어 나가는 것은 언제나 복잡하다. 워크숍의 구조는 문제해결을 유도하는 과정에서, 열린 의사소통을 촉진시키기 위해 진화되어 왔다. 이러한 과정에서 가장 중요한 것은 창의성과 비평 사이의 균형을 맞추는 것이며, 이를 위해서는 디자인 리뷰 과정이 반드시 포함되어야만 한다. 존슨은 "이러한 디자인 리뷰가 우리의 공통목표를 상기시키고, 프로젝트가 앞으로 어떻게 진화될지를 예측하게 해준다"고 말한다. 또한 이는 나중에 다른 의견이 제기됨으로써 발생될 수 있는 불협화음을 방지하는 역할을 한다. 마지막으로 컬버트슨은 "이상적인 레거시 프로젝트를 수행하기 위해서는 낙관적인 자세를 유지하면서 겸손하게 다른 사람들의 의견을 경청해야만 한다"고 당부한다.

레거시 디자인을 향하여

디자인 워크숍만이 이러한 새로운 시도와 새로운 삶에 관심을 두는 것은 아니다. 레거시 디자인은 인간가치의 부활과 지속가능한 환경창출에 이바지하고자 하는 사회적 움직임과 그 방향을 같이한다. 수많은 사람들이 이러한 사회적 변화에 힘을 실어주고 있으나, 여기에는 저명한 몇몇의 회사와 유명인사만을 소개해 보고자 한다.

- 2005년, 미국을 대표하는 회사 중 하나인, 제너럴 일렉트릭General Electric은 '녹색' 회사가 되기로 발표한다.
- 2006년 11월, 월마트Wal-Mart는 지속가능한 환경개발에 약 5천억 원을 투자하기로 발표한다.
- 맥아더MacArthur 상을 수상한 하버드 대학 심리학자 하워드 가드너Howard Gardner, 미하이 칙센트미하이Mihaly Csikszentmihalyi, 윌리엄 데이먼William Damon은 지속가능한 환경에 대한 윤리적, 도덕적 책임의 결과를 강조함에 따라서, 지속가능한 환경에 대한 인식의 중요성을 뒷받침한다.

- 미국의 전 부통령이었던, 엘 고어Al Gore는 지구온난화의 문제를 다룬 《불편한 진실》이라는 다큐멘터리 영화를 만들어, 지속가능한 환경에 대한 중요성을 호소한다.www.climatecrisis.org

지속가능성을 이행하고자 하는, 이러한 사회적 움직임은 점차 확대될 것이고, 기업체들로부터 장려될 것이다. 이러한 현상은 우리의 문화 속에 더욱 깊이 스며들 것이다. 시장경제는 이러한 지속가능한 환경에 더욱 민감하게 반응할 것이며, 우리의 삶에 그 책임감을 부여할 것이다. 그럼으로써 우리는 실제 프로젝트에 우리의 이상을 결합시키는 것이 무엇보다 중요하다는 것을 배워나간다. 그리고 그 이상들이 잘 전개되어, 현실적으로 실현될 수 있는 방법을 지속적으로 고찰해 나가야 할 것이다. 그럼으로써 그들은 리더십을 위한 최전선에서 그 이상으로 한걸음씩 나아간다. 우리는 레거시 디자인의 이론과 이행이라는 측면 모두를 더욱 깊이 탐구하기 위해, 몇 가지 메커니즘을 만든다. 또한 우리는 매년 모임을 갖고, 이러한 개념을 지지하면서 그 하부구조를 만들어 간다.

이 책은 레거시 디자인을 향한 디자인 워크숍의 여정에 관한 것이다. 이 책을 만드는 과정은 매우 복잡하고 어려웠다. 회사의 설계가들은 그들의 디자인을 잘 표현하기 위해서 수년간 그들의 생각을 집필하고, 다듬고, 연구해 왔다. 우리는 그 과정이 행선지가 아니라 여정이라는 것은 깨닫는다. 그러한 여정 속에서 회사는 많은 것들을 성취해 왔고, 앞으로 얼마나 더 멀리 가야만 하는가를 배웠다. 주식회사건, 개인회사건, 혹은 독립된 팀이건 간에, 원칙을 준수하면서 업무를 수행한다는 것은 대단히 어려운 과정이다. 이는 단순히 그들의 목표와 활동에 의해서 성취될 수 있는 것이 아니다. 바꿔 말하면, 이는 회사의 정신적인 모델을 근본적으로 개선하고 변화시키는 것이 선행되어야 한다는 것이다. 우리는 이러한 자원들을 바탕으로 레거시 디자인을 향해, 그 구조를 만들어가며 끊임없이 노력해왔다. 하지만, 도전은 계속되고 있다. 목표는 아직도 모호하며, 그 목표에 도달하기 위한 수단들 또한 명확하게 드러나 있지 않지만, 지난 35년간의 실무경험들은, 이러한 것들이 이상에 의해서 이끌어질 때, 협력의 힘은 그 두각을 드러낸다는 것을 보여준다.

디자인 워크숍은 언제나 경제, 환경, 커뮤니티, 예술에 대해서 균형을 갖추려고 시도해 왔는가? 아니다. 모든 디자인 워크숍의 프로젝트들이 레거시라는 이상을 달성했는가? 아니다. 향상을 위해 꾸준히 노력해 왔는가? 그렇다. 이론을 시험하며 다듬고자 노력해 왔는가? 그 결과들을 지속적으로 평가하고 분석해 왔는가? 과거의 교훈을 바탕으로, 현재 혹은 미래의 프로젝트들을 준비하고 있는가? 만약 그렇지 않다면, 레거시는 다른 사람들을 기만하고, 우리 자신들의 능력을 퇴화시키는 단순한 '마케팅 구호'에 그칠 것이다.

이러한 자기망상에 대응하기 위해서, 우리는 반드시 우리의 노력을 검증하고 평가해야만 한다. 자본주의 시장 안에서 우리는 개발의 수익과 이윤을 넘어, 커뮤니티의 경제적 안정화를 실현시키고자 노력하였는가? 경관의 복원이라는 관점을 설계에 반영하였는가? 공익과 고용창출, 범죄율의 감소 등의 사회적 요인들을 향상시키기 위해 고심하였는가? 최종적으로 만들어질 인공적 환경이 우리에게 어메니티[5]를 제공하며, 우리의 영혼을 어루만져주고, 기하학적 형태와 문화적 경관에 대한 이야기를 제공해 줄 수 있도록 다방면에 걸쳐 검토하였는가? 이러한 모든 질문들이 끊임없이 우리 자신들을 채찍질해야 할 것이며, 우리는 그 답을 얻기 위해 끊임없이 노력해야 할 것이다.

디자인 워크숍은 레거시 디자인 이론을 구체화하여, 아름다움을 추구하는 인간의 욕구를 지속가능한 환경 안에서 구현시키고자 한다. 우리는 이 사회가 건강한 환경과 경제 안에서 지속적인 번영을 추구한다는 것을 안다. 또한 자연과 예술의 가치를 통해, 환경과 경제의 속성을 강화시키는 것은 사회적 요구, 그 이상의 결과를 실현시킬 수 있다고 믿는다. 환경, 경제, 사회, 예술이라는 레거시 디자인의 근본적 요소들이 서로 교차되는 영역에서, 그리고 이 영역에서 만들어지는 대화의 창 안에서 그 비전을 구현해 나간다면, 우리의 일상이 존재하는 물리적 환경 안에서 우리의 영혼을 정화시키고, 감성을 고무시킬 수 있는 특성을 부여할 수 있을 것이며, 그럼으로써 우리는 존재에 대한 의미를 찾을 수 있을 것이다.

---

5) amenity. '쾌적한 환경'이나 '매력 있는 환경'을 일컫는 말. 어메니티는 처음으로 산업혁명을 경험한 영국에서 열악한 환경에 놓이게 된 하층 노동자의 생활환경을 개선하기 위해 생겨난 환경사상.

그 시작

디자인 워크샵은 조경을 전공하는 학생들에게 실제 사회적 경험을 제공하고자, 1969년, 노스캐롤라이나 주립대학에 설립된다. 설립자들은 공통적으로 더 좋은 세상으로의 변화를 선도한다는 이념을 추구하는 대학교수였다. 몇 년이 지나고, 그들은 서로 다른 형태로 그 이상을 실현시키고자 한다는 것을 깨닫는다. 설립 파트너들 중, 딕 윌킨슨Dick Wilkinson과 빈스 푸트Vince Foote는 회사가 순수한 교육적 가치를 계승해야 한다고 믿었던 반면, 다른 두 명의 설립자들은 강력한 개발산업 속에서 그 변화를 추구해야 한다고 생각했다. 이러한 우호적인 맥락에서 포터와 인사인은 회사를 창설하고, 그 회사의 이름을 그들이 양성하고자 하는 '협력과정' 이라는 의미를 담아 디자인 워크샵으로 명명한다.

회사의 초창기 프로젝트는 메릴랜드 주의 컬럼비아에 위치한 라우즈Rouse 주식회사가 투자한 커뮤니티 개발계획이었는데, 그때 파트너들은 커뮤니티 개발에 있어서, 물리적인 계획과 설계를 수행하는 과정에서 발생되는 복잡성과 그것을 중재해 나가는 방법을 배웠다. 이는 그들에게 미묘하고 복잡한 프로젝트들을 운영해 나가는 방법을 가르쳤으며, 그들의 임무에 대한 통찰력을 높여 주었다.

그 후, 디자인 워크샵은 1972년, 노스캐롤라이나의 파인 아일랜드 총기협회Pine Island Gun Club가 발주한 주거단지 개발계획에 참여하게 되면서 공공정책을 수립하는 과정의 복잡성에 대해 경험한다. 서로 상반된 계획들과 디자인을 통합하는 과정 속에서, 그로부터 발생되는 환경과 경제의 가치를 조정하는 것은 매우 어렵고 복잡했다. 파트너들은 그들이 품어왔던 이상을 환경적으로 매우 민감한 대지에 적용시키면서 섬의 생태를 보존하고, 수백 년 동안 그 맥을 이어온 사냥 클럽에 경제적 이익을 제공할 수 있는 방법을 모색한다. 계획은 6,000에이커의 파인 아일랜드를 환경단체인 오듀본Audubon 협회가 직접 보호구역으로 지정하게 하여, 그 대지의 가치가 계속해서 보존되도록 만들었다.

이와 같이 생태학에 그 기반을 둔 프로젝트들은, 텍사스 주의 우드랜즈 커뮤니티를 건설한 진취적인 개발자 조지 미첼George Mitchell의 이목을 끌었다. 환경과 경제라는 두 가지 민감한 요소들의 조화를 추구했던 미첼은 1974년, 디자인 워크샵에

대학교수였던 설립자들은
더 나은 세상으로의 변화를 선도한다는
공통이념을 가진다.

게 콜로라도 아스펜Aspen 인근 아울 크릭Owl Creek의 스키장과 스키장 빌리지의 설계를 의뢰하였다. 이안 맥하그Ian McHarg의 저서, 『*Design with Nature*』에 많은 영향을 받은 그는 맥하그를 고용하여, 해당 부지의 생태환경을 분석하였고, 이 분석정보를 토대로 디자인 워크샵은 아스펜과 스노매스Snowmass 사이의 작은 부지를 '자동차 없는 마을' 로 설계하였다. 이 계획은 자연경관과 야생동물의 통로를 보존하고, 환승 시스템과 중앙 주차건물 등, 시간적 개념에 대한 혁신적인 아이디어를 도출하였다. 비록 프로젝트는 정치적인 이유로 무산되었지만, 이 계획이 추구한 성장과 보전의 조심스러운 균형은 피트킨 카운티Pitkin County의 향후 개발계획의 모델이 되었고, 아스펜과 그 주변지역의 토지이용 조례제정에 상당한 영향을 미쳤다. 지속가능성이라는 관점에서, 세계적으로 유명한 캐나다의 블랙콤Blackcomb 스키 리조트의 설계와 유럽 각지에서 수행해 온 다양한 프로젝트들에 의해서 스키 리조트 계획은 회사의 전문영역으로 인정받아 왔으며, 이를 통해 총체적인 사고와 그 접근 방법의 실효성이 증명되었다.

　　디자인 워크샵은 스키 리조트 프로젝트들에 의해 큰 명성을 얻었으나, 우리가 지속적으로 성장하기 위해서는 산악지역에서의 지속가능한 개발범주를 넘어서야 한다는 것을 깨닫게 되었다. 우리는 지속가능성을 창출하기 위한 근본적 원리가 리조트 개발뿐만 아니라, 새로운 커뮤니티 개발에서도 적용된다는 것을 깨달았다. 또한 이러한 원리들을 프로젝트에 도입시키고, 우리의 이상을 실제적 개발에 스며들게 하기 위해서는 프로젝트를 수행하는 데 필요한 기술, 계획, 관리 등의 기본적 요소들을 뛰어 넘어야만 한다는 것을 깨달았다. 그 후, 우리는 1978년, 캐나다 록키의 카나나스키스Kananaskis 빌리지 계획을 통해, 우리가 여러 프로젝트들을 수행하면서 습득한 지식과 경험 등을 조합하고, 우리가 그 동안 깨달았던 교훈들을 이행할 수 있는 기회를 갖게 되었다.

　　미개발지에 이러한 리조트 빌리지를 만드는 것은 디자인 워크샵에게 매우 상징적인 의미를 제공하였다. 이를 통해, 우리는 만약 개발과정이 디자인 개발, 공적 과정, 시공 등의 방법으로 조심스럽게 관리된다면, 대규모의 복잡한 프로젝트에서 회

카나나스키스 빌리지는 미개발된 자연의 중심에서 보전과 개
발이 서로 융화되어 자연대지 위에 부드럽게 안착한다.

사의 이상과 철학이 더욱 그 빛을 발할 것이라고 확신할 수 있었다.

카나나스키스는 디자인 워크샵이 1980년대에 수행해 온, 일련의 새로운 커뮤니티를 포함하여, 많은 성공적 프로젝트들에 대한 기초가 되었다. 이는 덴버 남부의 25번 주간고속도로를 따라 위치한 콜로라도 주 캐슬 락Castle Rock의 초원에서 비롯되었다. 개발에 대한 계획과 디자인은 하천 기슭의 배수축과 도시 기반시설을 포함하였다. 같은 개발자는 디자인 워크샵을 고용하여, 애리조나 피닉스에 위치한 에스트렐라Estrella 커뮤니티를 계획하였고, 이 프로젝트는 라스베이거스의 서쪽경계에 위치한 2만 에이커 규모의 서머린Summerlin 커뮤니티 종합개발 계획을 수립하도록 하였다.

서머린 종합개발 계획을 수립하는 데 있어서, 우리는 수많은 난관에 부딪쳤다. 지역은 무서운 속도록 성장하고 있었고, 대규모 개발들은 매우 빠르게 진행되고 있었다. 척박한 사막환경에 놓인 라스베이거스의 개척은 그리 오래되지 않았으므로, 전통적 근린주구, 공공시설, 공원, 가로수길 등 도시미화운동6)이 다른 도시들에게 가져다준 어메니티들이 부족한 실정이었다. 하지만 사람들은 커뮤니티의 환경보다는 지역의 안전에 더 관심을 가졌고, 게이트 커뮤니티7), 주거단지에 울타리 등을 설치하는 성향이 높아졌다.

비록 설계가들은 오랜 기간에 걸쳐 서머린 프로젝트를 진행하면서 성공과 좌절을 모두 겪었지만, 우리의 이상에 더 가까이 다가갈 수 있다는 가능성을 발견했다. 한정적 요인과 기회요인들을 적절히 조화롭게 하는 것은 그들을 개발과정에서 살아남을 수 있도록 만들었고, 비록 그들이 제안한 근린주거 단지를 연결하는 보행자

---

6) The City Beautiful Movement. 1893년 미국 시카고 세계무역박람회의 개최를 계기로, 도시 내 역사적 공간에 오픈 스페이스를 확보하고 건축예술을 강조하여 가로 · 광장 등의 문화적 조형 도시공원의 건설을 추구한 운동.

7) gated community. 주거단지 입구에 문(gate)과 단지 주변에 울타리(fence)로 둘러쳐진 커뮤니티를 의미함. 다시 말해, 게이트 커뮤니티는 게이트를 통한 외부인과 외부차량의 출입통제 및 울타리를 통한 '커뮤니티의 영역성' 확보라는 두 가지 명제를 가진다.

도로의 개념은 제외되었으나, 빌리지 클러스터8) 개념을 전체개발의 디자인 지침에 반영될 수 있도록 하였다.

서머린에서의 가장 큰 성과는 첫번째 마을에 힐스Hills 공원을 건설한 것이었다. 디자인 워크샵이 처음 이 공원을 제안했을 때, 사람들은 이 지역이 폭주족과 갱단의 마약거래, 집회 등, 범죄의 온상이라는 점에서 반대하였다. 하지만, 우리는 공원을 빌리지 클러스터와 연계시켰고, 주민들에게 접근하기 쉬운 여가공간을 만든다는 개념이 받아들여지면서 그 공원은 건설되었다. 처음 그 공원이 개장되었을 때, 라스베이거스 전역에서 많은 사람들이 방문하였으며, 현재까지도 이 공원은 중요한 이벤트, 축제, 퍼포먼스 등의 행사지로 그 인기를 더해간다. 또한, 공원의 중요성이 현실적으로 입증됨으로써, 힐스 공원을 모델로 하여, 라스베이거스 시의 클라크 카운티Clark County는 새로운 커뮤니티를 개발할 때, 필수적으로 공원을 도입해야 한다는 도시계획조례를 발표한다.

디자인 워크샵은 우리의 계획 및 설계에 기초를 다져준 초기 프로젝트들을 이 책에 수록함으로써, 회사의 역사를 회고해 보고자 한다. 회사는 산학협동의 기회를 모색하고, '디자인 U' 라는 자체 교육 프로그램을 개설하여, 설계가들의 평생교육을 실현시키고자 애쓴다. 하지만 많은 설계가들이 더 좋은 경력을 쌓기 위해 대학원에 진학하므로 회사는 협동연구와 강연 등을 통해서 그들과 함께 지속적인 관계를 형성하려고 노력한다. 대학교육의 이상에서 형성된 디자인 워크샵의 레거시 디자인은 이론과 실리라는 두 가지 측면이 동시에 고려되도록 함으로써, 회사를 성장시키며 미래를 선도한다. 수년 동안, 우리는 대지를 개척하고, 커뮤니티 계획, 대중교통 지향형 개발, 도시계획, 브라운필드 재개발, 관광계획을 수행하면서, 지속가능성을 갈망하며 우리의 임무를 확장해왔다. 우리는 앞으로도 미래 세대들에게 환경적 · 문화적 유산을 제공할 수 있는 값어치 있는 일을 수행하며, 미래를 선도해 나가고자 한다.

---

8) village cluster. 주거단지를 공간적으로 집적시켜 지역의 네트워크를 구축하고, 그에 따른 상호작용을 유도하는 개발방식.

서머린의 힐스 공원—이른 아침부터 콘서트를 보기 위해 라스
베이거스 전역에서 많은 사람들이 공원에 모여든다.

PROJECT

FORMATIVE

카나나스키스 개발계획은 디자인 워크샵의 모든 철학이 담긴 그 첫번째 프로젝트로서, 약 10년간에 걸쳐, 캐나다 록키 산맥의 미개발지에 리조트 빌리지를 창조한다. 이 프로젝트에서 레거시 디자인의 많은 측면이 이행되었으며, 다양한 사고과정과 협력의 방법을 경험한다. 여기에 수록된 회고적 분석은 디자인 워크샵의 진화에 형성적인 영향을 준다.

딜레마　1970년대, 수많은 외국인 관광객들로 인해 앨버타 국립공원은 거의 포화상태에 이르게 되고, 지역주민들을 위한 레크리에이션 환경은 점차 축소되었다. 그래서 지방정부는 미개발지역을 활용하여 지역주민들의 여가활동을 증대시키고자 하였다. 그러나 일련의 분석으로 이 지역의 환경과 경제 사이에 부조화가 드러났고, 캘거리가 1988년 동계올림픽 개최지로 선정됨으로써, 이 지역은 정치적 압력의 소용돌이 속에 휘말리게 되었다.

레거시 목표

커뮤니티

캐나다인들의 레크리에이션을 향상시킬 수 있도록 리조트를 개발한다. 숙박시설과 편의시설을 적절하게 제공함으로써, 사회적 상호교류의 중심축을 형성한다.

환경

지역 전체의 생태적 측면을 분석함으로써, 최적의 개발부지를 선정한다. 리조트와 레크리에이션 활동이 대지와 순응할 수 있도록 디자인하고, 보행자환경을 향상시킴으로써 환경오염을 경감시킨다.

경제

분석에 기반을 두어 마을의 규모와 수를 정하고, 레크리에이션 부지를 선정한다. 도시기반 시설비용을 최소화하고, 보행자환경을 장려하는 커뮤니티 기본계획 안에서 편의시설, 상가, 레스토랑을 조화롭게 연결시킨다.

예술

수려한 산악환경에 초점이 모아지도록 커뮤니티를 자연과 조화롭게 배치시킨다. 산책로를 자연적 요소와 적절하게 연결시켜 사람들이 자연을 체험할 수 있도록 한다.

주제　작금의 경제환경과 대지의 속성을 정확하게 이해하는 것은 카나나스키스 지방의 리조트 빌리지를 창조하는 데 있어서, 사람들의 적절한 선택을 유도한다. 이 과정은 시민, 공무원, 이해관계자 그룹, 개발자들이 함께 협력할 때, 가장 큰 빛을 발할 것이다. 또한 설계와 시공이 우리의 총체적 접근방법을 통해 다양한 스케일 안에서 고려된다면, 이는 미래 세대들을 위한 훌륭한 유산이 될 것이다.

Kananaskis Village
Alberta, Canada

버려진 마을을 새롭게 계획함으로써, 올림픽 개최지 선정을 위한 기반을 마련한다.

개요

1970년대 중반, 캐나다의 앨버타Alberta 주정부는 주민들의 여가활동을 증대시키기 위해 오일추출oil severance 부가세를 이용하여, 카나나스키스 지방의 스키장, 골프장, 숙박시설 등을 계획하기 시작한다. 캐나다 정부는 그 지역의 곳곳에 산재해 있는 유럽형 산악 리조트에 대한 비전을 가지고 있었지만, 디자인 워크샵은 캘거리 지방의 도시계획회사와 협력하여, 미개발된 10만 에이커 부지를 상세히 분석하고, 계획결정을 도출하기 위한 광역계획을 수립한다.

역사 · 배경

1978년, 설계팀은 포괄적인 토지분석을 이용하여, 지역의 수자원, 야생동물, 경관 등을 보존함과 동시에 여가자원의 개발을 선도하기 위해, 논리적이고, 합리적인 의사결정 과정을 구조화한다. 그들의 분석에 의해 발견된 것들 중 하나로, 리조트 부지로 고려된 지역은 야생동물의 이동경로로서 생태적으로 민감하며, 일조량이 적고, 바람이 거세며, 조망을 확보하기 어렵고, 급한 경사도와 높은 토지가격 등, 여러 가지 이유로 인해, 개발이 부적합한 지역이라는 것이다. 그러므로 그들은 민감한 환경에 대해, 대지의 지속가능성을 확보하는 것에 중점을 두었다.

고위도 지역은 접근하기에는 너무 멀어서, 인공위성 측량이 필요했다. 북위 52도에 위치한 계곡의 일부는 주변 산들에 의해 항상 그늘이 형성되어 있었고, 겨울에는 햇빛이 항상 낮은 각도로 들어와 일조량이 적었다. 또한 그 지역의 대부분은 일반토양이 아닌 기반암으로 구성되어 있어서 개발이 매우 어렵고, 환경적으로도 민감했다. 물론 빙하기로 거슬러 올라가면, 이곳은 고대의 빙하가 계곡을 깎아내려가면서, 구혈9)이라 불리는 침하를 형성시켰고, 그곳에 남은 거대한 얼음덩어리들이 용해되어, 깊이 10~12피트, 폭 300~400피트의 구덩이를 형성시켰다. 이는 토양이 형성되기에 충분한 조건이었지만, 번개, 치누크10), 눈사태 등의 다른 자연장애들에 의해서 동물과 식물이 살기에는 부적합했고, 미기후11)와 토양 또한 형성될 수 없었다.

진행과정

설계팀은 경관적 조망점에서부터 도시기반시설에 드는 비용과 여가 선호도에 이르는 다방면의 연구를 진행하였고, 이 정보들을 토대로, 예상모델을 만들었다. 컴퓨터가 발달되지 않았던 그 당시, 설계팀은 방위, 경사, 조망, 바람 등의 요인들을 포함한 분석지도를 40장 이상 그려내면서, 각 요소별로 우선순위와 비중을 두어, 최적의 부지를 선정하였다. 선정된 부지는 낮은 건설비용을 들여, 그 부지의 가장 매력적인 경관적·생태적 특성들과 함께 인간에게 편안함을 제공하였으며, 자연재해와 생태계의 피해를 최소화시켰다. 그들은 이러한 정보를 정부기관, 해당 관청의 공무원, 환경론자, 산림청 등을 포함한 다양한 관심집단부터 캐나다 수상에 이르기까지, 다양한 사람들에게 설파하였다. 심층연구와 분석은 튼튼한 논리에 근거한 설득력 있는 광역계획을 만들어내면서, 10년에 걸친 이 지역의 개발 결정 과정을 이끌어갔으며, 1988년 캘거리 올림픽을 위해 이익을 창출하고자 했던 사람들의 이기적인 노력과 상반되어 그 진가를 발휘하였다.

계획 및 설계

그 계획의 초점은 그 지역에서 그리 멀리 떨어져 있지 않으며, 밴프Banff 시에서 동쪽으로 약 20마일 떨어진 리본 크릭Ribbon Creek 내에 관광객들의 숙박과 편의시설을 위한 단일단지 계획을 세우는 것이었다. 이 지역은 자연의 아름다움이 순수하게 표현되어 방문객들에게 그 매력을 발산하며, 안락한 느낌을 주는 장소로 개발된다. 이러한 노력을 뒷받침하기 위해, 지방정부는 그 지역에 도로와 도시기반 시설을 확충한다. 그 후, 27홀 규모의 골프 코스가 추가되어, 카나나스키스는 최종적으로 완성되었고, 그로 인해, 그 지역 숙박시설의 수요는 종전의 3배에 달하는 쾌거를 불러일으켰다. 1980년, 캘거리가 1988년 동계올림픽 개최지로 선정되면서, 카나나스키스에도 건설 붐이 일었다. 캐나다 지방정부는 디자인 워크샵을 고용하여, 그 지방의 계곡에 스키 이벤트 시설을 위한 적정장소를 선정해 달라고 의뢰하였다. 그 후, 주정부는 카나나스키스 마을을 완성시키기 위해, 낚시시설, 물을 기반으로 한 레크리에이션, 장애인 야외 레크리에이션 프로그램 등의 개발을 장려하였다.

설계는 개발이 그 지역의 경관에 부드럽게 안착되도록 하였다. 설계팀은 그 지역의 주요한 경관적 특징들을 보존시킴과 더불어, 자동차가 없는 거리와 중심광장 주변에 4개의 호텔을 도입한다는 개념을 설계에 반영하여, 관광의 목적지로서 그 기능을 향상시켰다. 그들은 또한 야생의 환경으로 사람들을 이끄는 산책로를 만들었고, 개인 레스토랑과 상가들을 중심광장 주변에 입주시켜 그 공간에 활기를 불어넣어 주었다.

서로 대립하고, 의견다툼을 하는 동안, 개발에 대한 중요한 결정이 약 5년 정도 지연되었고, 올림픽을 위한 마을건설에 필요한 시간이 30개월밖에 남지 않게 되었다. 설계팀은 중심공간을 보호하고, 건축적 통일, 집중된 광장, 경관조망의 경계지에 레스토랑과 상업용도 건물을 위치시키는 것, 보행 자전용 구역의 설정 등, 본래의 디자인을 고수하면서, 건설과정을 관리하였는데, 여기에는 4명의 개발주체 및 4개의 서로 다른 호텔 건축가들과 함께 작업을 진행하였다.

결과

지난 10년간의 노력은 전체의 성공을 창조하기 위해 레크리에이션 리조트 빌리지의 부분별 요소를 조직하는 과정 안에서, 회사의 전문성을 더 깊게 만들 수 있었던 상징적인 프로젝트의 수행이라 말할 수 있다. 카나나스키스는 총체적 접근이라는 회사의 근본철학을 진보시켰고, 건설과 시공이 본래 설계목적에 부합되도록 유도하기 위해서 건설관리의 필요성을 부각시켰다. 설계가들은 광역계획에서 세부계획에 이르는 다양한 스케일 안에서 작업하였고, 경제와 시장성 등에 관한 부분도 고려하여, 커뮤니티, 스키장, 골프 코스 관리방법 등의 세부지침 또한 수립하였다. 카나나스키스는 지역주민들에게 여가활동을 증대시킨다는 소기의 목적을 달성함과 더불어, 계속해서 성공을 이어나갔다. 이 지역은 동계 올림픽 개최지로 선정되었으며, 2003년에는 G-8 정상회담 개최 등의 저명한 행사를 유치하면서 그 도시의 성장은 계속된다.

9) Kettle Hole. 빙하에서 떨어져 나온 빙괴의 일부 또는 전체가 땅 속에 묻혀 있다가 녹으면서 생기는 지반의 함몰대.

10) Chinook. 북아메리카 로키 산맥 동쪽에서 부는 건조한 열풍.

11) 지면에 접한 대기층의 기후. 보통 지면에서 1.5미터 높이 정도까지를 그 대상으로 하며, 농작물의 생장과 밀접한 관계가 있다.

부지에서 채석된 자갈들은 큰 연못과 시내를 만드는 데 이용하
였으며, 평석은 캐스케이드 인공폭포를 만드는 데 사용되었다.
자전거와 산책로의 네트워크는 방문객들이 다양한 스케일과
스피드 안에서 경관을 체험할 수 있도록 만들어 준다.

LEGACY

1

자 연 *Nature*

우리는 자연이 지역사회를 위한 복원력이 될 수 있다는 것을
사회적으로 인지할 필요성이 있다.

– 리처드 쇼의 수필 중

인류는 대량 살상무기를 만들면서 우리의 지구를 파괴시키고 있을 뿐만 아니라, 일상생활을 통해서도 생물체가 살 수 없는 지구를 만들어 간다. 수십억의 사람들은 각자의 삶을 영위해가는 우리 지구촌에서 현대과학이 만들어 낸 불필요한 부산물들에 의해서 점점 병들어가고 있으며, 그 부산물의 생산을 위해 파괴되는 자연자원들은 우리의 생존 자체를 위협하고 있다. 하지만 이러한 파괴적 방식을 바꾸기에는 우리의 소비적 삶의 방식이 너무나도 거대해져 있고, 손상되어가는 우리의 자연은 지금까지 우리가 영위해왔던 문명사회를 지속시킬 수 없도록 만들 것이다.

인구가 성장함에 따라, 자연은 파괴되어 왔다. 한때 우리는 풍부한 야생자연을 가진 적이 있다. 하지만 현재는 자연을 갈망한다. 우리는 자연을 더 신중히 대해야만 한다. 자연의 한계와 자생적 복원력이 어디까지인지를 알아야 하며, 우리가 어떻게 자연을 지킬 수 있을지, 그리고 어떻게 자연과 공생할 수 있을지를 자각해야 할 것이다.

수천 년 동안 지속되어 온 자연과 인류와의 관계는 항상 좋았던 것은 아니며, 서로에게 이익이 되는 존재였지만, 동시에 서로를 위협하기도 하였다. 인류는 자연에 의해서 삶을 영위할 수 있었지만, 자연을 두려워했기 때문에 자연을 제어하는 방법을 터득했고 그 자연을 개척해 왔다. 그 과정에서 문명화되는 우리의 삶을 자연 안에서 치유하고 회복시키기 위해 자연의 미적경험을 찾으려고 노력해왔다. 다양한 방법으로 자연을 변형시키고 형상화하며 의미를 부여하면서, 우리는 자연의 소우주라고 불리는 정원을 만들게 된다. 전통적인 일본정원에서 돌은 산맥을, 그리고 연못은 바다를 나타내듯이 자연을 갈망하는 몸짓은 경관을 모방하는 것에서부터 기인한다. 프랑스의 고대정원에서는 자유분방한 대자연을 직선의 엄격한 틀로 한정시켜 자연을 인간 삶 속에서 정밀하게 관리하려 하였고, 영국의 정원에서는 인위적 경관을 자연적인 요소와 함께 구성하여 사실적이면서도 이상적인 풍경을 연출하려고 노력하였다. 이와 같이 자연을 다시 형상화시키고, 문화적 가치를 부여하며, 인류가 만들어낸 문명과 재결합시킴으로써 자연을 꿈꾸고, 우리의 이상을 실현시키려는 노력들은 인류가 걸어온 하나의 발자취라고 명백히 말할 수 있다.

우리의 삶 속에서 자연으로의 회귀를 갈망하는 인간의 본성을 누구나 경험했을 것이다. 문명화된 일상에서 탈피하고 싶을 때, 우리는 해변, 산장, 공원, 심지어 안뜰의 정원을 찾게 된다. 이렇듯 자연이 가지는 미학을, 다만 우리가 인지하지 못하는 것일 뿐, 자연은 우리 사회가 삶을 건강하게 지속할 수 있도록 복원력을 제공한다.

종들의 통치자로서 더 넓은 이상을 실현시키기 위해서, 그리고 인류의 삶을 풍요롭게 지속시키기 위해서는 자연과 공생하는 방법을 알아야 하고, 대

프랑스 르와르(Loire) 지방 빌랑드리(Villandry) 성의 산울타리 미로─인류는 여러 방법들을 통해서 자연을 구조화하고, 디자인화하려고 노력해 왔다.

지를 이해할 수 있어야 한다.

미국의 자연

미국은 짧은 역사 속에서, 압축된 문명과 자연이 함께 소통할 수 있는 방법을 찾아왔다. 18세기 급격한 도시화의 진통을 겪으면서, 사회개혁자들은 도시 내에 열린 공간이 건설될 수 있도록 하여, 건강한 사회복지를 구현하려고 노력하였고, 자연을 정복하는 것이 결국 우리 미래에 걸림돌이 될 수 있다는 것을 인지하였으며, 자연의 진가를 똑바로 보려고 애썼다. 그래서 넓은 야생의 대지가 부의 축적만을 위해 개척되는 것이 아닌, 때 묻지 않은 자연을 보존함으로써, 사람들이 갈망하는 마법의 장소가 우리들 자신, 그리고 미래 후손들에게 남겨질 수 있도록 노력해 왔다.

또 다른 자연에 대한 관점은 종교적인 것과도 그 맥락을 같이 한다. 자본주의 문화 속에서 종교의 자유와 평등이 보장되는 것과 같이, 자연은 그것이 갖는 무형의 가치와 공평성을 사람들에게 선사한다. 옐로우 스톤의 대자연을 경험한 사람들은 자연의 진가를 영구적으로 보존하기 위해 눈앞의 경제적 이익이 포기되어야 한다는, 예전에는 받아들일 수 없었던 자연보존의 개념을 포용한다. 1872년 옐로우 스톤은 세계 최초의 국립공원으로 지정되었고, 1900년대, 국립공원이라는 개념과 틀을 형성하였으며, 현재 미국대륙 전체의 3%가 국립공원으로

지정될 수 있도록 이바지하였다. 20세기 중반까지, 이러한 개념은 자연보호구역이라는 개념으로 진화되어 도시경계를 넘어, 광활하게 펼쳐진 자연이 있는 그대로 보존될 수 있도록 만들었다. 월리스 스테그너Wallace Stegner는 "자연의 본질을 알기 위해서는 그것과 동화되어야 할 것이며, 그럼으로써 우리는 온전함을 얻을 수 있을 것이다"고 말한다. 자연은 우리에게 고갈되지 않는 생명수를 제공할 것이며, 우리는 그 대지의 관리자로서, 그 책무를 잊지 말아야 할 것이다.

자연유산은 모순적 속성을 타고난다. 우리가 지정한 국립공원과 자연보호 구역은 여전히 턱없이 부족한 예산으로 관리에 어려움을 겪고 있으며, 불법 자원채취 등의 위협으로 신음하고 있다. 열악한 지원 속에서 수많은 방문객들을 맞이해야 하고, 또한 자연이 엄격하게 보존되어야만 하는지, 아니면 사람들에게 레크리에이션의 기회를 제공하는 경험적 환경으로 관리되어야 하는지 또한 불확실하다. 그러나 확실한 것은, 자연이 인간의 내면을 치유하기 위해 우리에게 주어진 귀중한 선물이라는 것이다.

현대 문명사회에서 삶을 영위하는 우리에게 자연적 치유는 필수불가결하다. 급속한 발전을 이루어낸 산업화 물결의 직접적인 영향을 받아온 도심에서부터, 간접적으로 영향을 받아온 도시 외곽 지역까지, 대지와 자연은 손상되어 왔다. 하지만,

자연은 인간의 간섭에 대항하여, 때로는 힘겨운 역경을 딛고, 그 본래의 모습으로 돌아가는 회복력을 가지고 있다. (위) 초기 캘리포니아 정착민들이 거대한 세쿼이아(미국 서부산 삼나무과의 거목) 나무에 뚫린 구멍으로, 말을 타고 지나가는 모습

(반대쪽) 북미산 뮬사슴(귀가 길고, 꼬리 끝이 검은 북미산 사슴)은 현재 덴버의 도시 지평선을 배경으로, 한적한 초원 위에 서식한다. 이 지역은 한때, 록키산 병기고로 쓰였던 곳으로, 심각한 독성오염 지대였다. 한때, 수백여 종의 야생동물들이 서식했던 이 지역을 복원하기 위해 슈퍼 펀드(super fund : 공해방지 사업을 위한 대형자금)가 지원되었고, 디자인 워크샵은 약 27평방 마일에 달하는 이 지역을 국립 야생동물 보호지역으로 재탄생시키기 위한 중장기 관리계획을 수립한다.

우리의 사회는 우리가 창조한 것에 의해서가 아니라, 파괴를 거부한 것에 의해서 다시 평가될 것이다
자연보호 위원회(The Nature Conservancy), 전 회장 존 소우힐(John Sawhill)

이 대지는 본래 순수하고, 아름다운 경관을 가졌었다는 점에서 현대와 자연은 극한 대조를 이루고 있다. 인류는 자연의 파괴에서 오는 잠재적인 영향력을 미처 깨닫지 못해 왔다. 단지 경제적인 이익과 필요가 우리 삶의 방식을 지배하고, 결국 그 경제적 성장은 자연파괴라는 부작용에 의해서 역행하고, 퇴보하리라는 것을 보지 못한다. 우리는 자연이 우리 자신을 치유해 왔듯이, 자연이 자연 그 자신 역시 치유할 수 있다는 것을 알고 있다. 그러므로 인류는 자연이 보존될 수 있도록 충분히 지원해야 할 것이며, 이를 통해, 우리 미래에 대한 새로운 가능성과 희망을 찾아야 할 것이다.

그러나 자연 시스템을 이해하기 위해서 거시적인 경관을 고려하려는 노력은 그리 오래되지 않았고, 초기의 연구·분석은 좁은 범위에 한정되어 왔다. 맥하그[1]의 개념이 도입되었을 때, 환경이 토지이용에 직접적인 영향을 줄 수 있다는 개념이 소개되었으며, 그의 저서, 『*Design with Nature*』에 소개되었듯이, 중첩overlay이나 필터 맵핑filter mapping과 같은 테크닉을 이용하여, 공간적·입지적인 관점에서 포괄적으로 분석된 토지이용 방안을 찾을 수 있었다. 오늘날의 도시계획과 환경설계 전략의 기초가 된 그의 접근법은 인류가 환경을 파괴하지 않으려면, 경관과 환경이 설계와 개발의 원리가 되어야 한다는 생각에서 비롯된다.

맥하그의 변환방법론Transforming Methodology은 1970년대에 미 국립과학재단이 후원하는 하버드 대학의 칼 스테이니츠Carl Steinitz 교수의 연구에 의해 더욱 확장되었다. 그는 천연자원과 도시화 사이에서 발생하는 갈등을 해결할 조직적인 종합계획을 만들고자, 확장적 예상 모델링을 제안하였다. 여기에는 수질, 생태계, 사회적 변화, 시각적 특질, 그 밖의 여러 환경적 제한요소들에 대한 정보를 조합하고 분석하는 것을 포함하였다. 이러한 방법의 진화는 우리의 도시와 경관, 그리고 자연의 관리를 효율적으로 할 수 있도록 만들었고, 더 효과적인 토지이용 전략을 구사할 수 있도록 만들었다.

자연과 경제의 조화

우리의 소중한 자연자원이 점차 고갈되어 갈수록 경관의 복원과 자연보전이라는 개념은 우리의 삶 속에서 긴밀한 연계성을 갖게 될 것이다. 개발과 보존 사이의 갈등은 인간에게 필요한 자연적 요소와 생태 시스템의 불가피한 투쟁이라 말할 수 있다. 즉, 인간의 정주환경에 필요한 평평하고 비옥한 대지, 물이 있는 곳을 개발하기 위해서는 그 대지가 본래 품어왔던, 동식물과 중요 생태계의 직·간접적 파괴가 불가피하다는 것이다.

최근 수십 년 동안, 친환경이라는 개념이 소개되면서, 자연적 패러다임으로 전이되는 현상이 관찰되었으나, 전반적인 자연과 경제의 관계에서는 여전히 적대적이라는 것을 쉽게 찾아볼 수 있다. 상반되는 이 두 요소를 인간의 사회환경과 그 안에서 추구되는 미학적 가치와 함께 균형을 이루어가는 것이 인류와 자연의 공생을 이룰 수 있는 길이라 말할 수 있다. 인간이 사회활동을 지속하기 위해서 자연이 보존되고 복원되어야 한다는 사고는 기본적으로, 인간문명이 자연의 한부분이라는 것을 일깨워준다. 20세기 후반부에 들어서면서 지속가능성이라는 개념이 탄생된다. 물론, 이 용어가 우리 사회에서 아직까지도 피상적으로 정의되지 않은 채 남아있지만, 그 개념은 인류사회와 자연과의 관계에 다각적인 영향을 끼친다. 본질적으로, 지속가능성은 우리의 미래결정 능력이라 해도 과언이 아니다. 즉, 우리의 모든 행동이 인류의 미래를 결정한다는 것을 인지하고, 우리 자신들의 미래를 위해, 사려 깊은 결정을 내릴 수 있는 우리의 능력을 지칭한다 말할 수 있는 것이다. 우리의 환경, 대지, 천연자원과 동식물 등은 모두 긴밀하게 연결되어 있으며, 자연의 존재 없이는 인류 역시 존재할 수 없다는 본질을 이해해야 할 것이다.

---

1) Ian L. McHarg. 미국의 저명한 도시계획가, 생태도시 계획의 선구자.

브라질의 한 철광석 광산은
1990년대 초 광물자원이 고갈되어 폐기되었다.
이후, 이 대지를 새롭게 탄생시키려는 노력은
이 폐광지역을 하나의 위성도시로 탈바꿈시킨다.

아구아스 클라라스
Aguas Claras
Belo Horizonte, Brazil

철광석 광산이었던 대지는 사람들이 삶을 영위하는 정주환경으로서 그 다음 생을 살아간다.

브라질의 한 광산회사는 그들이 수십 년간 사용해 온 탄광지에 다른 생명을 부여하고자 하는 계획을 세운다. 회사는 폐광될 운명의 대지를 재사용하는 것이 경제적으로도 효율적이라는 것을 인지하고, 그들이 파괴해 왔던 자연대지를 치유하기 시작한다. 브라질에서 두번째로 큰 철광석 광산 회사인 미네라카오 브라실레이라스 레우니다스Mineracao Brasileiras Reunidas는 1965년에 아구아스 클라라스 광산을 개장하여, 브라질 남부 벨루오리존치Belo Horizonte 시의 남동쪽 지역에서 철광석을 채굴해 왔다. 1990년대 초, 회사는 약 10년 후에는 아구아스 클라라스가 광산으로서의 생명을 다할 것이라는 것을 예상하고 이 대지를 복원하려는 계획을 세운다. 사람들은 그 지역의 경제에 중요한 영향을 미쳐왔고, 주민들을 위해 헌신해 온 이 대지가 폐광 후 흉물로 남길 원치 않았다. 어떻게 하면 이 대지가 복원

되어, 그 지역의 유산으로서 경제적으로도 기여할 수 있을까? 우리는 이러한 질문에 대한 답변으로 마스터플랜을 제안한다.

계획을 세우기 이전에 선행된 토양분석은 아구아스 클라라스 광산에 독성물질이 없으므로 인간이 사용할 수 있다는 것을 증명했다. 또한 이 지역은 지리적으로 브라질에서 3번째로 큰 도시이자, 약 3백만 명의 사람들이 살아가고 있는 벨루오리존치 시의 남쪽 경계지 후면경사에 위치해 있으므로, 마을이 형성되는 데 가히 이상적이라는 분석이 도출되었다.

디자인팀과 광산운영팀은 대지를 새로운 복합용도의 커뮤니티로 만들기 위해서 재개발계획을 준비하였다. 관건은 환경을 복원하면서, 그 지역의 성장속도를 소화할 수 있는 위성도시를 어떻게 효과적으로 만들 수 있는가였다. 계획의 내용에는 도심경제의 근간이 될 수 있는 상가,

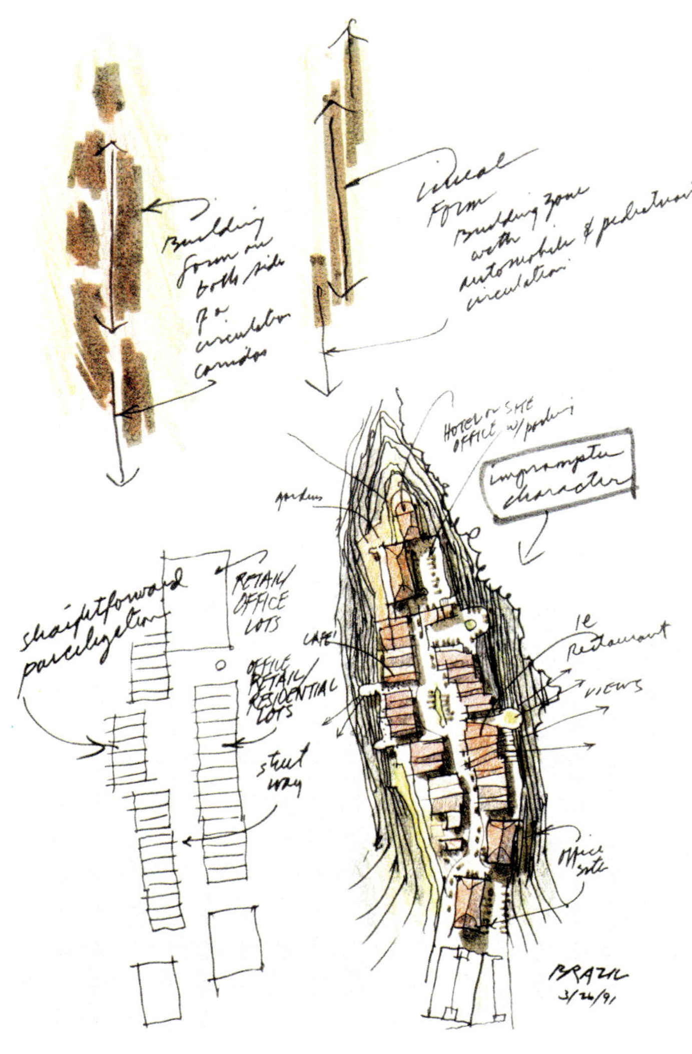

레스토랑, 레크리에이션 클럽, 학술회의장, 교회, 학교, 사무시설 등의 상업시설 및 편의시설들을, 커뮤니티 중심부에 배치하며, 도보로 이동 가능한 거리에 직장을 배치시킴으로써, 보행자환경을 최적화한다는 내용을 포함하였다. 또한 이러한 아이디어는 자동차의 필요를 최소화하고, 중산층 거주자들에게 교통체증을 야기할 수 있는 자동차 중심의 생활방식을 대체하였다.

또한 광산과 탄광공장을 도시화의 요소로 재사용함으로써 그 지역의 독특한 역사성을 구현하였고, 공공 디자인 지침, 부지계획과 건축물 디자인 지침, 생물종의 다양성을 복원하기 위한 재녹화 전략을 만들어 커뮤니티에 심미적 경관이라는 시각적 요소를 부여하였다. 철광석을 채굴하기 위해 형성된 탄갱은 지하수와 우수의 유입에 의해서 하나의 호수로 재탄생되며, 이는 아구아스 클라라스 커뮤니티에 훌륭한 어메니티를 제공한다. 자연 우수와 아구아스 클라라스 지류를 보호하기 위해 정수시설을 도입하였으며, 업무단지에 쾌적성을 높이기 위해서 사무시설 내에 공원이 부지에 추가로 편입되었다.

광산회사는 1997년에 아구아스 클라라스 광산을 폐광하기로 계획했지만, 사실상 2003년 12월까지 철광석 채취를 연장하였으며, 2001년에 브라질의 경쟁 철광석회사인 CVRD와 일본 무역회사인 미츠이Mitsui에 의해 합병되었다. 하지만 아구아스 클라라스 커뮤니티를 위한 세부계획들은 계속해서 진행되고 있다. 아구아스 클라라스의 마스터플랜은 1992년 리우데자네이루에서 열린 유엔환경개발회의에서 지속가능한 탄광지의 훌륭한 예로 소개되었다.

프로젝트 크레딧

도시계획: Design Workshop, Inc.
설계 책임자: Joe Porter, Sergio Santana
도시계획: Sergio Santana
프로젝트 자문: Kurt Culbertson
발주기관: Mineracaos Brasileiras Reunidas (MBR)

탄갱으로부터 형성된 인공호수 주변에 위치한 아구아스 클라라스 빌리지 센터의 초기 스케치.

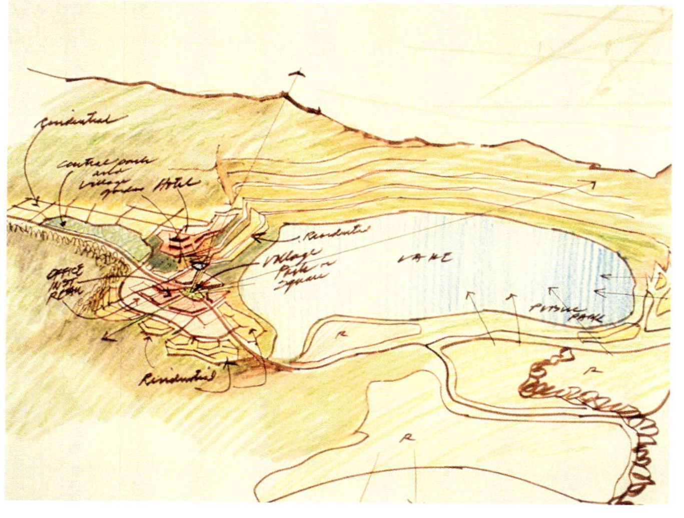

(왼쪽) 현재의 탄광지와 그곳에 새롭게 형성될 도시의 비교를 통해, 호수로 다시 태어날 탄갱, 업무지구, 아구아스 빌리지의 배치를 한눈에 볼 수 있다.

(오른쪽 위) 광산개발 단계에서 형성된 테라스 형태의 부지특성이 건물형태를 결정한다.

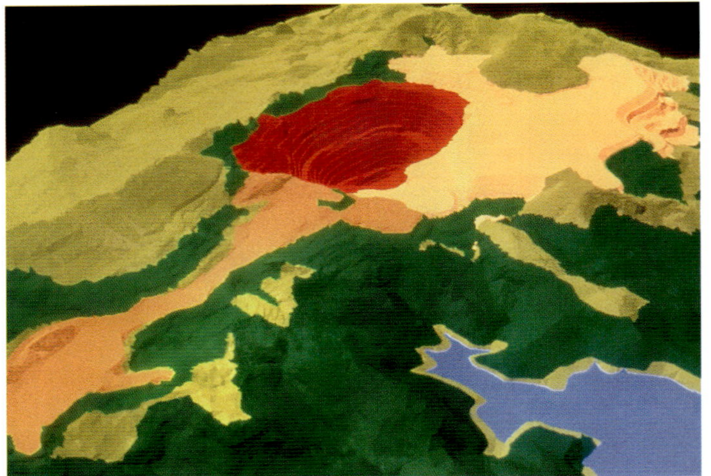

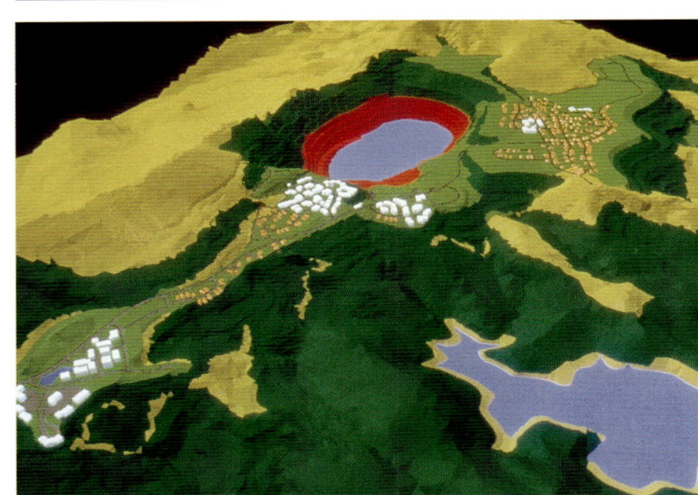

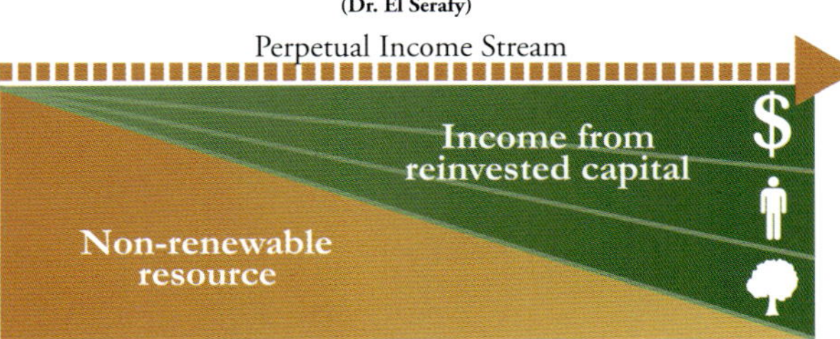

(왼쪽 위) 브라질 남부에 위치한 벨루오리존치 시의 GIS 지도-아구아스 클라라스 광산을 벨루오리존치 시의 위성도시로 바꾸는 이 계획은 1992년 리우데자네이루에서 열린 유엔환경개발회의에서 브라질의 지속가능한 탄광지의 예로 소개되었다.

(오른쪽 위) 일련의 컴퓨터 시뮬레이션은 부지가 탄광지 이후단계에서 정주단계로 진화되는 과정을 묘사한다. 이는 커뮤니티의 중심과 주변부, 업무단지, 호수로 변화될 탄갱의 모습 등을 단계적으로 보여준다.

(오른쪽) 지속가능한 광산은 영구적인 수입원을 창출하기 위한 재투자의 일환이다. 월드뱅크의 경제학자인 살라 엘 세라피(Salah El Serafy)가 만든 이 지속가능성 모델은 아구아스 클라라스의 모델과 일맥상통한다.

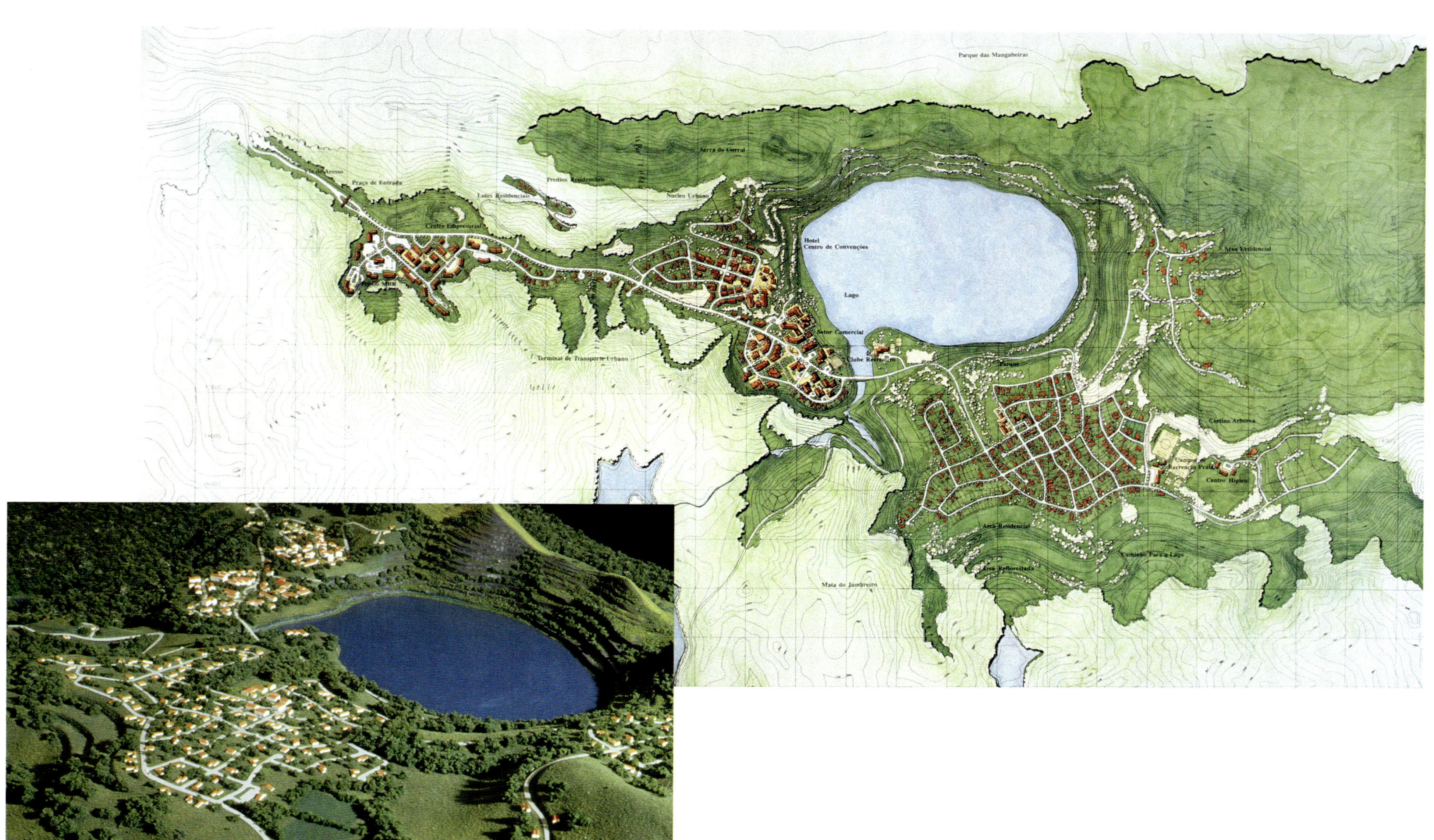

아구아스 클라라스 빌리지센터는 고밀도의 복합용도 중심지구, 재녹화된 광석 폐기지역, 호수주변의 근린 주거지역, 마을입구의 고용센터로 구성된다.

발전기가 꺼졌을 때, 농지는 인근 커뮤니티를 위한 공공용지로 변화된다.
디자인 협동과정은 모든 연령대의 지역주민들이 이 지역의 본래모습을
다시 발견할 수 있도록 초원 학습센터를 건설한다.

월넛 크릭 국립 야생동물 보호구역
Walnut Creek National Wildlife Refuge
Jasper County, Iowa

다시 복원된 초원은 커뮤니티에 훌륭한 어메니티를 제공한다.

1980년대, 아이오와 전력회사는 핵발전소를 건설하기 위해 8,000에이커의 농지를 사들였다. 하지만, 주정부는 핵발전소의 건설에 반대하였고, 그 대지가 다른 용도로 쓰이길 원했다. 아이오와 주 상원의원 닐 스미스Neal Smith는 연방정부가 그 용지를 매입하고, 국립 야생동물 보호구역으로 전환하여, 미국 중서부 고유의 자연경관인 스텝과 초원의 생태계를 복원해야 한다고 제안한다. 1990년 미국 의회는 연방 야생동물국 U.S. Fish and Wildlife Service이 그 토지를 매입하는 것을 승인하였고, 그 다음해인 1991년에, 토지용도 변경사업이 시작될 수 있도록 하였다.

디자인 워크샵은 이 사업을 위해 만들어진 다학문적multidisciplinary 팀의 일원으로서, 연방 야생동물국이 그 지역을 개인 및 공공의 개입이 배제된 천연의 야생동물 서식지로 복원되도록 지원하였다. 그러나 그 당시에 내무성의 자금이 이 사업에 투입되면서, 시민들이 일상에서 탈피하여, 야생의 환경을 즐길 수 있도록 초기제안의 방향이 바뀌었다.

새로운 계획의 방향은 시민들이 시간의 흐름 안에서 복잡하게 형성되는 자연과 문화적 측면을 해석할 수 있도록, 교육적 속성의 도입을 요구하였고, 이는 그 지역에 사는 무료봉사자들의 자발적 지원과 연방정부의 자금지원에 의해서 해결될 수 있었다.

조경가, 건축가, 디자이너들은 사람들이 독특한 미국 북부의 경관을 이해하고, 체험할 수 있으면서 환경이 보호될 수 있도록 초점을 맞추었다. 설계의 방향은 실용주의와 감각주의적 결합을 지향했다. 설계팀은 우선 야생동물 보호구역이 경제성을 확보할 수 있는지를 판단하기 위해 시장조사를 하였고, 그 조사는 연방 야생동물국에서 총괄 지휘하였다. 연방정부 공무원과 설계

팀, 식물학자, 초원 생태학자, 교육학자들이 함께 여러 초원환경을 견학하였으며, 새벽녘 초원 위의 일출경관을 보는 것을 일정에 포함시키는 등, 여러 세세한 부분도 고려하였다.

설계팀은 몇 주 동안, 프로젝트 부지에서 어떻게 하면 환경을 보존하는 동시에 사람들에게 체험적 경험을 줄 수 있을지를 고민하였으며, 어떻게 하면 본래의 스텝과 초원의tall-grass prairie 환경적 느낌을 자아낼 수 있을지에 대한 연구에 몰입하였다. 한 가지 방안으로, 관광안내소를 야생동물 보호구역의 경계지점에 세우는 대신, 야생동물 보호구역 입구에서 2마일 내부에 설치하여 방문객들이 그들의 일상을 떠나, 새로운 장소에 대한 호기심을 갖도록 하였다.

설계팀은 인공 건축물들의 형태적 지침을 개발하기 위해 일련의 집중검토회의, 워크숍 등을 이행하였으며, 인디언들과 초기 유럽 정착민들의 문화에서 발전된 재료와 방식을 이용하여, 건축물에 적용시킬 수 있는 방법을 찾는 데 주력하였다. 또한 역사공원 건축에 대한 연구는 젠스 젠슨Jens Jensen과 프랭크 로이드 라이트Frank Lloyd Wright의 초원학교 설계 작품들에서 주된 영감을 얻었다. 그 결과 4만 제곱피트 넓이의 관광안내소와 야외 교실 3개, 교육 및 관리건물 4개가 부지와 건축물들 사이에서 시

각적, 그리고 물리적으로 유기적인 연계를 갖도록 설계할 수 있었다.

주요 설계개념으로는 부지경관의 수평적 특징 안에서, 치장벽토stucco, 콘크리트, 목재와 같은 그 지역의 향토재료를 사용하고, 대지 위의 자연적 존재를 지지하기 위해 친환경적인 방법을 사용하도록 권장하였다. 인공습지는 오염원을 여과 · 정화시키는 데 사용되었고, 태양의 방위를 고려하여 흙을 쌓아 만든 작은 언덕은 관광안내소의 냉방 및 유지관리비를 절감하는 데 큰 도움을 주었다.

지금은 아직 덜 완성된 생태계를 복원하기 위해서 관리팀은 부지 내의 외래종 자생지에 인공적으로 불을 놓아 향토종의 소생을 돕는다. 시민들은 자발적으로 침식된 냇가의 둑을 다시 경사지게 복원하고, 향토종 식물을 재색재하는 등, 그 지원을 아끼지 않는다.

미루나무, 인디언 풀, 쇠풀, 캐나다 야생 호밀, 애기 리아트리스, 버터플라이 위드, 진노랑 데이지 꽃 등, 200여종의 자생식물들은 현재 그 부지에 뿌리를 내리고, 안정기에 접어든다. 보호구역 내에 서식하는 멸종위기에 처한 종들 중에는 버팔로, 엘크, 흰 꼬리 사슴, 꿩, 야생 칠면조, 오소리, 스컹크, 토끼, 너구리, 땅 다람쥐, 거북이, 박쥐, 찌르레기, 붉은 꼬리매, 송골매, 들 종다리, 제주 왕 나

프로젝트는 초원을 부활시키는 것뿐만 아니라,
인간과 초원을 연결시키는 데 그 목표를 둔다.

(왼쪽): 방문객들은 복원된 초원 위의 구릉지 언덕에서, 들소 떼가 풀을 뜯어 먹는 모습을 관람하고 있다.

(위쪽): 복원 진행경과에 따라 경관은 기존농지에서 야생의 스텝과 초원으로 계속해서 모습을 바꾸어간다.

(반대편) 시민들은 씨앗을 모으고, 초원 위에 향토초목을 심는 등, 앞으로도 수년 동안에 걸쳐서 완성될 야생동물 보호구역을 가꾸는 일에 자발적인 참여를 아끼지 않는다.

비 등이 포함된다.

진행과정의 후반부에 발생된 예산문제로 인해, 약간의 설계변경이 있었지만, 건강한 초원환경을 복원하기 위해서 도로, 관광안내소의 위치, 자동차견학 루프, 생태탐방로, 안내판, 운영 및 관리시설 등의 본질적인 설계요소는 그대로 보존되었고, 1998년에 닐 스미스 국립 야생동물 보호구역으로 개명되었다.

프로젝트 크레딧

계획 및 설계: Design Workshop, Inc.
설계 책임자: Gregory Ochis
조경설계: Nancy Locke, Scott Chomiak
발주기관: U.S. Fish & Wildlife Service
프로젝트 자문: Dave Schaeffer, Mark Marxen, S. Fish & Wildlife Service
전시 디자이너: Gerald Hilferty and Associates
건축가: OZ Architecture
토목회사: Butts Engineering Company
경관 자문: Dunbar-Jones

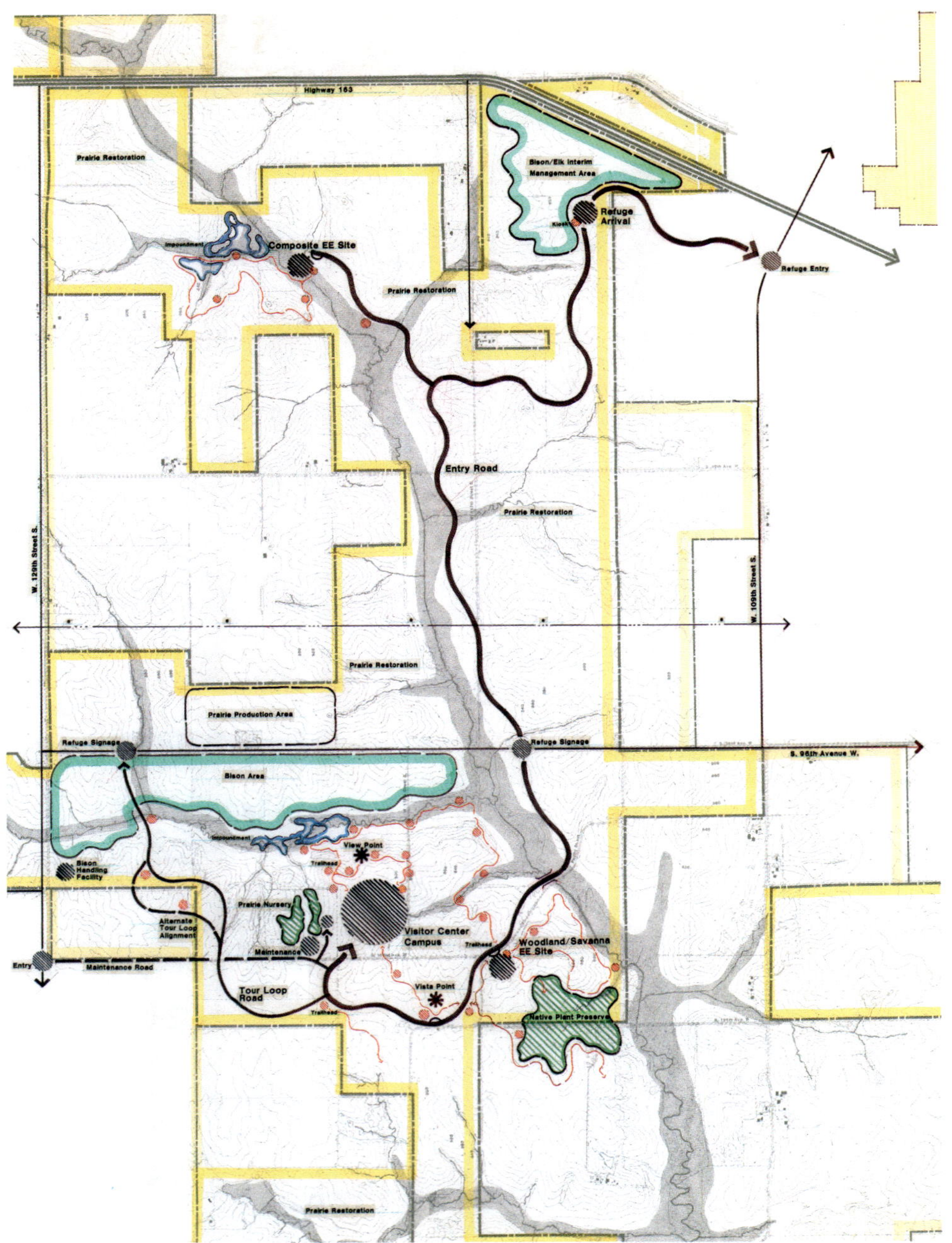

(왼쪽): 미 의회는 황색으로 표시된 5,000에이커의 야생동물
보호구역이 약 8,000에이커 규모로 확장될 수 있도록 승인하
였으며, 이를 위해 연방정부는 지도상에 회색으로 표시된 부지
를 계속해서 매입하고 있다.

(반대쪽 위): 관광안내소의 안내표지판은 농지에서 초원으로의
변천단계를 개괄적으로 설명한다.

(반대쪽 아래): 프로젝트 부지 내에서 몇 주 동안의 설계경험은
이 부지가 인간과 초원을 연결시킬 수 있는 교육적 집합점으로
재탄생될 수 있도록 만들었고, 관광안내소, 야외학습장 등의
경관적 특성을 구현하였다.

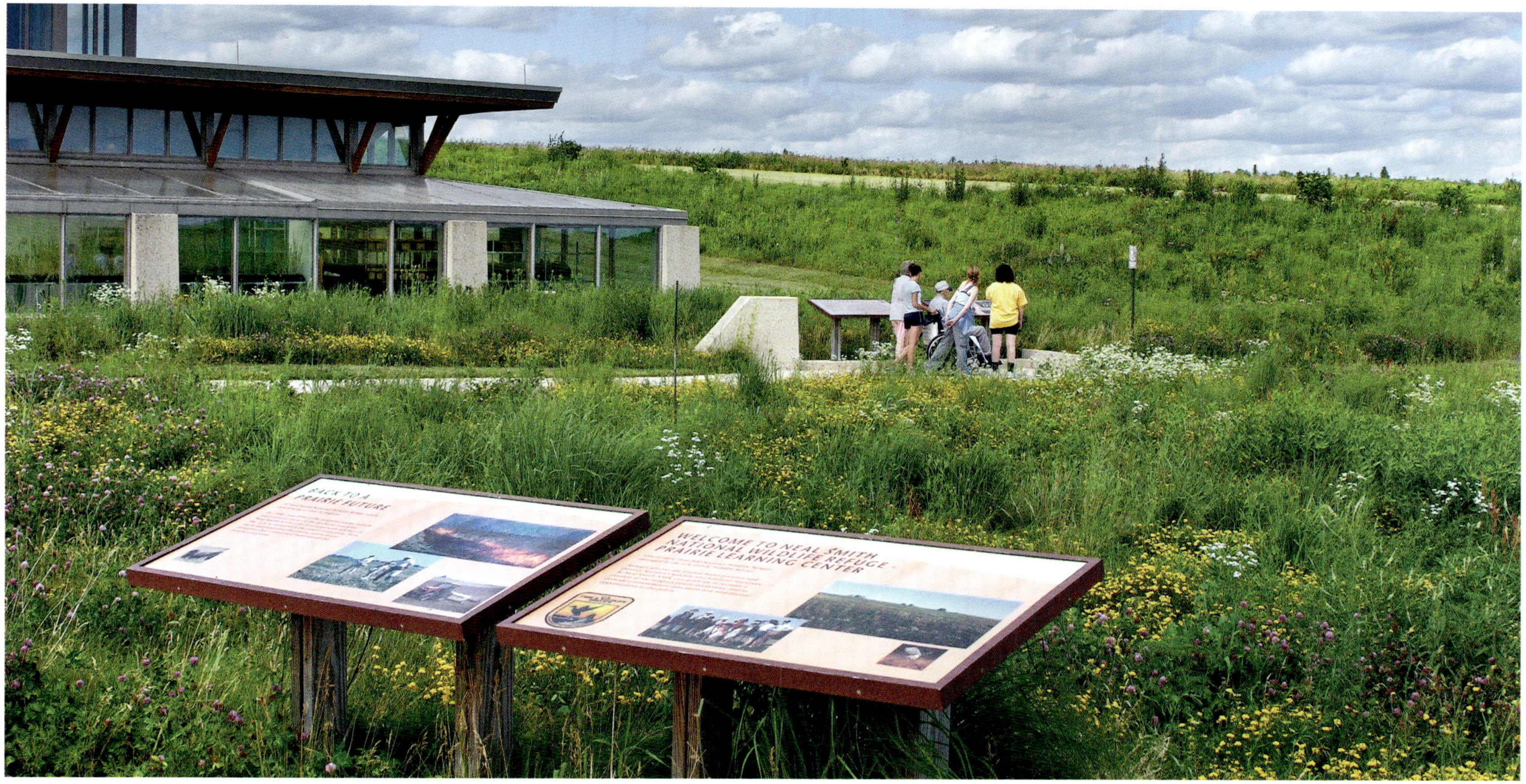
BACK TO A
PRAIRIE FUTURE
WELCOME TO NEAL SMITH
NATIONAL WILDLIFE REFUGE -
PRAIRIE LEARNING CENTER

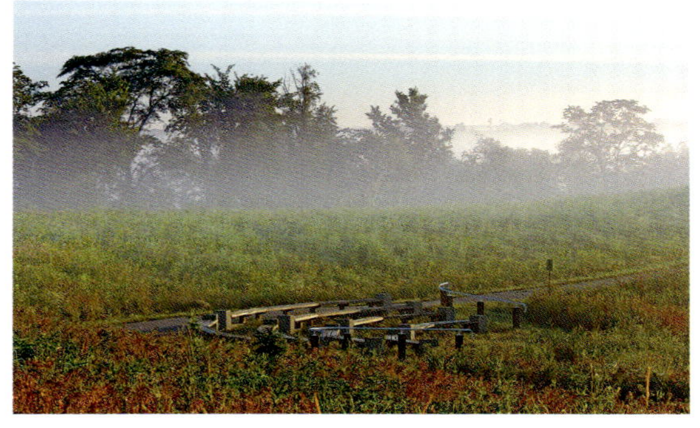

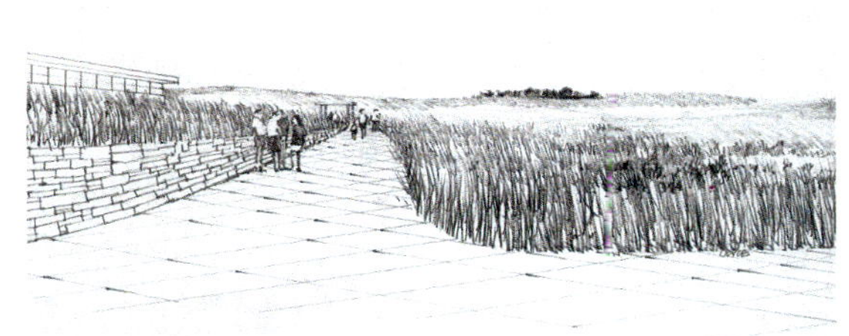

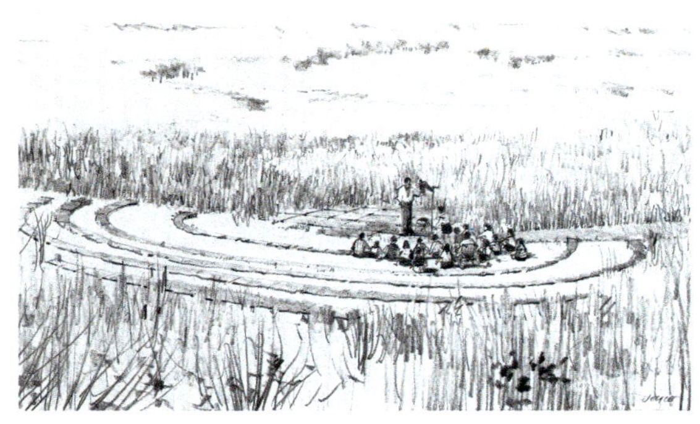

콜로라도의 대도시들 사이에 펼쳐진 장엄한 경관은 도시의 난개발에 의해 점차 훼손된다.
야생동물의 서식처와 독특한 경관을 보존하기 위해서 보전단체들은 컨소시엄을 구성하고,
일련의 혁신적인 전략들을 만들어 그 지역의 경관 및 생태적 가치를 보전한다.

25번 주간고속도로 보전회랑
Interstate-25 Conservation Corridor
Douglas County, Colorado

새로운 토지보전 메커니즘은 그 지역의 생태 · 경관자원을 보존한다.

덴버Denver와 콜로라도 스프링Colorado Springs 사이에 위치한 25번 주간고속도로를 따라 펼쳐진 약 60마일104Km의 경관회랑은 파이크스 봉Pikes Peak을 배경으로 굽이치는 대초원의 경치와 함께 극적인 장관을 연출한다. 이 지역은 1980년대 초부터 급성장하고 있는 더글라스 카운티Douglas County 남부에 위치해 있으며, 도로와 시 외곽 주거단지 건설 등에 의한 두드러진 토지소비 양상과 함께. 1990년부터 1995년 사이에만 무려 45.8%의 도시성장률을 보여 왔다.

1990년대 중반, 대도시들의 난개발에 의해 파괴되는 경관을 보존하고자, 국가토지보전기관인 보존기금2)이 적극 참여하게 되었고, 1994년

디자인 워크샵은 두 도시 사이의 경관회랑을 포함한, 약 50평방마일6,400㎢ 구간을 분석하게 된다. 이 지역은 산과 평야 사이에 있는 전이공간으로서, 역사적 경관, 농업, 야생 동 · 식물의 서식처 등, 중요 생태자원 및 레크리에이션의 기회를 제공하며, 하루에 약 5만여 명의 통근자와 여행자들에게 그 아름다운 경관을 선사한다.

더글라스 카운티의 조사에 따르면, 지난 최근 3년 동안 140회의 부동산 거래가 이루어졌으며, 땅값은 두 배로 올랐다고 한다. 주로 거래된 토지의 특징은 35에이커 이상의 농지가 매매되었다는 것이다. 이 거래에서 괄목할 만한 점은 이 지역이 농지로 지정되어 있으나, 단독주택 용

2) The Conservation Fund. 미국의 국가토지보전기관 중 하나로서, 대지와 자연을 보존하는 데 그 목적을 둔다. 1985년에 개설하여 현재까지 약 600만

에이커의 대지를 보존하고 지역의 생태자원을 보호해 왔다.

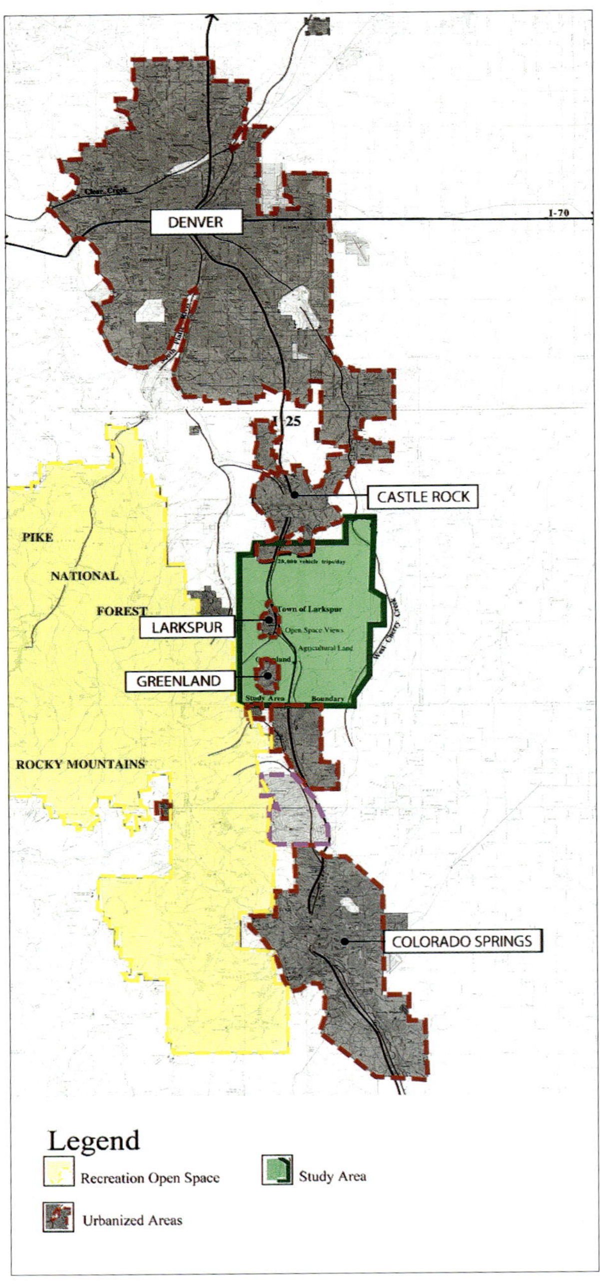

도로 쓰일 수 있는 지역으로서, 지역 전체에 걸쳐 난개발이 이루어질 수 있다는 것이다.

계획가들은 여러 환경단체와 정부기관들이 함께 일할 수 있도록 연합을 구성하였다. 정부기관에는 콜로라도 주지사와 야생동물 공원계획 국장도 포함되었다. 그들은 예산이 제한적이고, 진행상의 가변성이 높다는 점에서, 새로운 분석기법을 활용하여 난개발의 발생빈도가 높은 지역 및 보존우선 지역을 찾아내기로 하였다. 분석팀은 먼저 지형, 자생식물, 자연재해, 토지용도, 토지 소유권, 교통, 야생동물 분포도 등의 여러 종류의 정보를 수집하여 분석지도를 만들었으며, 이를 토대로 주요 식물군상 분포지역, 야생동물 서식처, 주요 경관보존 지역이라는 3가지 우선순위를 정하였다. 또한 난개발 예상지를 추출하기 위해 역사적 방식을 분석하고, 잠재적으로 문제가 야기될 수 있는 지역과 보전우선 지역을 도식화하였다.

이 분석은 개발에 가장 민감한 지역과 지역경관의 가치를 다시 정의하는 데 기여하였으며, 공공의 열린 공간을 정의함으로써, 자금과 자연자원을 동시에 고려하고 합리적으로 관리할 수 있는 방안도 모색하였

다. 이러한 분석을 근거하여, 분석팀은 토지의 즉각적 매입 혹은 보존지역권[3)의 지정이라는 방법으로, 약 25,000에이커의 핵심영구 보존지역을 제안하였다. 또한 개발과 보전을 동시에 지원한다는 '제한된 개발'이라는 개념을 사용하여, 버퍼 개발buffer development과 클러스터 개발clustering development 지역을 설정함으로써, 야생동물 서식지의 파괴, 조망권의 침해, 토지의 가치저하 등, 난개발에서 올 수 있는 위험을 최소화하였다.

1996년에 보존기금은 토지를 매입하기 위해, 주정부 복원기금이 후원하는 대자연 콜로라도 신탁기금Great Outdoors Colorado Trust Fund에게 수백만 달러를 지원받는다. 지난 10년 동안, 개발 그 자체는 이 지역의 토지를 보존하는 중요한 방법이 되어왔다. 개발연합은 집중적 개발예상지를 직접 구입하여 그 일부만 개발시키며, 집들을 공공 조망의 가시권에서 벗어나게 입지시킴으로써, 영구적인 열린 공간과 조망권을 보존하고, 보존지역권 토지소유자들에게는 세금혜택을 수여한다.

이 계획의 메커니즘은 자연적 보존가치가 높으면서 토지감정 가격이 가장 낮은 지

---

3) Conservation Easement. 레크리에이션 이용을 위해 사유지를 개방 또는 개방공간을 유지하거나 자연자원의 보호를 위해 사유지의 토지이용을 제한하는 것.

자연자원

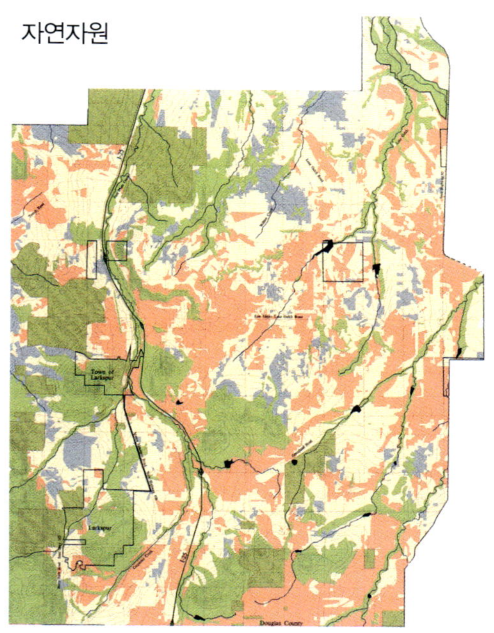

민감서식처

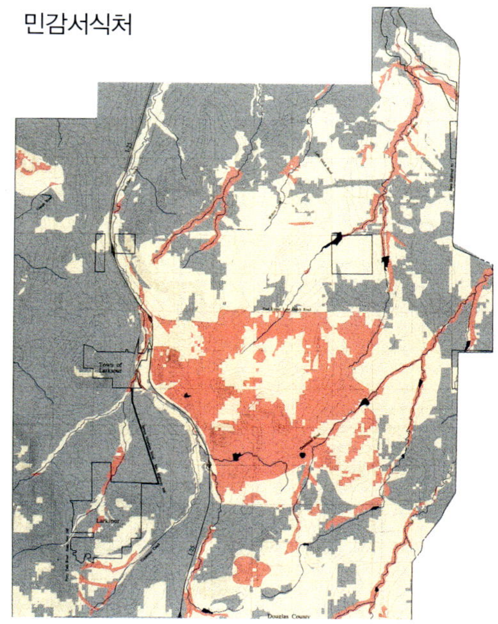

자연녹지

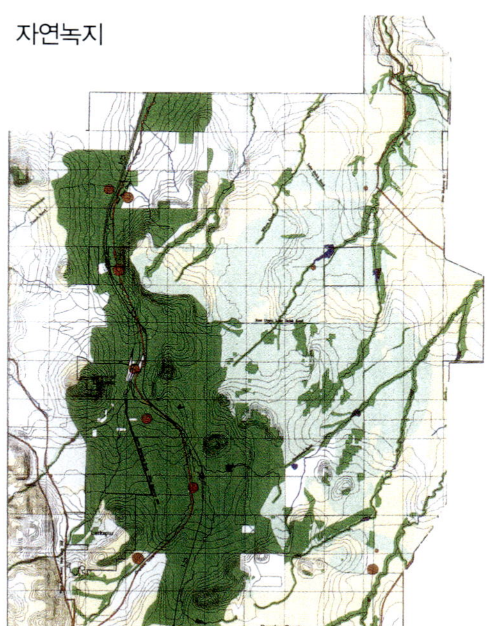

토지소유권

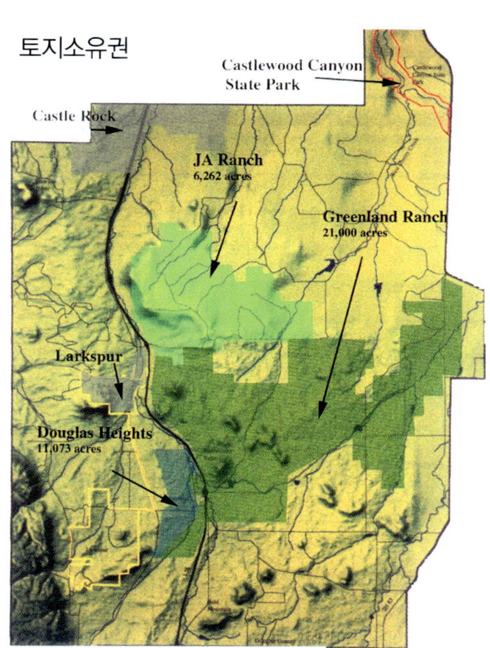

(반대쪽): 2백만의 인구가 거주하는 덴버 시와 콜로라도 스프링은 거대도시권을 형성하기 시작했다. 보존기금 연합팀은 이 두 대도시권 사이에 놓여진 경관회랑을 보존하기 위해 '잠재적 보존권역'을 정의한다.

분석지도:

자연자원 (왼쪽 위) ─ 이 부지의 자연자원은 보존지역권의 설정에 영향을 미친다. 개발제한 지역 및 개발이 부적합한 지역은 청색과 녹색으로 정의되며, 개발적합 지역은 황색과 오렌지색으로 분류된다.

민감서식처 (오른쪽 위) ─ 분석팀은 핑크색으로 표시된, 부지의 중앙부가 야생동물 민감서식처라는 것과 회색부분으로 표시된 부지 주변지역이 야생동물의 활동이 낮은 지역이라는 것을 찾아낸다.

자연녹지 (왼쪽 아래) ─ 고속도로를 따라 녹색으로 표시된 미개발지역은 우선적 보존지로 설정된다.

토지소유권 (오른쪽 아래) ─ 주요 토지소유권 현황을 분석하는 것은 프로젝트의 성공적인 결과를 이끌어내는 데 중요한 역할을 한다.

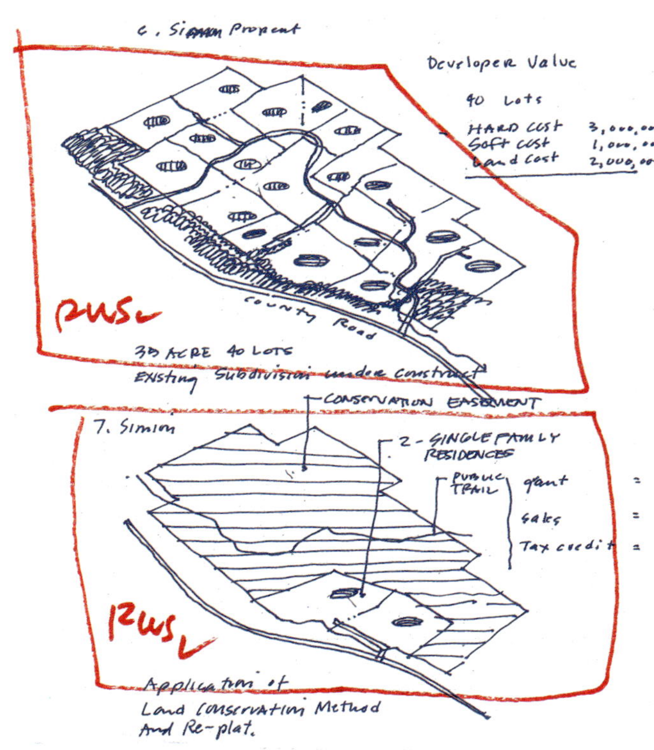

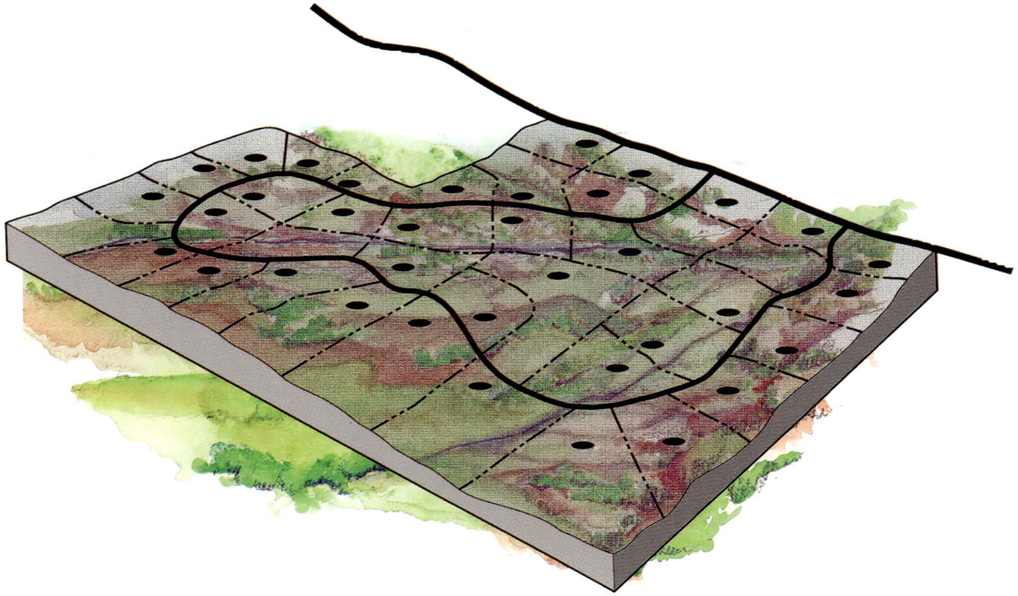

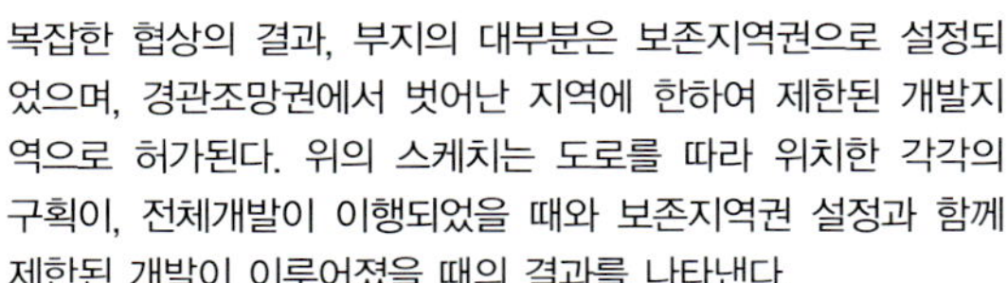

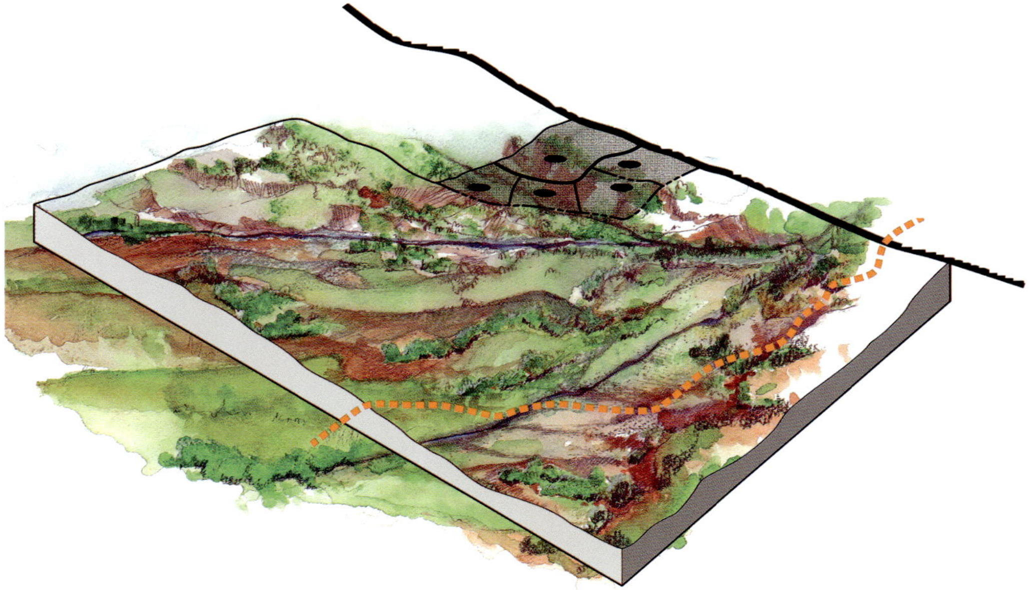

복잡한 협상의 결과, 부지의 대부분은 보존지역권으로 설정되었으며, 경관조망권에서 벗어난 지역에 한하여 제한된 개발지역으로 허가된다. 위의 스케치는 도로를 따라 위치한 각각의 구획이, 전체개발이 이행되었을 때와 보존지역권 설정과 함께 제한된 개발이 이루어졌을 때의 결과를 나타낸다.

역을 찾아내어 자금이 효과적으로 운용될 수 있도록 한다는 데 있다. 이러한 방법은 보존지역에 대한 의사결정, 여론조성, 협상, 토지매매 등의 전 과정에서 형성되며, 개발자들에게는 자연의 미적 가치가 경제적 수익을 창출하는 데 중요한 역할을 한다는 것을, 그리고 보존론자들에게는 적절한 개발이 대지를 보존하는 데 효율적이라는 것을 알게 해준다.

대부분의 토지거래는 매우 복잡하고 어려웠다. 분석가들은 주요 보존지역들의 토지매매를 성사시키는 데 중요한 역할을 해왔다. 가장 극적인 거래로는 11시간 동안의 중재로 이루어진 더글라스 하이츠Douglas Heights 지역의 매입이었는데, 보존기금은 이미 도로정지 작업에 들어간 이 지역에 특별승인을 내주어, 1,300에이커의 토지를 확보함으로써, 보존지역으로 설정된 지역 내의 주거지 수를 줄이거나 혹은 중요 경관으로 설정되지 않은 지역으로 이전시켰다. 또 다른 성공적 거래로는 중요 보존지역 내에 위치한 17,000에이커 규모의 그린랜드 랜치 Greenland Ranch로부터 수년간의 협상 끝에 2,000에이커의 보존지역권을 획득한 것이었다. 마지막 토지구획은 트러스트Trust 산 대지의 획득이었는데, 이는 2003년에 최종적으로 승인되었다.

보전에 기초한 제한된 개발용지 및 보존지역권을 설정하는 것 등의 다양한 토지보전 테크닉을 사용함으로써, 보전기금은 34,000에이커의 땅을 약 320억 원에 보존할 수 있었으며, 현재 그 대지가치는 3배 이상 증가되었다. 또한 이 메커니즘은 토지의 80%를 개인소유로 두어 연방정부의 관리비를 절감시킬 수 있도록 만든다.

이러한 전례가 없는 대규모의 대지보존 프로젝트는 격렬한 개발압력에 대항한 전략적 보존개발 방안의 제시 및 공공자원 소비의 최소화에 의해서 도시의 형상을 만들어가고, 레크리에이션 및 경관을 보존함으로써, 사슴, 엘크, 사자, 곰, 살쾡이 등의 야생동물들을 보호할 수 있게 한다. 이 프로젝트는 결과적으로 경관회랑을 보존하는 것에 의해서 계속되는 난개발 및 도시확산으로부터, 두 도시 간의 합병을 막는 하나의 모델을 제시해준다는 데 그 의의를 둔다.

프로젝트 크레딧 ─────────────

계획 및 설계: Design Workshop, Inc.
설계 책임자: Richard Shaw
프로젝트 매니저: Suzanne Richman
조경설계: Sarah Chase, David Lendon
발주기관: The Conservation Fund
프로젝트 코디네이터: Sidney Macy
협력자: Douglas County Planning Department,
        Great Outdoors Colorado

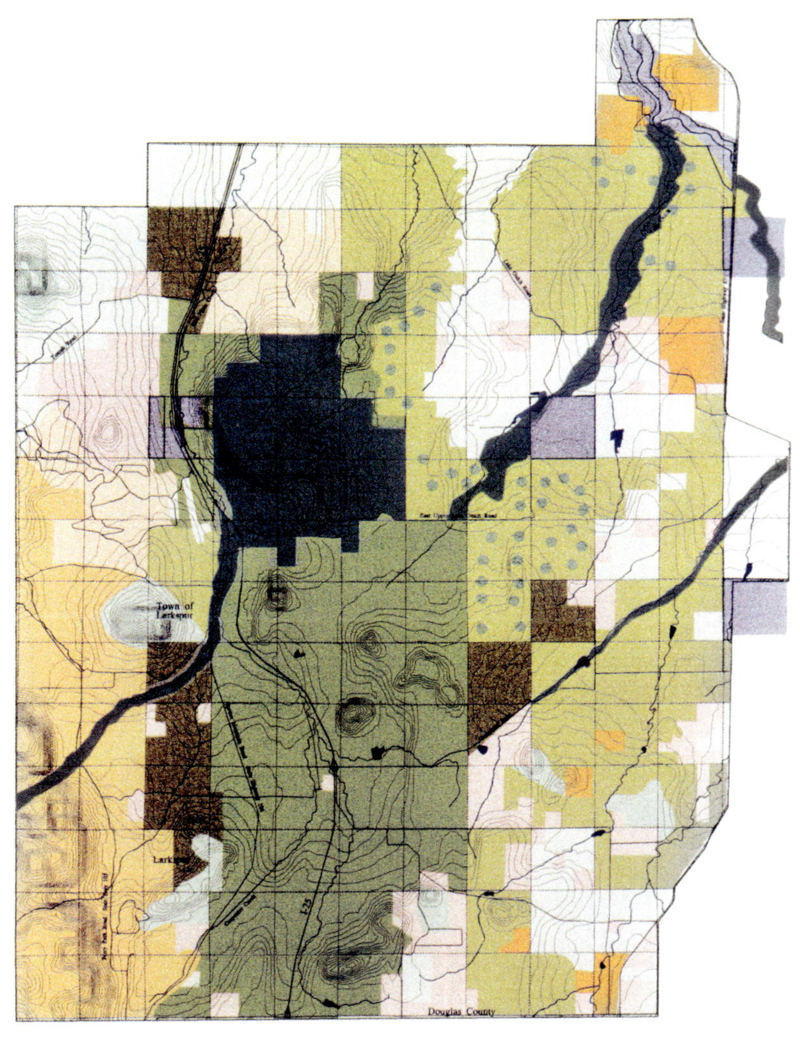

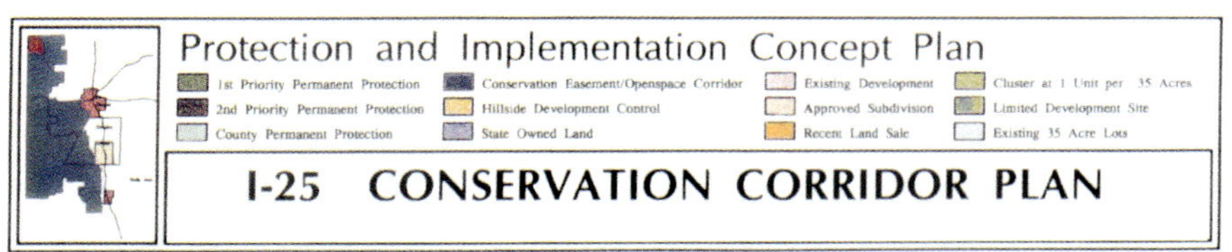

왼쪽의 이행계획은 보존우선 지역을 녹색으로, 이미 보존된 지역을 검은색으로 정의한다. 최종 협상지역은 파이크스 봉우리 아래에서 조망되는 25번 주간고속도로 지역의 12마일 구간으로, 도시교외 지역의 경관과 산의 조망권을 동시에 보존할 수 있게 하였다.

타마론(Tamarron)은 최고의 산악골프 코스로, 오랜 기간에 걸쳐 명성을 얻어왔으나
점차 노후되어 구식 골프장으로 변모해갔다.
이러한 시대적 요구를 극복하기 위해, 골프장의 새 운영자는 홀 9개를 추가하고,
기존의 18홀을 가파르게 개축함으로써 극적인 자연경관을 연출하고,
골퍼들에게는 최고의 골프 경험을 선사한다.

글레이셔 클럽
Glacier Club
Durango, Colorado

골프 코스는 그 장엄한 경관 속에서 존재하는 자연생태를
존중한다.

1970년대 초, 콜로라도의 산 후안 산맥San Juan Mountains을 배경으로 건설된 타마론 골프 코스는 아더 힐즈Arthur Hills에 의해 설계되고, 스탠Stan과 브렌트 워즈워스Brent Wadsworth에 의해 건설되었다. 총 750에이커 부지 중, 300에이커가 골프 코스와 리조트 콘도미니엄으로 사용되었으며, 부지 뒤편의 나머지 구획은 공지로 남겨졌다.

골프장의 경관적 가치는 모든 방향에서 바라보아도 최고라 할 만하지만, 관수시설, 카트 길, 콘도미니엄, 숙박시설 등의 부대시설들은 해가 지남에 따라 낡고, 오래되어 골프 코스의 가치를 저하시켰다. 약 25년간에 걸쳐, 타마론은 많은 주인을 맞이하였지만 누구도 갱생의 중요성을 인지하지 못했으며 결국 경제적 손실을 감수하게 되었다. 2001년 말, 타마론은 또 다른 소유주를 맞이하였는데, 그는 개인 9홀 골프 코스를 추가하고, 구식 코스를 새롭게 설계함과 더불어, 새로운 숙박시설을 계획하는 등, 종합계획을 수립하기로 결정하였다.

밴프 스프링스Banff Springs와 같은 장소를 제외하고, 소위 마운틴 코스mountain course라고 일컬어지는 골프 코스는 산맥을 배경으로 한 계곡에 위치한다. 타마론의 18홀은 장애물과 함께 설계된 순수한 마운틴 코스였으나, 산등성이 뒤편에 공지로 남겨진 450에이커 부지에 새 골프 코스를 추가하기를 의뢰한 소유주의 요구는, 가파르고, 돌이 많고, 삼림이 울창하며, 좁은 초원과 풍부한 습지로 인하여 매우 도전적이었다. 많은 분석을 해보았지만, 골프 코스를 위한 표토는 전혀 찾아볼 수 없었다.

그러나 부지의 지형과 생태계 그 자체가, 새롭게 설계될 골프 코스의 디자인 지표가 될 수 있다는 것을 인지하였다. 설계팀은 통합적 관점

안에서, 부지 내 초목들의 파괴를 최소화하고, 삼림을 가능한 한 보존하며, 습지가 골프 코스의 장애물로 수용될 수 있도록 고려하는 등, 그 부지 내에 존재하는 모든 자연적 요소를 고려하여 정교하게 설계하였다.

설계팀은 배수관을 사용하는 전통적인 시스템을 대신해, 생태습지와 그 하부에 8인치의 모래층을 도입하여 집수된 물이 강의 지류로 다시 유입되기 전에 자연적으로 정화될 수 있도록 설계하였다. 이는 환경적·미적인 관점에서 친환경적이라 할 수 있으며, 이러한 과정으로 정화된 물은 다시 관수로 사용되어 관리비 절감이라는 측면에서도 효과적이라 할 수 있다.

프로젝트의 첫단계는, 새로운 골프 코스, 레스토랑, 컨퍼런스 시설을 건설하는 것과 더불어, 기존 150개의 방을 리모델링하는 것이었다. 2004년 7월에 새롭게 오픈한 파-35 글래이셔 나인은 2,583야드로서, 400피트의 고도변화를 골퍼들에게 선사한다. 고산지역 환경에 골프 코스를 조심스럽게 짜맞추는 것은 골퍼들에게 거친 산악지형에서 플레이하는 순수경험을 제공한다.

착구지대는 비옥한 침엽수림을 동반한 페어웨이의 측면에 위치하며, 습지를 동반한 각각의 홀은 위험 대 보상Risk-Reward 전략을 강화시킨다. 이 코스는 동쪽과 남쪽으로 미셔너리Missionary 봉, 서쪽으로 허모사Hermosa 사면, 북쪽으로는 니들스Needles 산맥과 엔지니어스Engineer's 봉의 수려한 경관을 제공한다. 설계팀은 새로운 디자인적 특성을 기존 18홀 코스의 리모델링에 주입시키는 작업을 하였고, 선수들의 기량을 충분히 포용하기 위해 만든 5개의 티박스 세트를 도입한 이 코스는 많은 골퍼들로부터 격찬을 받아 왔다.

마스터플랜은 연립주택과 단독주택, 수영장 등의 주거 및 편의시설을 반영함과 더불어, 하이킹과 산악자전거 경로를 부지 내의 협곡과 능선, 그리고 부지 밖의 자연대지 안으로 자연스레 연결시킨다.

프로젝트 크레딧

골프 코스 마스터플랜: Design Workshop, Inc.

설계 책임자: Jeff Zimmermann

골프 설계자: Todd Schoeder

조경가: Jamie Fogle

발주기관: Tamarron Development Corporation

골프 코스 시공: Golf Works, Inc.

관수설계: Harvey Mills Design

골프 코스 관리자: Mark Hanson

골프 운영자: Patric Flinn

관리회사: Troon Golf

토목회사: Russell Engineering

환경공학: Sugnet Environmental

수공학자: Wright Water Engineering

대지건설: Rathjen Construction

조경시공: High Country

자문 변호사: Shand, Newbold, Chapman

(위쪽): 마스터플랜에는 숙박시설도 포함되었으며, 기존 18홀을 새 단장하고, 가파른 경사와 여러 환경적 요인으로 설계가 어려웠던 부지 뒤편에 9개 홀을 신설하였다.

(반대쪽): 주요 설계의 특징으로 기존의 자연습지와 인공습지가 동시에 고려되었으며, 각각의 습지에는 생태여과 시스템이 필수적으로 도입되었다. 이는 전통적인 배수관을 사용하는 대신에, 생태습지 하부에 8인치의 모래를 깔아, 골프장 관리에 사용된 물이 애니마스(Animas) 강에 유입되기 전에 정화될 수 있도록 만든다.

습지와 개울을 보호하기 위한 방법으로, 집수된 물이 지하
수로 유입되기 전에 여과지점에서 정화될 수 있도록 경사
도를 완만하게 변경시킨다.

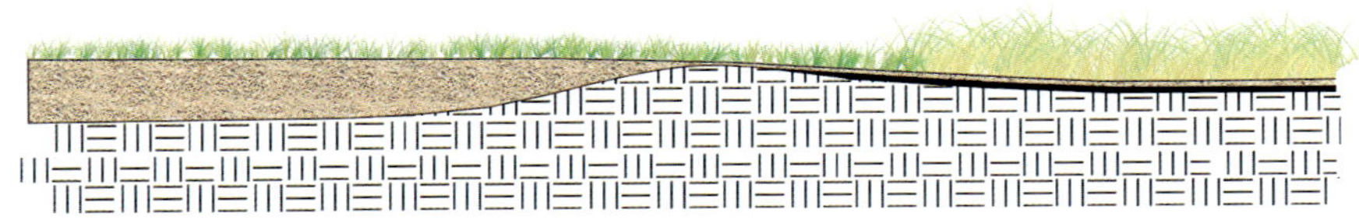

1. 여과층 : 8인치 두께의 굵은 모래층이 골프 코스 전체에 걸쳐 도입된다. 이는 잔디의 적절한 생육을 유도
할 뿐만 아니라, 강수의 자연적 여과장치 역할을 한다. 비가 많이 올 경우에는 부지 곳곳에 설치된 생태여
과 장치로 우수가 직접 유입될 수 있도록 설계하였다.

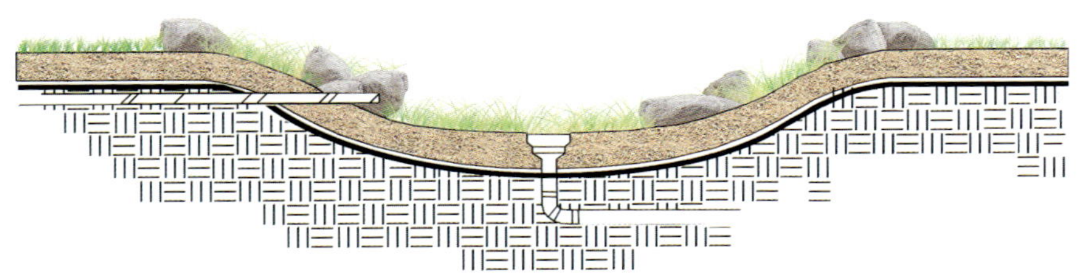

2. 생태여과 장치 : 이 장치는 강수량이 많을 때를 대비해, 약 100야드 거리마다 연속해서 웅덩이와 습지를
배치하여 물의 역류를 방지한다. 땅속으로 스며들지 않는 물은 모두 분지 내에 설치된 파이프를 통해서 생
태여과 분지로 이동한다.

3. 생태여과 습지 : 이는 야초류(native grasses)가 모래 위에서 자라 만들어진 습지로서, 크기는 약 30피트에서 300피트로 다양하다. 이 습지로 유입된 물은 약 50피트 넓이의 야초류 통로 안에서 자연 여과처리되며, 최종적으로 습지, 연못, 개울, 호수 등으로 흘러들어 간다.

4. 생태여과 저장분지 : 분지 안의 여과식물에 의해서 물이 자연적으로 정화되고, 다시 대지로 흘러들어 가게 한다. 강수량이 많을 때는 물이 6x6피트 크기의 집수구로 유입된다. 물이 넘칠 경우에는, 저장분지의 가장자리에 위치한 수로를 통해 생태여과 습지로 흘러들어 가도록 설계하였다.

(반대쪽): 본 코스 설계는 자연수목을 보존함과 동시에, 가파른 산지지형을 독특하게 접목시킴으로써, 위험 대 보상 전략을 장려한다.

(왼쪽): 새로 설계된 9홀 중 8번째 홀은 허모사 클리프의 가파른 언덕에서부터 시작하여, 내리막으로 경기할 수 있도록 설계되었다.

(위쪽): 산등성이를 배경으로 한 클럽 하우스는 페어웨이를 조망할 수 있도록 부지의 정상에 위치한다.

딜레마 하수와 우수의 유입으로, 사막지역에 야생 동·식물의 서식지가 창조된다. 하지만 통제되지 않은 유거수의 범람은 결국, 오랜 시간에 걸쳐 자연 발생된 야생생물의 서식지를 파괴한다. 한때 야생 동·식물의 관찰 장소였던 이곳은 그대로 방치되었고, 결국 부랑자들과 폭주족들의 소굴로 전락한다.

레거시 목표

커뮤니티

12마일 길이의 건천을 따라 산책로를 건설하고, 야생생태 관찰지점과 야생동물의 은신처를 제공함으로써, 지역주민들과 방문자들에게 대자연 속의 여유를 만끽할 수 있도록 해준다.

환경

사방공사를 통해 손상된 땅을 치유하고, 황폐해진 대지에 향토자생 식물을 심어 습지를 다시 안정화시킨다. 야생생물들이 다시 그 지역에서 자생할 수 있도록 유도하며, 철새들의 서식지를 원상태로 복구시킨다.

경제

습지를 보호하고, 관광안내소, 교육적 연구시설 등의 관광유도 전략을 건천(wash)의 복원사업과 조화시켜, 그 지역의 경제를 활성화시킨다.

예술

주변의 산을 조망할 수 있는 정적인 공간을 연출한다. 방문객들을 산책로와 차광 구조물로 유도하여 야생에 대한 탐험과 발견의 기회를 부여하고, 인간을 자연과 서로 연결시킨다.

주제 사방공사는 대지를 안정시키고, 자연을 보전하여, 인간에게 도시적 삶에 대한 평온한 피난처를 제공한다.

클라크 카운티 습지 공원
Clark County Wetlands Park
Clark County, Nevada

도심 속의 안식처는
상처 입은 대지를 치유하는 것에 의해서 창조된다.

개요

라스베이거스의 건천은 도시의 성장과 함께 번성해 왔으나, 여러 해 동안 유거수의 범람이 반복되면서 습지들은 손상되고, 야생생물들은 쓸려 내려갔다. 이러한 대지의 파괴는 계속해서 방치되었으나, 1990년대 초, 유권자들의 투표를 통해서 약 130억 원의 주정부 기금이 그 지역의 복원 및 공원화 사업에 쓰일 수 있도록 승인되었다.

라스베이거스의 건천을 주립공원으로 탈바꿈하는 이 프로젝트는 40여 년의 세월 동안 그곳에서 태어나서 거의 죽음의 위기에 직면한 야생 생태계를 치유하기 위한 시민들의 노력이라는 데 그 의의를 둔다. 라스베이거스의 경계와 동부 모하비 사막의 중간에 위치한 약 2,900에이커의 오아시스는 도시로부터 흘러나온 유거수와 정화된 폐수의 방출에 의해 건천과 습지가 만들어지면서 자연 발생적으로 형성되었다. 하지만 1970년대, 이 지역의 급속한 성장과 더불어 폐수와 유거수가 급격히 증가되었고, 이는 건천의 빈번한 범람을 야기했다. 설계팀은 피폐해진 건천과 생태습지를 복원하기 위해, 산책로, 소풍지역, 전시관, 생태관찰 지점 등을 마스터플랜에 포함시킴으로써, 부지보호 전략의 윤곽을 수립하였다.

역사/배경

라스베이거스 워시^{wash}라 불리는 이 건천과 지류들은 약 1,600평방마일 크기의 라스베이거스 전체의 유거수를 모아 연중 끊이지 않는 시내의 흐름을 만들어내며, 지하수로의 유입, 미드^{Mead}

(위쪽): 라스베이거스의 남동쪽에 누워있는 그 건천은 라스베이거스 전체의 유거수를 미드 호수로 운반시키는 수로역할을 한다.

(반대쪽): 이 지역의 항공사진은 초기의 건강한 습지와 심각하게 훼손된 범람원의 진화과정을 보여준다. 지난 40년 동안 라스베이거스의 인구성장은 도심 유거수의 증가를 야기하여 초기에는 습지를 건강하게 양육하는 역할을 하였지만, 이후의 잦은 범람과 함께 습지를 철저히 파괴시켰다.

호수와 후버 댐을 통해 콜로라도 강으로 다시 순환된다.

라스베이거스 남부에 위치한 이 지역은 원래, 공원으로 설계되었지만 안전하지 않았으며, 안내판, 산책로 등의 공원시설이 없어 사람들의 발길이 드물었고, 계절성 폭우로 인해 일시적으로 범람하는 자연적 특성을 지니고 있었다. 이로 인해 토지는 비옥해지고, 약 2,000에이커의 부들습지가 자연스럽게 형성되었다. 인구가 증가함에 따라 도심에서 유입되는 유거수의 양은 점차 많아졌고, 그 결과 습지는 더욱 번성하게 되었고, 많은 야생동물과 조류에게 서식처를 제공해주었다.

하지만 지속되는 라스베이거스의 성장은 과도한 유거수를 발생시켰으며, 건천의 빈번한 범람으로 수로는 침식되었고, 야생생물들은 쓸려 내려가게 되었다. 일부지역은 25피트짜리 수직침식이 발견되었을 정도로 침식피해는 심각하였으며, 수년 동안 습지의 반 이상이 파괴되었다. 이 지역은 본래 철새들의 주요 비행경로로서, 조류의 이동을 관찰하기 위해 많은 사람들이 방문하곤 하였으나, 야생동물 서식지가 파괴되면서 사람들은 더 이상 이곳을 방문하지 않았고, 폭주족들과 부랑자들의 거점이 되었다. 또한 불법 캠프파이어로 빈번한 화재가 발생하였으며, 때로는 인근 주거단지와 공공시설들을 위협하곤 하였다. 1991년 시 당국과 시민들은 이러한 문제를 인식하고, 이 지역을 수동적 레크리에이션의 장소로 개발될 수 있도록 지지하였으며, 약 133억 원을 사방공사와 생태공원 조성사업비로 쓰일 수 있도록 승인하였다.

진행과정

총 5,000에이커의 부지가 연구대상지로 선정되었으며, 초기연구 및 분석은 여러 장소에서 동시 다발적으로 이루어졌다. 첫번째 사방공사를 위해 환경영향 평가가 이루어졌는데, 구조적인 안정성과 혁신적인 해법을 제시하기 위해 디자인 워크샵은 11개의 컨설팅 회사 및 22개의 정부기관과 함께 연구를 진행하며, 토양분석, 지질구조 분석, 경관자원과 식물군상 등 12개의 조사지도를 만들어 GIS 분석결과를 도출하였다.

설계 전문가들은 지역신문 등을 이용하여 앞으로 진행될 내용이나 공청회에서 다루어져야 할 내용 등에 대해서 시민들과 지속적으로 정보를 공유하였다. 시민, 각종 단체, 공무원들은 부지에 적합한 공원의 설계방향을 결정하기 위해 6개의 워크숍에 참여하였다. 그 결과, 레크리에이션을 제공하는 것, 자연을 보존하는 것, 전체를 개발하는 것, 토지의 종류별로 사용용도를 매치시켜 적합한 개발 또는 보존을 유도하는

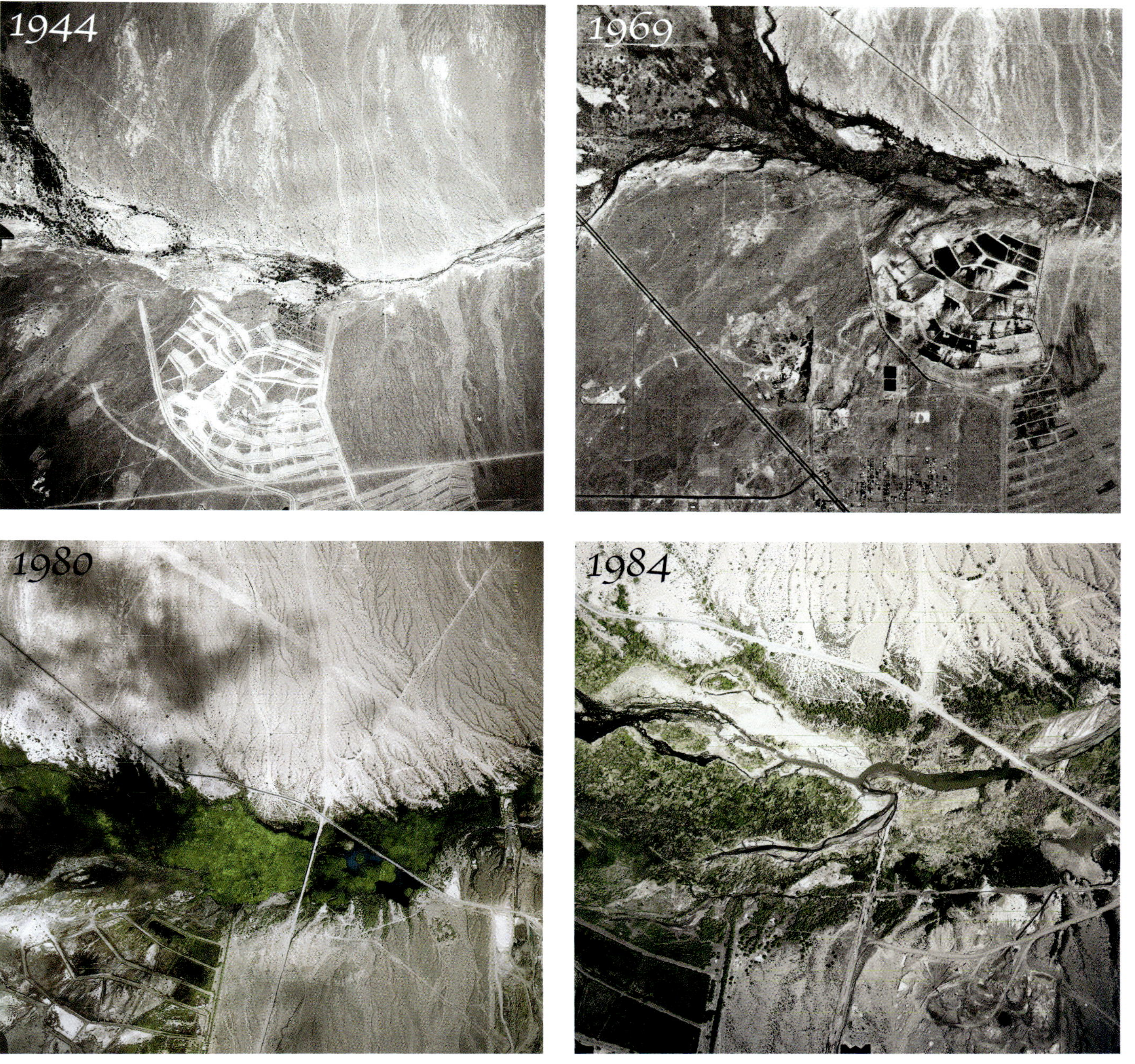
1944
1969
1980
1984

일련의 사방공사는 라스베이거스 건천 내의 습지를 안정화시
켰으며, 생태공원의 서쪽 끝자락에 100에이커의 자연보존지를
탄생시켰다.

것이라는 4가지 대안을 제시하였다. 그 중 마지막 대안이 우세적이었다. 모든 공공 참여과정은 마스터플런에 직접적으로 반영되어, 2,900에이커 규모의 공원 테두리를 정하였고, 토지관리국에서 운영하고 있던, 부지 주변부에 위치한 4,000에이커 크기의 레인보우 정원을 합병시키는 데 기여하였다. 부지 내의 과거와 현재의 모습을 담기 위해 부지의 물리적 특성부터 토지인수를 위한 전략, 관리와 운영을 위한 지침, 재정계획 등의 내용도 계획과정에 포함시켰다. 이와 더불어, 시에라 클럽에서는 정부기관, 여러 환경 및 이권단체, 시민들에게 이 계획을 효과적으로 설명할 수 있도록 포스터를 만들어 배포하였다.

최종계획안은 1995년 11월에, 클라크 카운티 심의위원들에게 만장일치로 채택되어, 총 320억 원의 예산이 가결되었으며, 시에라 클럽과 오듀본 협회, 그리고 미국 토지관리국과 국립공원 서비스 등의 지원을 받았다.

결과

범람원이라는 특성 때문에 부지 내의 공공 집회장소는 조심스레 위치되었으며, 시민들의 견해를 바꿀 수 있도록, 미적 경관의 향상에도 초점을 맞추었다. 중앙공원은 일련의 출입구들로 윤곽지어지며, 그 각각은 부지의 독특한 특징들을 담고 있다. 프로젝트의 첫번째 단계로서, 사방공사 구조물 건축, 산책로, 생태관찰 지점, 생태교육장, 레크리에이션 시설, 야생동물 서식처향상을 위한 관리시설, 자원봉사자들의 편의를 위한 임시 숙박시설 및 관광안내소를 건설하는 데 약 130억 원이 소요되었다.

습지공원의 설계는 부지의 이미지를 바꾸었다. 이제 그 지역은 안전하며, 물새와 습지식물 등 야생생물들이 서식하는 오아시스로 변화되었다. 100에이커의 자연보존지는 건천과 도시가 서로 만나는 지점에 위치하여, 모임의 장소로서의 역할과 동시에 공원의 입구로서 그 기능을 다한다.

방문자들에게 습지자연에 대한 흥미를 고취시키기 위해 교육전시관을 개설함으로써, 자연과 문화를 연계시키고 사람들에게 습지의 중요성을 인식시킨다. 1단계 공공 편의시설로는 메스키트mesquite 나무들이 울창하게 둘러싸고 있는 레크리에이션 장소, 차량 30대 규모의 주차공간, 절수형 소변기의 설치, 산책로 시작지점 등으로 구성된다.

소량의 식물군만이 존재하는 사막의 생태계 안에서 설계팀은 야생생물 서식처를 보호하기 위해 강기슭과 습지의 개선에 그 초점을 맞춘다. 그 주된 작업으로는 타마리스크tamarisk와 같은 침입식물들을 메스키

트, 데저트 윌로우desert willow, 아카시아,
버드나무, 미루나무와 같은, 강기슭에서 매
력을 발휘하는 수종으로 바꾸는 것이었다.

다음 단계에서는, 산책로 네트워크 및
공원교육 프로그램을 확대하고, 추가적인
사방공사 구조물을 설치함으로써, 더욱 안
정적인 습지생태를 유도하고, 교육적 측면
을 강화한다는 것이다. 관찰장소의 중앙부
에 건설될 관광안내소는 지역 교육관으로
써의 역할을 할 것이다. 또한 카운티 정부
는 이 부지의 물리적 특성이나 야생생태를
연구하고자 하는 교육기관, 흥미를 갖는 비
영리단체, 정부기관 등에 편의를 제공하기
위해 연구시설을 점진적으로 추가할 예정
이다.

현재 라스베이거스의 습지공원에는 약
300여종의 물고기와 야생생물 종들이 존재
한다. 거의 600억 원이 남부 네바다 공유지
관리법Southern Nevada Public Land
Management Act에 의해 승인되어, 공원의
향상 및 부대시설 도입에 쓰였다. 마지막 단
계에서는 자연 보존지를 280에이커로 확장
하고, 20마일의 산책로 및 방문객 편의시설,
다리의 추가 건설, 수로를 따라 조성된 야생
생물의 서식지를 향상시키는 작업 등이 이
루어질 것이다. 정부는 전체 사방공사를 위
해 약 천억 원의 자금이 소요될 것이라 예
상하며, 현재 그 절반 정도가 승인된 상태

다. 습지공원의 완성을 위해 지금도 시민들
과 여러 관련기관들은 분주하게 움직이고
있으며, 클라크 카운티 습지공원은 2001년
과 2005년, 하버드 디자인 대학원에서 주관
한 환경오염지대 및 중수도 심포지엄
Brownfield and Graywater Symposium에서
특집 프로젝트로 소개된 바 있다.

프로젝트 크레딧 ————————————————

마스터플랜: Design Workshop, Inc.
설계 책임자: Rebecca Zimmermann
조경설계: Mark Soden, Jim MacRae
발주기관: Clark County Parks and Recreation
환경 공학자: SWCA Environmental Consultants
공학자: Montgomery Watson
계획자문: University of Nevada

(오른쪽 위): 교육 안내판을 따라 배열된 차광구조물은 방문자들에게 휴식처를 제공해 줌과 동시에 습지공원 안의 다양한 생태를 이해할 수 있도록 유도한다.

(반대쪽): 새롭게 단장한 습지공원 앞에는 론(Lone) 산의 경관이 펼쳐진다.

LEGACY

2

장소 *Places*

우리의 삶에 의미성을 부여하기 위해, 먼저 우리는 장소성을 구현한다.
이 장소들은 우리에게 인간과 자연의 상호관계에 대한 가르침을 제공한다.

– 테럴 버지의 에세이 중

1985년 1월 1일, 나는 친구들과 함께 에메랄드 빛 바다 위에서 도약하는 새해 일출을 보기 위해 이곳 일본 혼슈 동부 해안가로 향했다. 어둡고 매서운 추위가 엄습하는 이곳에는 셀 수 없이 많은 모닥불들이 아직 희미하게 빛나는 별들과 함께 우리를 맞이하였다. 동이 트기 전, 불빛은 계속 타올랐고, 어둠이 가시면서 수많은 인파의 그림자가 두드러지기 시작했다. 해변은 그야말로 우리가 육안으로 볼 수 있는 모든 것으로 채워졌다.

매서운 바닷바람이 내 외투 속으로 스며들었고, 축축한 모래의 한기가 내 발로 전이됨을 느꼈다. 우리는 온기를 유지하기 위해 모닥불 주변으로 다가갔고, 그 위에서 부글부글 끓고 있던 일본 전통 음식들을 시식하였다. 하늘은 온통 분홍색으로 변하고 있었고, 바다 저편의 수평선에서는 붉은색의 거대한 꿈틀거림이 일렁이고 있었다. 바다 위에 떠 있는 배들은 이제 육안으로 식별될 수 있었고, 한 무리의 사람들이 바다의 고요한 정적을 깨며, 수영하는 모습도 볼 수 있었다.

갑자기 핏빛으로 변한 태양이 수평선을 넘어 해변을 밝게 비추기 시작했다. 나는 그 장엄한 광경에 압도되었으며, 그 순간, 아침의 붉은 해, 떠오르는 태양의 나라를 의미하는 일본 국기의 추상적 상징을 떠올렸다. 그리고 나는 태양, 하늘, 바다, 대지, 그리고 바람, 추위, 습기, 온기 등의 자연적 현상이 장관을 이루며, 날마다의 일상 속에서 반복된다

는 사실에 매료되었다. 또한 이렇게 단순하며 똑같은 순간을 맞이하기 위해, 세대를 거듭하면서 해변에 모이는 사람들에 대해서도 생각해 보았다. 그리고 나는 드넓은 대자연, 유구한 문화, 인간 삶의 영속성이라는 추상적 관념이 우리를 이 장소로 끌어들이고 서로 연결시킨다는 것을 깨닫게 되었다.

장소성 구현

실제의 장소들은 내가 일본 해변에서 경험했던 것처럼, 문화와 자연으로 향하는 깊고 무한한 연결을 제공한다. 그 장소들은 사람과 사람, 사람과 자연 모두를 잇는다. 그것들은 미래 세대를 위해 현존문화의 흔적을 남기고, 사람과 지역의 역사를 연결시키면서 인간존재에 대한 위대한 팰림프세스트[1]의 일부가 되고 있다. 그것들은 짧은 시간 내에 의식적으로 디자인되고 구조화될 수 있거나, 혹은 점진적인 결정들에 대한 오랜 진화의 결과로서 수세기를 지나며 적응되고 만들어진다.

그것들은 인간이 만든 구조물일 수도 있고, 혹은 섬세하게 보존된 자연환경일 수도 있다. 하지만 그 장소들은 형태, 기능, 규모라는 관점에서 다양한 범위를 가지며, 각각의 독특한 특징을 갖는다. 이렇듯, 각기 다른 물리 · 환경적 특성 안에서 그들 본래

---

1) Palimpsest. 양피지 등에 쓴 흔적을 지우고, 그 위에 덧쓰기를 한다는 뜻.

그 장소와 인간을 연결시키는 특별한 힘은 유구한 시간 속에서 형성된 그곳의 자연과 문화, 그 중간에서 비로소 가능해진다.
(위쪽): 볼리비아 안데스, 투누파(Thunupa) 산의 젖은 들판을 배경으로, 자전거를 타고 지나가는 사람
(반대쪽): 일본 규슈 아키즈키(Akizuki) 마을에 위치한 한 신토 신사에는 흰색 깃발을 장식하여 새해에 대한 염원을 기리고 있다.

그 장소가 활발한 공간이든, 야생동물의 서식처든, 작업공간이
든, 또는 일본 교토의 료안지(Ryoanji) 같은 명상적인 공간이
든 간에, 예술과 과학은 둘 다 장소성을 구현시키는 데 중요한
역할을 한다.

의 특성들을 용해시키기 위해서는 그 안에 내재되어 있는 상호관계의 필수적 연계성이 선행되어 존재해야만 한다. 만약 그렇지 않다면, 그 장소는 무미건조하고, 단순한 공간으로 남게 될 것이다.

명품공간을 만들어낸다는 것은 로켓과학이 아니다. 이는 그보다 더 복잡하다. 공간을 변형시켜 의미를 구현하고, 적절한 공간으로 만드는 그 과정은 자연과 문화 양자의 예술, 그리고 과학에 대한 깊은 이해와 균형을 요구한다. 그러한 장소를 만드는 자들은 그들이 만들고자 하는 장소에 대해 깊이 이해하고, 그 본래의 독특한 특성을 제대로 해석하기 위해 언제나 배움을 갈구한다. 이러한 실마리들이 민감하게 인지되고, 측량되고, 판명될 때, 과학적 설계과정과 미적 이해 사이의 복잡한 상호교류에서 그 의미는 명확히 드러난다. 그리고 이것은 감정적 및 지적 부산물들을 만들어냄으로써 장소에 힘을 실어주고, 효율성을 제공해주는 수단이 된다. 의미가 부여된 장소는 문화적 변화를 발생시킬 힘을 가지고 있고, 세계화, 디지털화, 탈공간화에 대한 저항력을 가진다.

마르크 트라입Marc Treib의 에세이 중에, "필요는 의미를 미화한다"라는 말처럼, 장소를 만드는 직업은 시간이 지남에 따라 형성될 수 있는 또 다른 속성들과 문화가 선도될 수 있는 환경을 창조하는 일이라고 말할 수 있다. 과학적 기술의 도입, 자연의 예술성, 공간적 문화성 등을 통해 우리는 다양하게 해석될 수 있는 공간을 만들며, 다양한 경험과 느낌을 만들 수 있다.

일반적으로 그 의미는 설계가들의 입을 통해 전달되거나 설득되지 않는다. 그 의미는 그 장소를 이용하는 사람들이 그곳의 문화와 자연을 그들 스스로 연결시키면서 만들어진다. 그렇기 때문에, 장소를 만드는 자가 되려면, 겸손함과 대담함을 동시에 가져야 한다. 대담함은 장소성을 표현하기 위한 단서를 얻을 수 있도록 도와주며, 겸손함은 이용자들의 해석을 수용하는 데 중요한 역할을 한다. 이러한 것들은 그 공간에 문화적 자산과 자연적 배경을 결속시키는 중요한 도구로서, 그 장소를 이용하는 사람들이 그 장소에 대한 의미를 느낄 수 있도록 만든다.

예술과 자연과학

우리는 본래의 야생을 경험하길 꿈꾼다. 하지만 그러한 것은 어디에서도 찾아볼 수 없는 허상이다. 이는 우리의 뇌 속에서 고취되는 영감이며, 야생에 대한 우리의 내적 동경이다.
　　　　　　　　　　　　　　　 – Henry D. Thoreau, The National History Essays

자연이라는 관념은 인간적 구조다. 이것은 우리가 '자연'을 인간의 행위로부터 분리되거나 독립되어야 한다고 믿는 다른 관념들과 구분시키기 위해 사용해 온 문화적 구조라고 말할 수 있다. 그러나 또 다른 관점에서의 자연이라는 관념은 인간의 삶을 종결시킬 수 있는 요소로 정의될 수 있다. 윌리엄 크로넌William Cronon은 그의 저서, 『Uncommon Ground』를 통해, 대자연 속에서의 인간 존재에 대해 다시 고찰해 본다. 우리의 자연환경은 사실상, 지구 온난화, 산성비, 대기오염, 인구의 급증 등에 의해 영향을 받아 왔으며 변형되어 왔다. 즉, 인간의 모든 행위가 어떤 식으로든 우리의 자연에 영향을 미친다는 것이다. 현재 자연계의 변화와 자연에 영향을 미치는 요인들은 엄격하게 조사·분석되고 기록된다. 기후변화, 수은의 미세한 흔적, 습지면적의 감소율 등은 바로 이러한 기록의 단적인 예로서, 과학자들이 문제를 규명하고 해법을 구할 때, 우리는 그들로부터 기술적인 측면을 배우고, 이것을 우리의 지식과 미묘하게 조합시킴으로써, 복잡한 자연현상에 대한 지속가능성을 도출해 내야 한다는 것이다.

전통적인 우수관리 시스템은 인공습지, 집거수 지하저장 기술, 우수의 재순환 시스템 등으로 대체될 것이며, 인공습지와 생태여과 장치는 우수를 모아 저장하는 기능을 할 것이다. 대기와 수질오염의 주범이 된 에너지 시스템은 무공해 재생 에너지 시스템으로 대체될 것이며, 이러한 과학기술의 진보는 앞으로도 지속적으로 향상될 것이다. 하지만, 기술적인 진보만으로는 사라져가는 우리의 대지를 회복시킬 수 없을 것이다.

손상된 자연 시스템으로부터 야기될 수 있는 결과를 과소평가하는 것은 우리의 문화적, 미적 감수성을 환기시키는 자연환경에 영향을 미치는 것이다. 가령 어떤 지역의 자연계가 손상된다면, 그 지역의 역사성과 지역성을 만들어주는 근본적 바탕이 손상된다는 것을 의미하며, 이로써 탈공간화 현상을 초래할 수 있다는 것이다.

인공조명으로 인해 사람들이 밤하늘의 별들을 볼 수 있는 기회가 점차 사라져 간다. 자연적으로 발생하는 강수량은 인공적인 관수체계에 의해서 대체된다. 외래종 식물들은 향토자생 식물들을 대체한다. 우리가 활동하는 공간에 자연적 문맥에 대한 이해와 활력을 제공하는 중요한 환경적 인자들은 산업화된 인공적 시스템으로 대체된다. 이러한 시스템은 장소의 위치, 문맥, 상호작용, 환경적 조건 등을 부정한다. 어떤 곳이든 똑같은 공간이 될 수 있다는 것이다. 인공기후는 실제 자연기후를 대체하고, 사람들은 그들이 살아가는 대지로부터 분리된다. 그럼으로써 우리는 먹거리가 어떻게 우리에게 제공되는지, 우리가 사용하는 물은 어떤 경로를 통해서 우리에게 전달되는지에 대해 더 이상 배울 수 없을 것이며, 무수히 많은 별들이 빛나는 밤의 경이로움을 경험할 수 없을 것이다. 결국 우리는 자연적 과정과 단절되고, 우리가 삶을 영위해 나가는 장소에 대한 가치를 상실할 것이다.

많은 사람들이 최고의 경관이란, 바로 사람들의 발걸음이 전혀 닿지 않은 순수한 자연의 모습이라고 주장하면서, 우리의 인공적 환경은 반드시 자연을 닮아야 한다고 설파한다. 그러나 자연을 복제하기 위해 이를 조작하는 것은 그 자체의 내재적 모순을 갖는다. 결국, 이러한 노력들 또한 인간이 만든 하나의 인공적 구조물에 불과하다는 것이다. 경관과 장소에 대한 이러한 사고는, 또한 사물 혹은 환경, 그 자체가 가지는 본래의 특성을 부정한다. 즉, '추상적인 매력_{장 보드리야르(Jean Baudrillard), 『Simulacra and Simulation』}'을 만들어낼 수 있는 기회를 파괴시킨다는 것이다. 사려 깊고, 조심스레 다루어진 추상적 간섭은 자연과 문화가 서로 소통할 수 있는 대화의 창을 열어 줄 것이다. 하지만, 단지 자연을 복제하고, 조작하는 것은 지구상의 모든 곳에 존재하는, 이러한 변증적 관계를 이해하고, 배울 수 있는 기회를 빼앗아 갈 것이다.

또한 우리에게는 자연의 형태 그 자체보다도 자연적 과정을 설명할 수 있는 감수성과 윤리가 필요하다. 자연의 미가 예술적이고, 의도적인 방법으로 드러날 때, 자연계는 그 자체가 가진 힘을 통해서 우리의 감성을 고무시킬 것이다. 그럼으로써,

우리는 그 장소가 갖는 특성과 속성을 진심으로 인정하고, 그 장소의 존재에 대해 고마움을 느낄 것이다. 이것은 우리가 대지와 소통하며, 그 자연과 연결될 수 있는 근본을 형성시킨다. 또한 이는 우리가 스스로 그 장소를 관리하고, 유지하는 데 필요한 강한 감정적 애착을 제공한다.

자연계에 대한 과학적 지식이 함께 고려될 때, 미적 감수성은 지속가능한 방법 안에서 그 기능성을 더욱 더 활성화시킬 뿐만 아니라, 우리의 감성적 애착을 더욱 강화시킬 것이다.

문화를 위한 예술 · 과학

인터넷은 인간의 교류를 창조하는 위대한 도구다. 하지만, 이는 나보나 광장(사람들이 자유롭게 모임을 갖고, 서로 교류하는 이탈리아의 대표적 광장)이 될 수는 없다. 장소를 구현하고, 형상화하는 것은 인간의 상호교류를 위한 우연적 상황을 만들어 주는 것이다. 또한 이 우연적 상황은 민주주의를 발전시키는 원동력이 된다.

– Michael Sorkin, Some Assembly Required

자연적 영역에서, 문화를 이해하고 해석하기 위해서는 예술과 과학이 통합되어야만 한다. 그리고 이 두 요소를 적용하는 것은, 의미 있는 장소를 창출하기 위한 하나의 필수적 과정이라 말할 수 있다. 우리가 사회적 활동을 하고, 상호 간의 교류를 활성화하기 위한 장소를 추구한다는 관점에서, 문화와 사회를 담은 과학적 변증과정은 사회와 인간, 인간과 자연, 그리고 자연과 사회를 연결시키면서, 우리에게 많은 교훈을 제공한다. 과학적 연구는 어떻게 인류가 수천 년간에 걸쳐 함께 번영해왔는지에 대한 실마리를 제공한다. 또한 이는 인간의 삶에 안락함과 여가를 제공하기 위해 가장 적절한 것이 무엇인지를 알려준다. 심리학은 우리의 디자인이 집단에 어떠한 행동양상을 유발할 것인지, 또 어떻게 그 공간이 사용될 것인지를 예측해 준다. 시장성 연구와 마케팅 계획은 우리의 설계가 경제적으로 지속가능할 수 있는지를 분석해 준다. 이러한 연구의 중요성은 우리의 문화가 파괴되고, 획일화되고, 디지털화됨에 따라 점점 더 확고히 자리 잡을 것이다.

이탈리아 밀라노 두오모 대광장 ─ 웅장한 성당의 정면을 배경으로 수많은 인파가 혼돈과 질서의 조화 속에서 에너지를 발산한다. '의미'는 장소성을 구현시킨다. 어떠한 재질의 건축재료도 성당의 표면에 생명력을 부여할 수 없다. 로버트 피시그(Robert Pirsig)는 그의 저서인 『*Zen and the Art of Motorcycle Maintenance*』에서 "완성도라는 것은 크리스마스 트리를 장식하는 금속조각처럼, 주제와 목적을 꾸미기 위한 별개의 장식물이 아니다. 그 완성도라는 것은 주제 및 목적과 유기적으로 연계될 수 있는 하나의 자원이 되어야 한다"고 피력하면서, 이 장소성과 의미에 대한 상관관계를 정의한다.

대조적으로, 문화적 예술은 인간의 현 상태를 해석하고, 그 가치와 조건들을 표현한다. 춤, 음악, 그림, 풍경, 건축 등은 우리가 더 좋은 환경 안에서, 삶을 영위할 수 있도록 하는 일종의 매개체라고 말할 수 있다.

진화하는 세계경제 속에서 사람들은 인터넷, 전화, 인공위성 라디오, 텔레비전 같은 디지털 대중매체에 의해 전 세계와 동시다발적으로 연결된다. 우리는 직접적인 접촉보다는 디지털이라는 연결통로를 통해 더 많은 세상을 배운다. 이러한 디지털 문화가 더욱 보편화될수록, 더 많은 사람들이 지역의 현실성과 멀어지게 될 것이고, 실제적 감각을 잃어버리게 될 것이다. 익명의 사람들은 시·공간을 초월하면서 또 다른 익명의 사람들을 만난다. 비록 의사소통은 인간과 인간 사이의 공간적 거리가 3피트이건, 3,000마일이건 간에 똑같은 양의 시간을 필요로 하지만, 시간과 공간을 공유하면서 얼굴을 마주보며 상호반응하는 것은 더 이상 필요하지 않기 때문에, 우리는 전통적인 인간의 상호반응으로부터 고립된다. 문화 비평가 기 드보르Guy Debord는 그의 저서인 『*The Society of the Spectacle*』에서, 우리 모두가 현재 이러한 문화에서 이러한 방법으로 의사소통하고 상호반응하기 때문에 우리의 고립은 획일화되고 있다고 말한다. 우리는 지금 디지털 연결을 통해서 공유되거나, 살아있는 경험 없이 서로 떨어져 살고 있다. 이러한 세상에서 장관spectacle과 외관은 물질의 깊이를 넘어 평가되고 특권화 되고 있다. 이것이 바로 전통적 상징과 음악, 이미지들을 다시 이용하고, 비전통적인 방법으로 조합되거나, 심지어는 그 원래의 맥락과는 전혀 다른 것으로 변형시켜버리는 '스펙터클한 사회' 다. 원래의 이러한 변이는 닐 리치Neil Leach의 저서, 『*The Anaesthetics of Architecture*』에서 언급된 탈맥락화decontextualization를 통해 나타나게 되는데, 그 이유는 기호를 표현하는 것은 더 이상 전통적인 기호의 의미를 가리키지 않기 때문이다. 반면 의미는 허공에 표류하며, 절대 변하지 않는 기호가 존재하는 세상의 한복판에서, 그 본질을 잃어버린 채, 피상적인 존재로 남겨지면서, 우리에게 현실 속에 발을 딛도록 해주는 어떠한 닻도 진실도 제공해 주지 않는다.

지역맥락에 대한 미묘하고 민감한 미적 반응들은 대량생산된 상업적 기호의 영향 아래 묻혀 알아볼 수 없게 된다. 그럼으로써 장소는 대중문화의 허상, 실체감의 상실, 무장소성2)에 의해 괴롭힘을 당하는 피상적인 공간으로 전락한다.

---

2) Placelessness. 다양한 경관과 장소의 의미가 결핍되고 획일화되어 평범하고 진부한 경험의 가능성만을 제공하는 공간.

공간의 잠재적인 의미는 지루한 단조로움에 의해서 상쇄된다. 이럴 경우, 우리가 뉴욕 외곽에 있는지, 캘리포니아에 있는지, 혹은 아이오와에 있는지를 구분할 수 없게 만든다. 고유의 지역문화를 배제한 세계화는 무장소성을 야기한다는 것이다.

이러한 문화적 환경에서 인간은 장소와 사람들을 연결시킬 수 있는 능력이 없다. 이 단절은 우리를 지역문화와 자연환경으로부터 고립시킨다. 우리의 경관은 공유되고 살아 있는 경험을 더 이상 제공하지 않지만, 최근의 문화적 유행, 대상, 혹은 이미지에 기반을 둔 피상적 만남을 대체한다. 대중의 의견교환과 상호반응은 텔레비전과 인터넷이라는 가상세계에서 묘사되는 변화무쌍한 표현기호들에 최근의 의미가 덧붙여져, 깊이 없는 대화로 전락하고 만다. 그러나 이것은 표면상의 세계이며, 피상적 의미의 세계이며, 희박한 애착이다.

대조적으로, 실제 장소에 존재하는 진정한 경관은 살아있고 의미가 있으며, 자연의 리듬과 계절의 변화와 함께 숨쉬며, 문화와 자연의 지역적 맥락과 더불어 존재하며, 완전한 성숙에 다다르기 위한 시간을 필요로 한다. 사회적 정의, 자유, 민주주의가 꽃을 피우는 시간과 공간에서 경관은 정통적인 인간의 상호반응과 함께 존재한다. 경관은 우리를 탈맥락화와 무장소성으로부터의 고립에서 구해낼 수 있는 힘을 가지고 있으며, 우리를 다른 사람들과 연결시키는 능력을 가지고 있으며, 세계화에 저항하는 잠재력을 가지고 있다.

실제 장소의 가치

우리는 더욱 더 많은 정보가 제공되는 세상에서 살고 있지만, 한편으로 더욱 더 의미 없는 세상에서 살고 있다.　　　　　－ Jean Baudrillard, Simulacra and Simulation

전보다 더, 우리는 실제 장소를 필요로 한다. 그 장소들은 우리가 누구인지, 어디서 왔는지 가르쳐 주며, 우리가 어떻게 자연과 서로 연결되는지 가르쳐 주며, 어떻게 우리가 의미 있는 방법 안에서 삶을 영위할 수 있는지를 알려준다. 우리는 문화와 자연을 융합시킬 수 있는 비전을 필요로 하며, 예술과 과학을 서로 통합시킬 수 있는 비전을 필요로 한다. 장소를 만드는 사람들에게 이것은 자연과 문화를 융화시키고, 우리가 만든 장소에 의미성을 부여하는 예술과 과학의 완전한 결합이 될 것이다. 과학은 우리에게 그것이 어떻게 작동되는지 가르쳐 줄 것이며, 예술은 그것이 왜 중요한지를 설명할 것이다. 과학에 대한 완전한 이해는 우리를 새로운 미적 해석으로 이끌 것이며, 새로운 해석은 과학자들에게 더욱 더 깊은 조사와 연구가 이행될 수 있도록 만들 것이다. 이해라는 영역은 다른 것들을 우리에게 알려준다. 이해는 영감을 고취하고, 새로운 미적 가치와 총체성을 개발하는 것에 의해서 만들어지는 활력 있는 시스템으로 우리를 이끌 것이다. 이것은 종합적 결과를 만들기 위한 그리고, 인간과 자연 사이의 공생적 관계를 만드는 수단이 될 것이다.

인간의 존재, 행동, 문화, 가치라는 관념에 의해서 형성되는 총체성과 통합성을 통해, 장소는 전개될 것이며 소생될 것이다. 이러한 장소들은 뿌리가 있으며 문자 그대로 혹은 수사적으로 지속적이며, 의미를 품고 있고 지역적 특성을 가지고 있다. 또한 이러한 특성들은 과학과 직관, 지성과 감성, 산문과 시라는 이원성에 의해 구성된다. 그러므로 적절한 균형을 이루는 것은 매우 어려우며, 표현하기 어렵고, 참을성과 인내력을 요구한다.

마지막으로, 훌륭한 경관은 우리가 경험하는 장소의 전부일지도 모른다. 이러한 사실은 우리가 앞으로 어떻게 살아가야 하는지, 시간을 어떻게 활용해야 하는지, 다른 사람들과 어떻게 상호 반응해야 하는지, 자연과 어떻게 상생할 수 있는지, 우리 자신을 어떻게 변화시켜야 하는지를 가리킨다. 이는 내가 지금까지 경험해왔던 것과는 완전히 다른 방법으로, 나만의 장소로서, 내 앞에 펼쳐졌던 일본의 어느 해변에서의 새해 일출과 같은 삶의 이벤트들이 발생될 수 있는 가장 기본적인 단계다. 이러한 방법 안에서, 실재적 장소는 그 자체가 내재하는 본질과 실체 및 구체성을 사람들에게 안겨준다. 그리고 이러한 것들은 결국 우리에게 감동을 전해준다. 한 공간을 우리가 추구하는 그 장소로 변형시키는 것은 자연과 문화의 연금술이라고 말할 수 있다. 또한 이는 인간존재로서 우리의 임무라고 해도 과언이 아니다. 왜냐하면, 이것이 우리며, 우리가 존재하는 이유이기 때문이다.

조직 폭력배들의 전쟁으로 앨버커키(Albuquerque) 공원은 위험한 공간으로 변해버렸다.
그러나 이 지역은 주민들의 활발한 참여에 의해
사람들이 그 지역의 문화와 자연사를 배울 수 있는 매력적인 공간으로 탈바꿈한다.

리우그란데 식물원
Rio Grande Botanical Garden
Albuquerque, New Mexico

사람들은 대지 위에 펼쳐진 아름다움을 만끽한다.

1980년대, 앨버커키에서 가장 오래된 근린공원은 조직폭력배들의 활동거점으로 변모한다. 시 당국은 총격으로부터 주거단지를 보호하기 위해, 단지의 가장자리에 높이 12피트, 길이 200피트짜리 강철 벽을 설치한다. 하지만 이 지역은 리우그란데 숲을 끼고 있고, 북아메리카 사시나무들이 강변을 따라 자생하는 곳으로써, 자연적 어메니티가 풍부하며, 초창기 이주민들이 처음 정착했던 역사를 가지고 있으므로, 문화적 · 환경적으로 중요한 부지라 할 수 있다.

1991년, 시 정부는 이 지역을 시민위락 및 문화시설, 식물원 등이 포함된 복합 문화공간으로 재생시키기 위한 캠페인을 개최한다. 이 프로젝트는 도시 내부의 위해공간에 동물원, 낚시터, 수족관, 식물원 등을 도입하여 도시에 활력을 불어넣어준다. 디자인 워크샵은 온실, 방문객센터, 학습공간, 공공행사장 및 다양한 정원들을 포함한 식물원 마스터플랜을 수립한다.

시 정부는 원래 주민들이 다양한 식물에 대해서 학습할 수 있는 전통적인 식물원을 만들고자 하였으나, 일을 진행하는 과정에서 지역주민들의 참여와 지원을 얻어야 한다는 것을 깨닫게 된다. 설계팀은 주민들에게 그 지역의 일상과 역사, 자연에 대한 이야기를 귀담아들으면서 더욱 활력 있는 식물원을 만들기 위한 비전을 수립한다.

리우그란데 지역은 미국에서 가장 오래된 경작지역으로써, 천 년에 걸쳐 다양한 농업문화를 일구어냈다. 이곳은 록키 산맥의 고산지대에서 비옥한 평야와 메마른 사막을 거쳐, 맥시코 만에 이르기까지 다양한 생태계를 포함한다. 이러한 자연과 역사적 문맥을 식물원 디자인의 근본으로 하여, 어떻게 하면 식물들이 지역주민들의 생활에 영향을 주었는지, 또 어떻게 사람들

이 그 지역의 생태계에 영향을 주었는지에 대해 중점적으로 연구하고, 디자인에 반영하였다.

설계팀은 리우그란데 강을 표현하기 위해 인공지류를 만들었는데, 이는 전체 디자인의 골격을 이루었으며, 그 강의 흐름이 끝나는 지점에 인공호수를 설치하여 록키산맥에서 시작하여 맥시코 만에 이르는 강의 일생을 서사적으로 표현하였다. 또한 설계가들은 강의 다양한 생태지역을 경관적으로 표현하였는데, 이는 이 지역이 고대 아나사지[3] 시대에 농경지였던 사실로부터, 주니[4] 벽원Walled Garden의 문화를 꽃피웠던 사실까지, 그리고 스페인 정착민들에 의해 개척된 관개수로에서 현대사회에 이르기까지, 각기 다른 문화에서 어떻게 리우그란데 강이 다르게 사용되었는지 표현하고자 한 것이다. 정원에 내건성 식물들을 도입하여, 그 지역의 사막경관을 표현하였으며, 식물들이 어떻게 리우그란데의 생태계 안에서 자생하는지를 보여주고자 하였다. 또한 여기에는 주민들이 모일 수 있는 광장을 포함하는데, 이 공간을 성토하여 다른 곳보다 높게 건설하여 주민들을 홍수의 범람으로부터 보호하고, 연못을 파서 나온 흙을 사용하여 잔디 관람공간을 만들었다.

프로젝트 내의 혁신적인 친환경적 특징들 중에 하나는 온실근처에 인공습지 연못을 건설하는 것이었다. 이 인공습지는 식물들을 이용하여 폐수를 정화하는 과정을 보여준다. 비록 예산과 관리상의 문제로 인해 전통적인 공법을 사용하였지만, 집거수와 하수를 분리시키고, 하수를 인공습지에서 다시 정화시킨 후, 그 깨끗해진 물을 다시 합해서 강으로 내보낼 수 있도록 설계되었고, 이는 향후 개발을 위한 환경규범으로 자리 잡히게 된다.

좁은 급경사 진입로에서 후방의 확장된 공간으로 굽이치는 비정형의 50에이커 부지를 설계하는 것은 매우 어려웠다. 설계의 주요 딜레마는 이렇게 제한적인 부지를 어떻게 활용하여, 사람들을 중앙 전통식물 교육전시관으로 유도할 것인가였다.

이 부지의 제한적 요인들은 두 개의 V자형 공간이 서로 만나는 지점에 온실을 배치시켜 해결할 수 있었는데, 이는 사람들이 개방적 성격을 띤 광장으로부터 개인적인 느낌이 드는 후방의 정원으로 이동할 때, 이곳을 통과해야 하는 점을 이용하여, 이 지역에 보행동선의 축상 기능을 부여한다는 것이

---

3) Anasazi. 800~1600 CE에 미국 남서부의 콜로라도 고원과 리우그란데 북부에서 살았던 선사시대 농경민족.

4) Zuni. 애리조나 주 북동부에 사는 아메리칸 인디언을 일컫는 말.

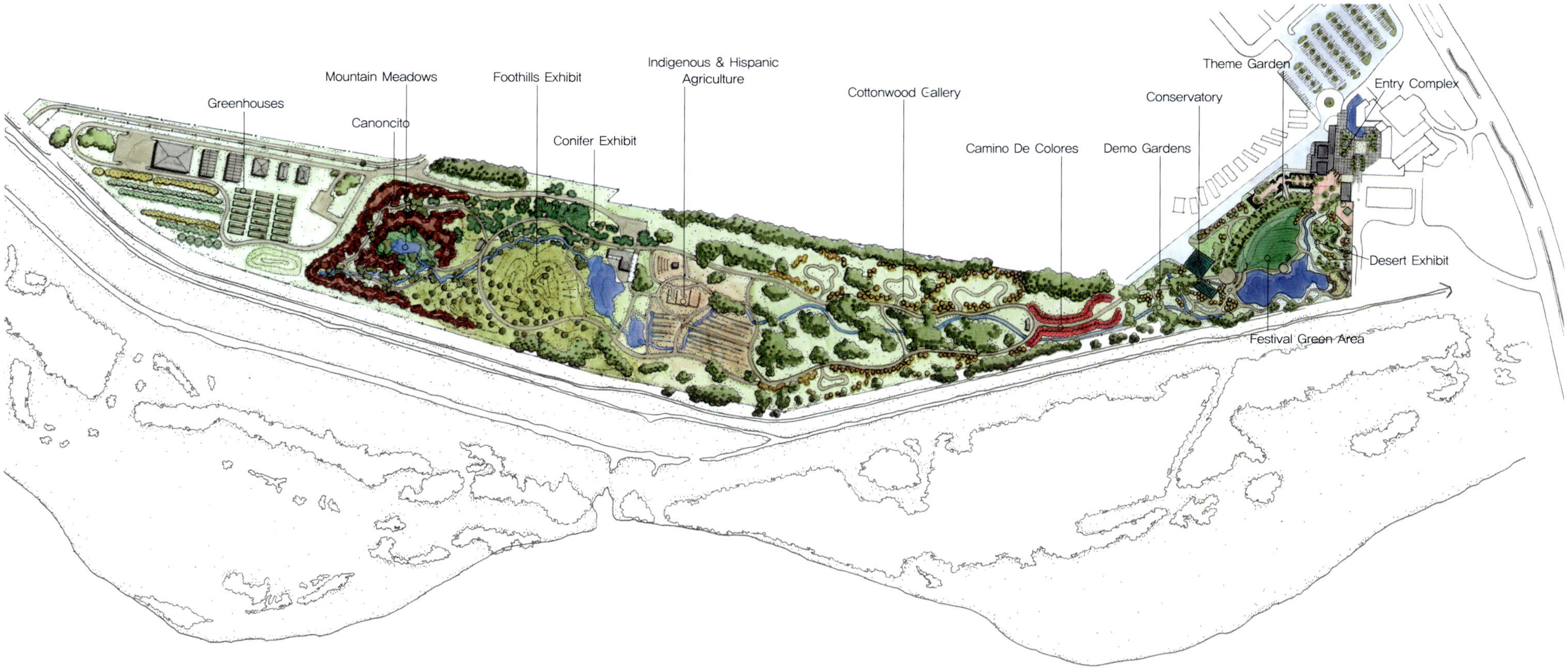

(위쪽): 마스터플랜 – 리우그란데를 상징하는 인공수로는 높은 산, 협곡, 작은 언덕, 농지에서부터 나무, 관목, 정원에 이르기까지, 다양한 생태환경을 지나, 축제광장(Festival Green) 아래의 걸프 만을 상징하는 인공연못으로 연결된다.

(오른쪽) 부지 항공사진 – 대지의 중앙을 가로지르는 농업용수로는 이 부지를 숲과 강으로부터 단절시킨다. 이러한 단절은 이 식물원 설계에서 가장 어려웠던 점이었다.

다. 건축가 에드워드 마즈리아Edward Mazria 가 설계한 태양열 유리온실은 그 지역의 북아메리카 나비들뿐만 아니라, 사막과 지중해의 생태계로부터 들여온 식물들이 자랄 수 있는 환경을 제공한다. 이러한 유형의 건물을 시공할 때, 가장 비싼 설비품은 냉방과 난방 시스템이다. 그러므로 설계팀은 이 건물을 기계적 냉·난방 시스템 없이 자연적으로 그 기능을 다할 수 있도록 설계하였다. 그러나 시 정부는 이에 대해 확신을 갖지 못하고, 설계팀에게 현재까지 한 번도 사용되지 않고 있는 6천만 원 상당의 예비 냉·난방 기계들을 설치하라고 요구하였다. 건물 그 자체는 앨버커키의 랜드마크로 자리 잡았으며, 그 도시의 관광촉진 요소로서 그 임무를 충실히 수행하고 있다.

예산의 제약과 연방정부의 토지소유권 문제 등이 서로 맞물려, 총 부지면적 중에서 15에이커만이 개발될 수 있었다. 하지만 설계팀은 그 공간에 맥시코 만 호수, 유리온실, 방문객센터, 교육시설, 수경시설, 커뮤니티 축제광장 등의 주요 정원요소들을 도입하였으며, 현대적 도시정원과 스페인 무어 양식의 정원을 추가하여 지역의 문화와 역사를 특화시켰다. 이러한 특징들은 방문객들을 적극적으로 유치하며, 2단계 정원발전기금을 모으는 데 중요한 역할을 한다.

프로젝트 크레딧

마스터플랜: Campbell Okuma Perkins Associates
마스터플랜 총책임자: Craig Campbell
디자인/공공행정: Design Workshop, Inc.
설계 책임자: Bill Perkins
디자이너: Faith Okuma, Mimi Burns, Jim Alsup, Allison Mulhouland, Bruce Trujillo, Rick Borkovetz
발주기관: City of Albuquerque
온실 건축가: Ed Mazria/Mazria Associates
입구시설물 건축가: Holmes Sabatini Edds Architects
토목공학: Bohannon Huston

(반대쪽): 커뮤니티 이벤트 – 인공호수 안에 만들어진 무대에서 밴드가 공연하는 모습을 보기 위해, 사람들은 축제광장으로 모여든다.

(위쪽): 도시원예는 사람들에게 중요한 교육적 자산이 된다. 사람들은 이 정원을 통해 건조성 기후에서는 어떤 식물들이 잘 자라고, 우리가 어떻게 식물들, 강 그리고 대지를 돌보아야 하는지를 배운다.

(오른쪽): 다채로운 향토식물들과 다양한 동물 조각상들은 어린이 정원에 활력을 불어넣어준다.

1977년, 블랙콤은 단지, 산 언저리의 빈 공터였다.
하지만, 건강한 비전과 잘 계획된 마스터플랜은
개발자들이 새로운 종류의 리조트를 건설할 수 있도록 영감을 고취시켜 준다.
그럼으로써 리조트는 산을 포용하고, 이곳을 찾는 사람들에게 연중 다양한 경험을 제공한다.

블랙콤 스키 리조트
Blackcomb Ski Resort
Whistler, British Columbia

적합한 틀을 구성하는 것은, 성공적인 리조트의 초석을 다지는 것이다.

캐나다 브리티시 컬럼비아British Columbia주 휘슬러Whistler 시는 19세기 말, 모피 사냥꾼들에 의해서 개척되었으며, 1900년대 초에 대중적인 피서지로 널리 알려졌다. 이로부터 약 50년 후 4명의 밴쿠버 사업가들이 휘슬러에 스키장을 건설하기 시작했으며, 이는 1966년에 완성되었다. 1975년, 캐나다 정부는 휘슬러 시를 첫 휴양도시로 선포하였고, 중심시가지를 건설하는 데 필요한 토지를 공여하였다.

1970년대, 휘슬러 시와 마찬가지로 많은 북아메리카의 스키장들이 곳곳에 건설되면서 이들은 수많은 도전에 직면하게 되었다. 그들은 삼림보호 기관들과 타협해야만 했으며, 계절별 경제적 현실을 고려해야만 했다. 그러므로 경사지고 경관이 수려한 지형을 개선하여 여가공간을 계속해서 향상시킴으로써, 그 경쟁 속에서 살아남고자 하였다.

1977년, 몇몇의 사업가들이 브리티시 컬럼비아의 휘슬러 산 근방에 새로운 스키장을 건설하려 하였고, 이들은 세계적인 스키장 개발회사인 Aspen Skiing CompanyASC에게 개발을 의뢰하고, 디자인 워크샵에게 스키장 마스터플랜과 스키장 빌리지 종합계획을 의뢰하였다.

그 당시, 휘슬러에는 약 2천여 개의 산장과 몇 개의 스키 리프트가 있었고, 블랙콤에는 고작 두 개의 트레일러만이 존재하였다. 우리는 블랙콤 스키장뿐만 아니라, 스키장 리조트 빌리지에 대한 경제적 개발도 함께 강조하였다. 이러한 총체적인 접근은 스키 리조트에 커뮤니티의 속성을 결합시키기 위한 발판을 마련한다.

설계팀은 개발에 대한 비전을 수립하고, 리조트 연맹을 창설하였으며, 골프장과 숙박시설 등의 다른 레저 시설들을 마스터플랜에 추가하여, 그 지역이 연중 쉬지 않고 운영될 수 있는 국

(위쪽): 블랙콤과 휘슬러 스키 리조트의 개발은 거의 동시에 일어났다. 1977년, 스키장들이 개발될 당시, 블랙콤에는 고작 3개의 트레일러만이 산 언저리에 존재할 뿐이었다. 그 당시, 그 지역 전체가 휘슬러라 불렸지만, 1980년대 스키 리조트가 건설된 이후, 이 지역은 블랙콤으로 개명된다.

(반대쪽): 마스터플랜은 방문객들과 스키어들이 휘슬러 타운센터에서 휘슬러와 블랙콤 양쪽 모두로 접근할 수 있도록 하여, 부지 전체의 연결성을 강화했다.

제적 관광지로 만들고자 노력하였다.

스키장 마스터플랜은 두 개의 리조트가 서로 인접해 있다는 부지의 특성을 반영하였다. 휘슬러와 블랙콤 스키장의 중간지점에 리프트를 설치하고, 그 한 지점에서 양쪽의 스키장 모두로 올라갈 수 있도록 만들어, 스키어들에게 더 넓은 선택권을 부여하였다. 이 계획이 지방정부와 주정부에 의해 승인된 후, 1978년 캐나다 정부는 ASC에게 개발권을 양도하였다.

1980년, 블랙콤의 리프트 시설이 작동되면서 이곳은 세계에서 가장 큰 스키 레저 복합단지로 그 형태를 갖추게 되었다. 그로부터 4년 후, 인트라웨스트Intrawest가 이곳을 매입하였고, 디자인 워크샵이 호텔, 주거단지, 콘도미니엄 등을 포함한 스키장 빌리지를 설계하여 블랙콤과 휘슬러의 연결은 더욱 더 강화된다.

이러한 계획들은 블랙콤이 수년 동안에 걸쳐 큰 성공을 달성할 수 있도록 그 바탕을 만들어 주었다. 이곳이 개장된 후부터 현재까지, 블랙콤은 주요 스키 및 여행 잡지들에 의해서 세계 최고의 리조트 그룹 안에 꾸준히 선정되고 있다. 1998년, 두 개의 산은 합쳐졌으며, 그로부터 5년 후, 휘슬러·블랙콤은 밴쿠버 시의 지원과 함께 2010년 동계올림픽을 유치하는 데 성공한다.

프로젝트 크레딧

계획/설계: Design Workshop, Inc
총책임자: Joe Porter, Bill Kane, Richard Shaw, Don Ensign
조경설계: Bob Nevins, Pat Carroll, Bob Chipman
발주기관: The Aspen Skiing Company, Twentieth Century Fox Real Estate, Intrawest Corporation

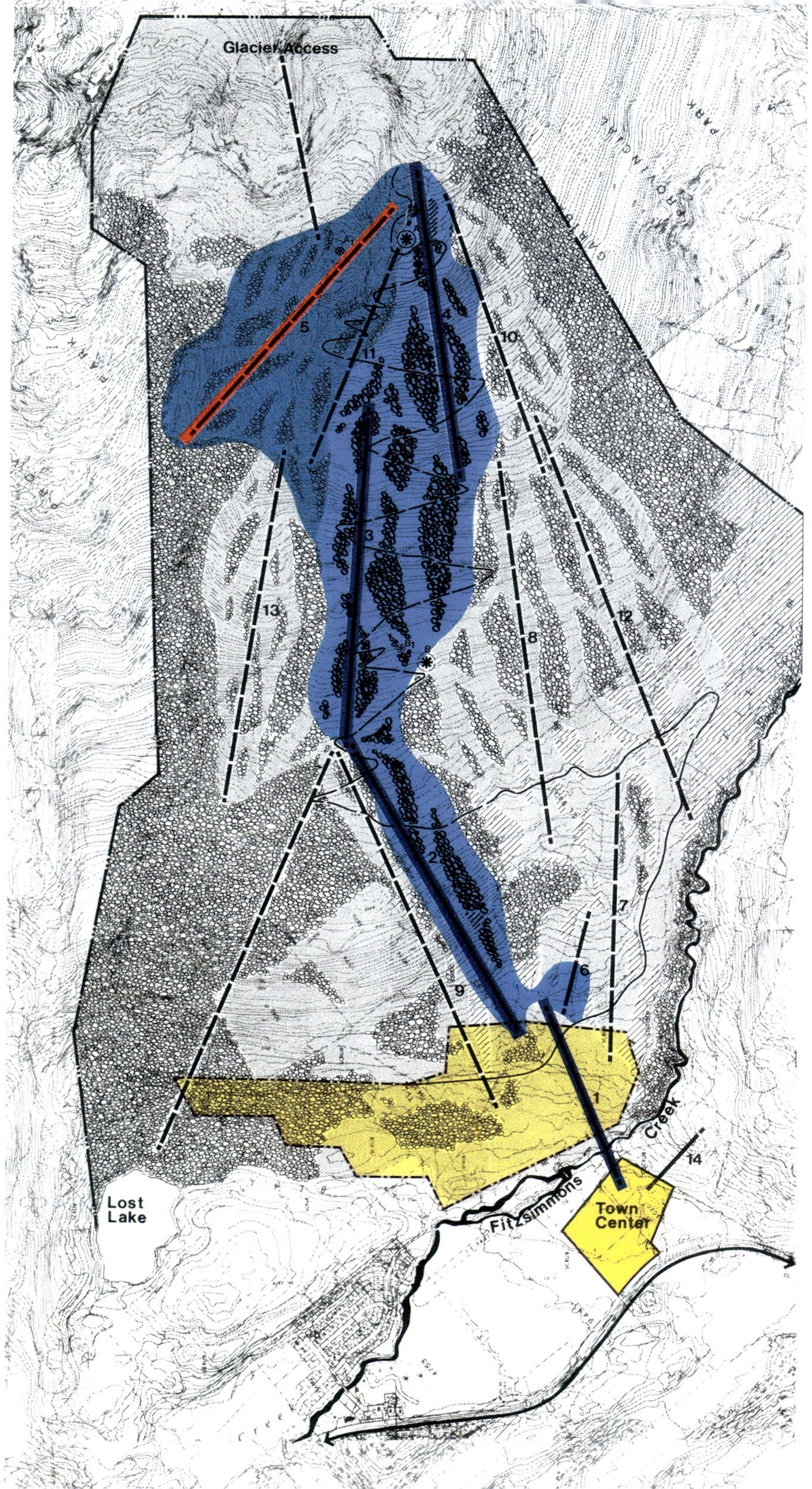

Glacier Access
Lost Lake
Fitzsimmons Creek
Town Center

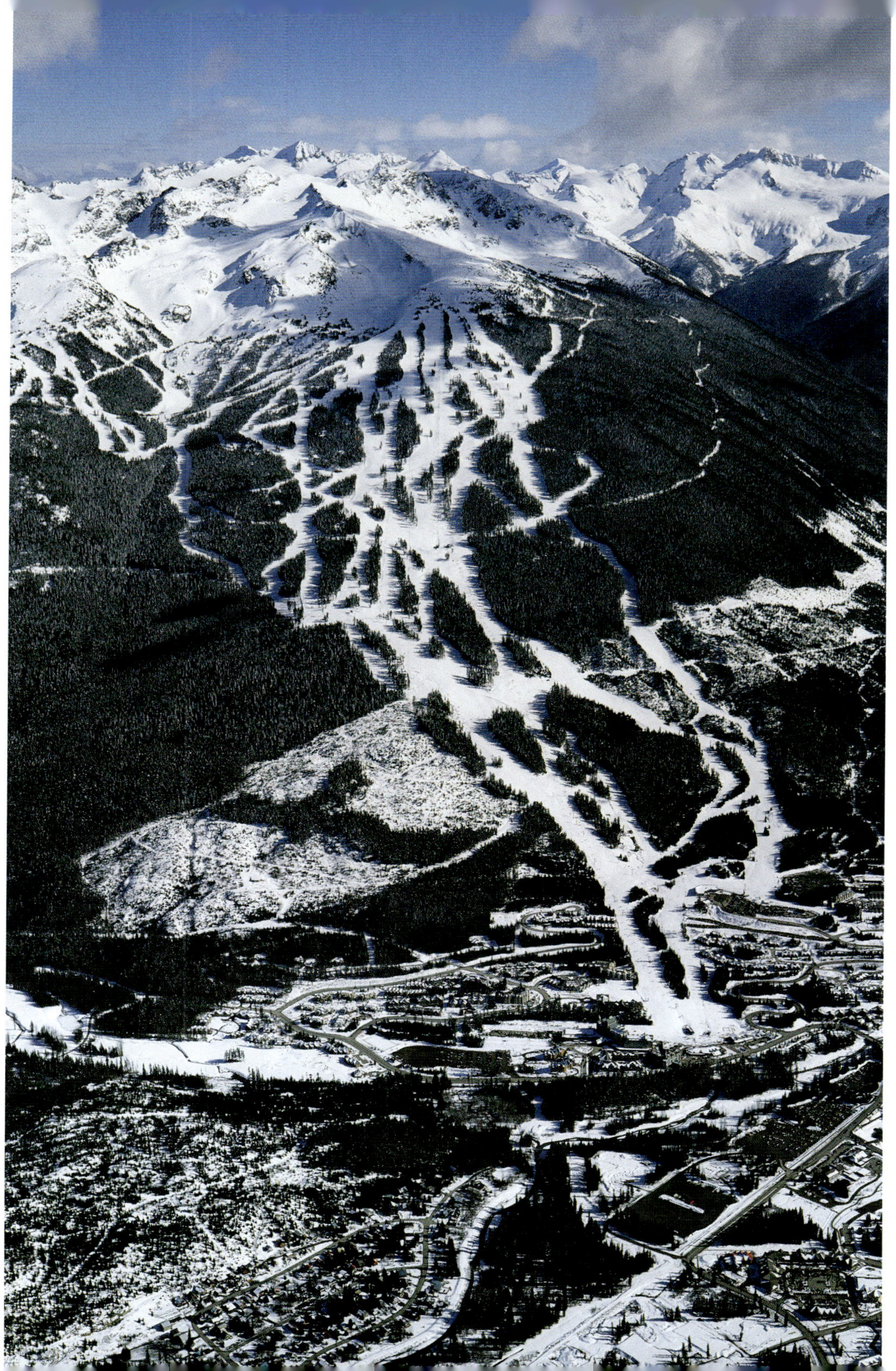

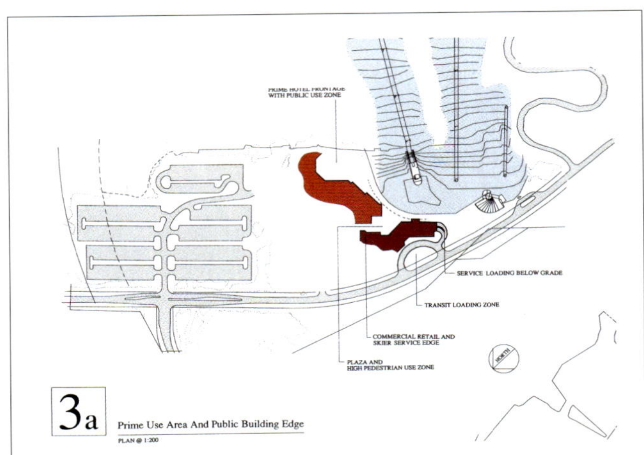

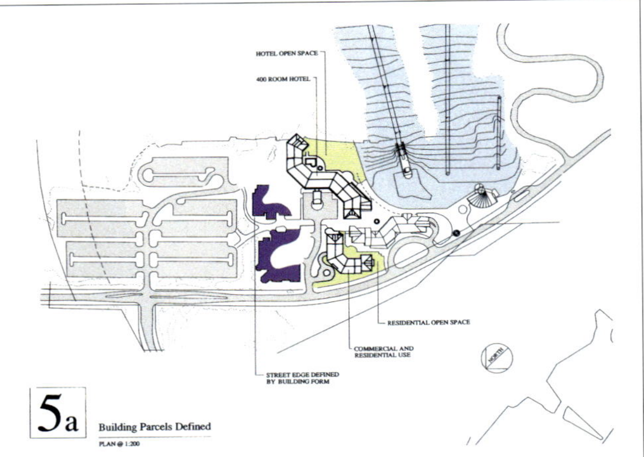

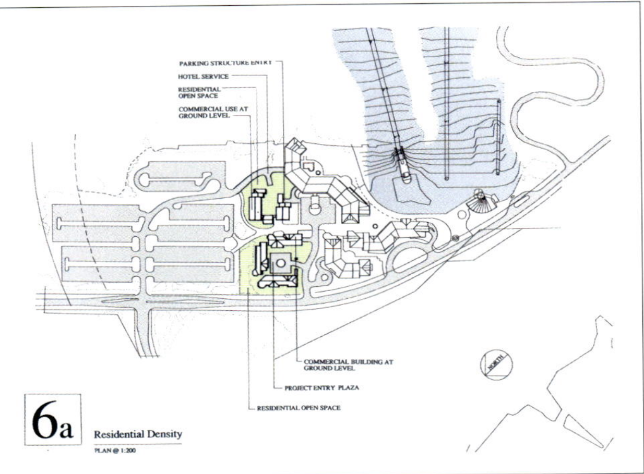

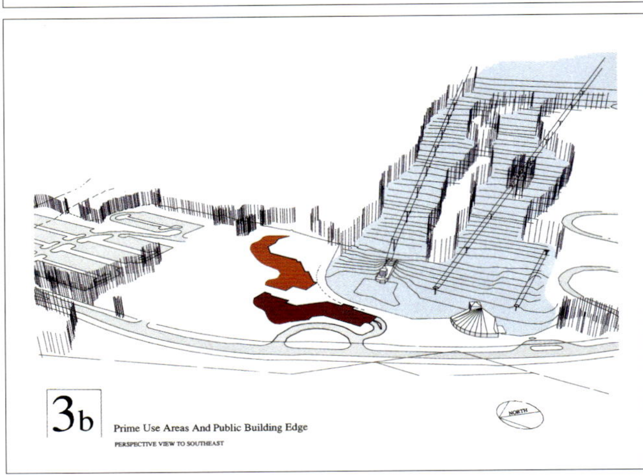

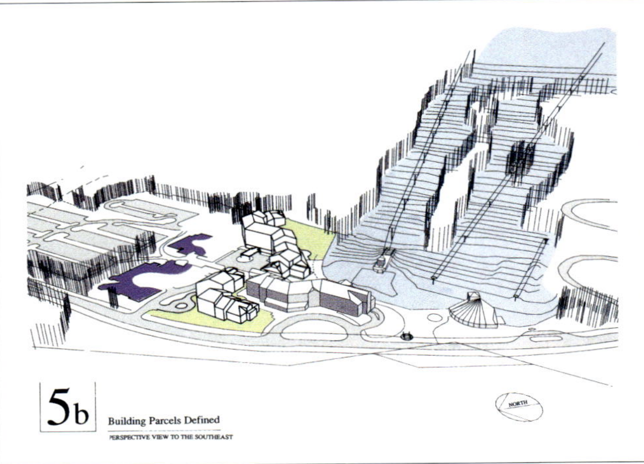

블랙콤 스키장 빌리지의 초기 다이어그램 – 스키장에 개방성과
접근성을 향상시키기 위해 주차공간, 공공광장, 편의시설 등의
개발을 단계화하였다.

스키장 빌리지는 겨울철과 여름철 모두 날씨에 상관없이 산으
로 쉽게 접근할 수 있도록 설계되었다.

(그림): 블랙콤은 4계절 내내 이용될 수 있는 리조트로 계획되었으며, 주변의 수려한 경관과 잘 갖춰진 리조트의 다양한 프로그램, 숙박시설, 편의시설 등은 수많은 관광객들이 이곳을 방문할 수 있도록 하는 데 이바지한다.

(반대쪽): 휘슬러 타운센터와 블랙콤 스키장－블랙콤의 스키 코스는 스키장 빌리지 안으로 확장되어, 스키와 커뮤니티의 복합 공간을 연출한다.

(왼쪽): 스키 리프트에서 바라본 마을의 전경

(위쪽): 여름철 관광객들에게는 콘서트, 골프, 산악자전거, 낚시, 온천욕 등의 다양한 경험을 제공한다.

밴더빌트 일가가 빌트모어 대저택 부지에 여관(Inn)을 건설하기로 결정하였을 때,
이들은 한 세기를 풍미했던 빌트모어의 분위기와 경험을 그대로 재현하고자 하였다.
우리는 대저택을 설계했던 프레드릭 로 옴스테드의 디자인 철학을 바탕으로 하여
새로운 숙박시설을 남쪽에 위치시키고 이에 랜드마크의 기능을 부여하였다.

빌트모어 대저택
Inn on Biltmore Estate
Asheville, North Carolina

새로운 건물을 자연 속에 운치 있게 배치시킴으로써, 한 세기를 풍미했던 빌트모어의 분위기를 재현한다.

1890년대 조지 밴더빌트George Vanderbilt는 초기 정착민들이 거주하면서 훼손시킨 블루리지 산Blue Ridge Mountains 부지 중 12만 에이커를 매입하여, 그들을 위한 숙박시설을 건설하고자 하였다. 밴더빌트는 당대의 최고 조경가였던 옴스테드에게 부지를 개발하고 숲을 관리하도록 하였으며, 건축가 리처드 모리스 헌트Richard Morris Hunt에게 16세기 프랑스 르네상스풍의 고성固城을 모델로 하여, 250개의 방을 지닌 건물을 디자인하도록 했다. 그 후 밴더빌트 일가는 피스가Pisgah 산 국립공원 근처에 그 건물을 짓기 위해 그들이 매입했던 부지 중 9만 에이커를 정부에 양도하였다.

그 후 40년이 흘러, 빌트모어 대저택은 국가적인 불황으로 인해 대중에게 공개된다. 애슈빌Asheville의 경제 또한 큰 타격을 받았고, 지방정부는 밴더빌트 일가에게 지역관광이 촉진될 수 있도록 방문객들의 방문을 허락해 달라고 요청하였다.

그럼으로써, 빌트모어는 수백억 원에 달하는 경제적 가치를 그 지방에 기여하게 된다.

최근 수십 년 동안 빌트모어 대지는 지속가능성과 경관보존에 그 목표를 두고, 그들이 고용한 자산관리 기업에 의해 관리되어 왔다. 1970년대, 광활한 빌트모어의 대지는 일가족들에게 분할 상속되었고, 빌트모어 대저택, 그 주변의 정원, 농장, 숲을 포함한 8천 에이커의 대지가 밴더빌트 일가에게 남겨지게 된다. 하지만 빌트모어 대저택 부지 주변에 난개발이 진행되고, 저급 숙박시설과 주거지가 들어서면서 아름답고 세련된 빌트모어의 경관이 상쇄되었다. 그 당시 빌트모어는 약 35만 명의 방문객을 맞이하였는데, 밴더빌트 일가는 더 많은 방문객들을 유치하기 위해서 쾌적하고 다양한 프로그램을 개발한다.

방문객들은 울창한 숲속의 꾸불꾸불한 도로를 따라, 빌트모어 대저택으로 다가간다. 방문객들이 산언덕을 올라갔을 때, 비로소 대저택과 여관은 그 모습을 드러낸다.

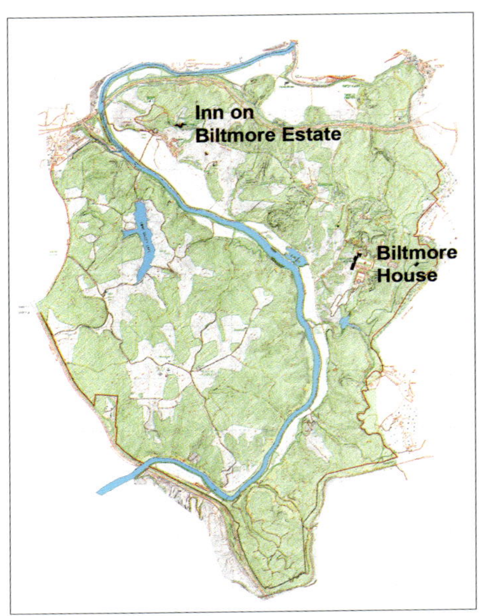

빌트모어 대저택과 여관은 모두 프렌치 브로드 (French Broad) 강기슭 언덕에 입지하며, 이 두 건물은 서로 약 3마일 정도 떨어져 있다.

1996년, 10년 동안에 걸친 논쟁 끝에 그들은 빌트모어 부지에 여관을 증설하기로 결정함으로써, 방문객들에게는 자연적 역사의 랜드마크를 경험하게 해주었으며, 토지의 세입을 증가시켰다. 디자인 워크샵은 아름다움, 자족성, 지속가능성이라는 옴스테드의 기본원리들을 포용하면서, 공학자, 건축가, 보존경관 건축가, 경관 역사가들로 구성된 전체 설계팀을 이끌게 된다.

설계팀은 다각도의 컴퓨터 영상분석과 세밀한 부지분석 방법을 이용하여, 경관적 특성 및 기능성이 동시에 고려된 여관부지를 선정하였다. 빌트모어 대저택과 여관은 둘 다 강기슭 언덕의 정상에 위치한다. 목초지가 숲으로 전이되는 그 부지의 자연적 특성을 이용하여, 산 언덕에 접근했을 때 비로소 건물들이 그 모습을 드러내도록 고도의 시각적 접근기술을 설계에 도입하였다. 여관의 부지선정에 있어서 가장 중요하게 고려된 부분은 주변 경관과의 조화를 이루면서 빌트모어 대저택 안에서 외부로 향하는 자연 조망을 최대화한다는 데 있었다. 또한 그 여관은 형태, 재료, 지붕마감재 등, 빌트모어 대저택의 초기 건축 디자인 양식을 최대한 고려하여 설계되었다.

여관이 위치한 곳은 원래 빌트모어 포도농장과 농장건물 부지로써, 대저택 근처의 테라스 지형과 저 멀리보이는 디어 파크 Deer Park의 자연주의적 풍경과 자연적 조화를 이룬다. 설계가들은 옴스테드의 목가적이고 회화적인 조경양식에서 영감을 얻어, 목초지와 초목이 우거진 숲 위에 새로운 건물과 그 경관적 요소들을 조심스럽게 안착시킨다. 총 25에이커에 달하는 여관의 풍경은 정문, 다양한 비정형의 정원들, 수영장 정원과 테라스, 5에이커 규모의 포도시험농장, 초목이 우거진 목초지, 나무들이 빽빽하게 둘러싸고 있는 방문자 및 직원 주차장으로 구성된다. 또한 변종포도를 연구하는 포도시험 농장은 오솔길을 통해 빌트모어의 포도농장과 연결된다.

2001년, 여관을 개장했을 때, 빌트모어 여관은 AAA에게서 다이아몬드 4개, 『모바일 트래블 가이드*Mobile Travel Guide*』에게서 별 4개의 등급을 받았고, 『콩데 내스트 트래블러*Condé Nast Traveler*』에서 선정하는 2005 골드 리스트에 등재된다. 이러한 찬사와 대외적 인정은 아마도 설계의 접근방법과 경관을 고려한 디자인에서부터 나온 것이 아닐까 생각한다. 빌트모어의 여관은 『트래블 & 레저*Travel + Leisure*』와 『내셔널 지오그래픽*National Geographic*』과 NBC의 투데이 쇼*Today Show*에서 여러 번 방영되면서 두드러진 광고효과를 거두게 되었고, 해마다 약 백만 명의 방문객이 찾는 성공적인 관광지로 변화된다. 또한 빌트모어는 정부나 역사보존 단체 등으로부터 전혀 보조금을 지원받지 않으며, 스스로 유지 · 관리를 한다. 이러한 자급자족과 지속가능성이라는 초기의 원칙을 지키면서 빌트모어는 풍부한 채소와 포도를 재배하고, 양과 소, 그리고 물고기 등을 사육하며 자체적으로 와인을 생산해 내고 있다.

여관이 자리 잡고, 그 부지의 경관 및 조경을 디자인하는 작업에 이어, 디자인 워크샵은 빌트모어 대저택의 20년 마스터플랜을 계획하여, 숲을 보존하고 농작물을 생산하고, 가축을 기르는 활동을 더욱 활성화시켰다. 또한 밴더빌트 일가와 함께 래프팅 등의 새로운 레크리에이션 프로그램을 도입하여 쾌적하고 다채로운 경험을 만들어 간다.

프로젝트 크레딧

계획/설계: Design Workshop, Inc.
총책임자: Kurt Culbertson, Bruce Hazzard
조경설계: Amy Capron, Daisuke Yoshimura
발주기관: The Biltmore Company
보존 조경설계: Patricia O' Donnell, FASLA/Heritage Landscapes
옴스테드 역사가: Charles E. Beveridge, Olmsted Papers/American University
건축설계: Scott Sickler/Thompson, Ventulett, Stainback & Associates

여관의 지형과 접근로는 빌트모어 대저택의 대지형태
와 접근방식을 받아들여 설계되었고, 건물 그 자체는
멀리서도 그 웅장함에 주목받을 수 있도록 자리잡는다.

(왼쪽 맨 위) 빌트모어 여관은 대저택과 같이 산 언덕 정상부에서 자연환경을 배경으로 그 웅장한 모습을 드러낸다.

(왼쪽 가운데 및 아래) 원형의 못은 방문객들이 은둔적 고요함을 느낄 수 있도록 조심스럽게 배치된다.

(오른쪽) 빌트모어 여관의 안뜰에서 망원렌즈를 이용하여 찍은 사진: 이곳에서 약 3마일 정도 떨어진 빌트모어 대저택은 자연능선에 파묻혀 그 웅장함을 드러내지 않는다. 단지 방문객들의 출입이 통제된 꼭대기 층과 지붕만이 그 모습을 드러내며, 울창한 숲과 목초지와 함께 평화로운 목가적 분위기를 연출한다. (반대편) 여관에서 바라본 조망은 애슈빌 시의 중심부를 등에 업고, 넓게 트인 자연을 관망할 수 있도록 설계된다. 빌트모어 여관의 거대한 테라스에서 바라본 조망은 12만 에이커를 소유했던 빌트모어 대저택의 전성기를 연상시키며, 한 세기를 풍미했던 그 가문의 영광을 재현한다.

팜 데저트(Palm Desert) 시의 소비세입이 현저히 떨어져서 어려움을 겪을 때,
지방정부는 지속가능한 관광 및 소비수익을 올릴 수 있는 방안을 연구한다.
그들은 쇼핑과 커뮤니티 행사의 기능을 통합시킬 수 있는 아름답고 기능적인 정원을 만들어서
그들의 문제를 해결할 방안을 스스로 모색한다.

엘파소 정원
Gardens on El Paseo
Palm Desert, California

데저트 상업 복합단지는 사람들에게 쇼핑 그 이상의 경험을 제공한다.

1980년대 말, 엘파소 상업지구의 매출이 급격히 감소하여 팜 데저트 시의 세입은 줄어든다. 이러한 경제적 타격은 꾸준히 증가하는 인구를 위해 양질의 사회적 서비스를 지속적으로 제공하는 것을 어렵게 만들었다. 그러므로 시 정부는 엘파소 상업단지를 새롭게 개선하여 매출을 증대시키고, 시의 재정을 보완하고자 노력하였다. 1990년대 초, 어떤 창의적인 개발자가 이 지역을 매입하였고, 그들은 이 지역을 친환경적이고 쾌적한 장소로 만들어 4계절 내내 계속되는 상업적 이익을 창출하고자 하였다.

10에이커 규모의 개발부지는 팜 데저트 시를 관통하는 도시의 중심 도로변에 위치해 있으며, 이곳에는 작은 의상실과 상업건물들이 즐비하게 들어서 있었다. 시 정부와 주요 시민단체들은 도시를 새롭게 개선하기 위해서 현행 부지계획의 대안에 대해 토론하게 되었다. 이때 설계팀은 팜 데저트 고유의 자연경관적 요소를 고려하여 그 지역만의 독특함을 유추해 내고, 상가의 공간을 확장시키고, 그 주변에 공공의 야외정원을 만들어 인근 지방의 방문객을 초대하고, 지역사회의 이벤트 및 여러 활동들이 이곳에서 행해질 수 있도록 만드는 등, 이 지역에 활기를 불어넣어 줄 수 있는 방안에 대해 강조하였다.

연중 내내, 사람들이 이곳을 찾을 수 있도록 하기 위해서는 먼저 쾌적한 환경을 만들어야 했다. 여름철 이 지역의 건조하고 무더운 사막기후를 상쇄시키기 위해서 설계팀은 안개분사 방식의 냉방장치, 차양 구조물, 격자형 울타리 등, 직사광선을 차단하고, 그늘을 만들 수 있는 여러 가지 자연 및 인공구조물을 도입했다. 또한 공공 광장과 보행도로에는 그림자가 오랫동안 드리워질 수 있도록 건물과의 상관관계 및 그 방향성을 고려하였고, 아침에 자연 생성되는 습기가 낮 시간 동안 증발하면서 냉각효과를 만들어 낼 수 있도록 투수성 특수재를 사용하여 보도를 포장하였다.

경관은 이 프로젝트의 중요한 요소로 작용한다. 건물들은 중앙의 잔디광장과 사막의 건천들로 구성된 정원들 주변에 배치되었다. 잔디광장은 야외공연, 패션쇼, 부활절 행사 등의 가족단위 행사부터 시작하여, 골프 카트 퍼레이드 등의 시에서 주관하는 연중행사까지, 여러 가지 개인 및 공공의 이벤트들을 수용한다. 중앙의 작은 수로는 잔디광장과 사막정원을 구분해주며, 물은 캐스케이드 분수로 흘러들어간다. 수세기 전부터 인디언들에게 음식, 그늘, 옷 등을 제공했던 부채꼴 야자수 및 그 형태를 1/4에 이커 규모의 중앙정원 디자인에 도입하여, 사람들이 이 지역의 역사 및 인근 건천의 자연환경을 느낄 수 있도록 하였다. 이 정원에는 부채꼴 야자수, 자혜디 대추 야자수, 메드줄 야자수 등의 향토종과 파킨소니아Parkinsonia의 변종들, 가시 없는 사막나무, 다양한 다육식물 등의 외래종이 혼합 식재되어, 마치 코첼라 밸리Coachella Valley를 연상시킨다. 봄을 맞이한 엘파소의 대지를 방문하는 사람들에게 다채로운 색의 향연을 제공하기 위해서 향토 야생화를 심고, 그 지방에서 채취한 자갈과 건천에서 나온 돌들로 사막정원을 장식하여 그 지역의 지방색

을 표현하였다. 보도의 포장은 식재패턴과 연결시켜 자연과 인공물의 조화를 일구어 내었다. 캘리포니아 조각가인 미네코 그리머Mineko Grimmer는 정원의 가장자리에 공공 예술작품을 설치하였다. 수작업으로 이루어진 5개의 커다란 돌조각 위에는 부드럽게 물이 안착되어 흐르며, 공공광장의 조명과 그림자 패턴이 그 주변을 장식한다.

설계를 진행하는 동안, 디자인 워크샵은 개발자들과 데저트 대학의 임원들과 함께 지역 원예연구 프로그램 개발에 대해서 논의한다. 그 목표는 학생들에게 그들의 지식과 기술을 실제 환경에 접목시켜, 희귀종 및 멸종 위기의 식물종들의 번식 및 관리에 대한 연구기회를 주기 위함이다. 또한 개발자들에게는 방문객들을 위한 홍보책자를 만들게 하여 사람들이 그 지역의 역사와 문화적 문맥을 이해할 수 있도록 하였다.

엘파소 정원은 팜 데저트 시의 경제적 부흥을 만들어 주었다. 1998년 프로젝트의 완공과 더불어, 그 지역의 모든 소매상가들은 전부 임대되었고, 상가들 중 일부는 그 지방에서 가장 높은 판매수익을 기록하는 쾌거를 불러일으켰다. 지난 6년 동안, 지방정부의 판매세입은 약 650억 원에서 무려 1,730억 원으로 증가되었고, 이 지역을 찾는 방문객들은 더욱 증가하였다. 또한, 이 정원은 2004년, Project for Public Spaces5)에 의해

우수 공공공간으로 지정되었다.

프로젝트 크레딧 ───────

조경설계: Design Workshop, Inc.
총책임자: Bruce Hazzard
프로젝트 매니저: Jim MacRae
조경설계: Jim MacRae
발주기관: Madison Marquette Realty Services
프로젝트 코디네이터: Mary Dolden-Veale
조각가: Mineko Grimmer
건축설계: Altoon + Porter Architects

5) 환경디자인, 건축, 도시계획, 도시지리, 도시디자인, 환경심리학, 조경, 예술행정, 정보관리 분야에 대한 전문가들로 구성된 공공단체로서, 프로젝트 관련 건축, 조경, 공학, 그래픽 디자인, 교통, 커뮤니티에 대한 자문활동을 주로 수행함.

커뮤니티의 저녁행사는 일반적인 쇼핑 시간을 넘어서도 계속 진행된다.

(위쪽): 중앙정원은 복합단지로 들어오는 방문자들을 맞이하는 정문역할을 한다. 정원의 가장자리에 위치한 잔디광장에서는 커뮤니티 행사가 자주 개최된다.

(반대쪽): 정원에는 키가 큰 야자수부터 시작하여, 작은 향토 야생화 등에 이르기까지, 다양한 크기의 식물들이 식재되어, 일 년 내내 다채로운 색의 향연이 펼쳐진다.

정원설계의 원리를 복합단지 건물입구까지 연장시켜, 자동차에
서 하차하는 방문객 및 소비자들에게 독특한 첫인상을 심어준다.

(왼쪽): 진입로에 식재된 야자수들과 내건성이 강한 사막식물들은 그늘을 만들어 주어 방문객들에게 훌륭한 휴식과 모임의 공간을 제공한다.

(위쪽): 인공수로는 프로젝트 부지의 중앙을 가로지르며, 사막 정원과 잔디광장을 구분해 준다.

1890년대에 지어진 산타페의 라 포사다(La Posada) 스탭 맨션(Stabb Mansion)은 1930년대
초부터 관광지로서의 명성을 얻어왔으나, 잘못된 개선작업으로 인해 그 가치는 저하된다.
장소와 역사성을 충분히 고려한 혁신적인 변화는
이를 최상의 리조트와 스파로 재탄생시킨다.

라 포사다
La Posada
Santa Fe, New Mexico

그 지역 고유의 아름다움을 되살림으로써, 여관에 새로운 생명을 불어넣는다.

산타페의 라 포사다는 17세기 초의 왕궁, 광장, 성 프란시스 성당 등의 풍부한 역사적 문맥을 가지고 있다. 해당부지에는 몇 세기에 걸쳐 풍부한 지하수가 샘솟아났고, 인디언들은 13세기 초부터 이 지역에 농작물을 재배하고 그 터전을 가꾸며 살았다. 1600년대 초에는 스페인 사람들이 이주해오면서 스페인 문화가 정착됨과 동시에 관개용수로 기술 또한 뉴맥시코의 많은 지역에 전파되어 과수의 재배를 번성시켰다. 1882년, 상업으로 성공한 한 갑부가 유럽에서 재료를 들여와 제 2제정6) 양식의 2단 경사지붕 3층 주택을 건설한다. 하지만 1913년 그가 죽은 후, 그의 상속인은 그것을 매도한다. 1920년대, 이 주택의 3층이 화재로 파손되었고, 주택은 어도비 벽돌과 비슷한 스타코로 다시 장식되었다. 그 당시 부속건물들이 추가로 건설되었고, 이를 모터 로지Motor Lodge, 모텔보다 더 나은 서비스와 시설이 제공되는 숙박시설로 변경하면서 라 포사다로 그 이름을 변경한다. 1940년대 초기에, 산타페의 문화를 선도하는 지역 예술가들과 예술을 전공하는 학생들을 수용하기 위해 그 주택의 뒤편에 많은 어도비 스타일의 카시타스7)가 건설된다. 그러나 그로부터 몇 십 년이 지난 후, 모터 로지는 주변에 여러 스타일의 건축물들이 뒤죽박죽 섞여지면서 황폐해진다. 1990년대 그 여관은 새로운 소유주를 맞이하였고, 그는 식물들을 이용하여 그 공간을 새로운 리조트와 스파로 바꾼다.

설계가들은 6에이커의 전체 부지를 개선하

---

6) Second Empire. 프랑스사, 제2공화정 후 나폴레옹 3세에 의해 수립된 제정.

7) Casitas. 미국 남서부에서 맥시코인이 사는 오두막집 혹은 유원지 호텔에 부속된 방갈로를 의미함.

푸에블로(Pueblo. 돌이나 어도비(Adobe)로 지은 인디언의 집 단주택) 양식의 카시타스들이 군집 배치되면서 사람들이 사회 적 모임을 할 수 있는 공간과 아기자기한 좁은 통로들이 형성 된다.

기 위해 비전과 마스터플랜을 수립한다. 계 획의 목표는 1940년대부터 그대로 방치된 어도비 스타일의 독특한 모터 로지 주변에 평온하고 친근감 있는 공공공간과 다채로 운 정원들을 만들어 그 지역의 독특한 분위 기를 재생시킨다는 것이었다.

설계는 역사 · 문화적 경관을 자아내는 데 초점이 맞추어져, 이전의 자동차 도로와 주차장 등은 방문객센터, 컨벤션센터, 온천, 연못, 주차시설 등으로 적절하게 재구성되 었다. 또한 설계가들은 안뜰, 분수, 잔디정 원, 테라스를 연결하는 보행자 도로주변을 새롭게 꾸며 보행자 환경을 개선하였다.

디자인 워크샵은 지속가능한 전략을 강 조하면서 건축가, 인테리어 디자이너들을 포함한 설계팀을 지휘하였고, 새로운 시설 들이 큰 나무들과 정원, 옛 모텔을 위해 건 설되었던 부벽 등의 주변 경관들과 잘 조화 될 수 있도록 설계하였다. 새로운 건물들은 역사적 건물 및 문화적 경관요소 사이에 조 심스럽게 안착되었으며, 원형의 빅토리아풍 가로등이 그대로 복원되어 정원과 안뜰을 연결하는 보행로에 불을 밝힌다.

조경설계에 있어서, 정형적인 빅토리아 풍의 식물들이 가장 많이 도입되었다. 여기 에는 세이지Sage, 사시나무 포플러, 서양톱 풀, 라일락, 노간주나무, 회양목, 주목, 쥐똥 나무, 가문비나무, 자작나무, 마로니에, 배나

무, 살구나무, 사과나무, 장미 등이 포함된 다. 부지 전체에 점적관수 설비를 추가하여 불필요한 물의 사용을 줄였으며, 수경재배 시스템을 도입하고 다양한 식물들을 새로 심어 사계절 다양한 색채를 연출하도록 만 들었다. 이곳에 식재된 초화류에는 박태기 나무, 산사나무, 야생사과나무, 뉴맥시코 자 두나무, 라일락, 부들레이아butterfly bush, 섬개야광나무, 노간주나무, 매자나무, 허브, 양잔디, 참제비고깔, 서양톱풀, 쥐오줌풀, 깨 꽃, 루드베키아, 향쑥, 러시아 세이지, 펜스 테몬penstemon, 원추리, 미국능소화 등이 있다. 리조트에 신선한 약초를 공급하기 위 해 조경가들은 백리향, 세이지, 골파, 멧두 릅, 로즈마리, 박하, 라벤더 등을 도입하여 빅토리아풍의 약초정원을 만들었다. 새롭게 만들어진 약초와 장미 정원은 1년 내내 다 양한 질감과 다채로운 색채를 제공하면서 역동적인 분위기를 연출한다.

건설지침에 의해 제한되거나 관수에 문 제가 있는 부지입구의 계단을 제외한 대부 분의 공간에는 예전에 사용되었던 석재와 벽돌들을 포장재료로 재사용하였고, 안뜰의 돌포장은 원형그대로 보존되었다.

새로운 계단과 경사로에는 그 지방의 역사를 담고 있는 향토재료가 사용되었으 며, 정원의 벽에는 관리비를 절감하고 미국 남서부의 분위기를 연출하기 위해, 스타코

(위쪽): 다양한 크기의 식물들은 경관의 질감과 깊이를 더한다.

(왼쪽): 아스팔트 주차장이었던 곳의 대부분은 온천과 수영장으로 변경되었으며, 나머지는 정원으로 전환되었다.

(그림): 이전에 존재했던 대부분의 아스팔트 주차공간은 정원과
안뜰로 재구성된다.

와 판석이 사용되었다. 이 지역에서 풍부하
게 채석되는 반암은 보도에 악센트를 주며
정원의 안뜰을 포장하는 데 사용되어 기존
재료의 색채와 질감은 더욱 풍부해졌다.

공공공간에 전통적인 뉴맥시코의 문화
를 주입해 줌으로써, 건축물들과 절충적인
조화를 이루어낸다. 정원과 안뜰은 장식타
일, 석조포장, 어도비 스타일 벽, 목재기둥들
로 구성되는데, 이는 원래의 빅토리아 저택
이 다른 어도비 푸에블로 양식의 구성요소
들과 잘 어울릴 수 있도록 만들어준다. 기존
의 카시타스를 어도비 스타일의 벽과 손으
로 직접 벤 삼목들을 이용하여 개선함으로
써, 그 지역의 예술성과 더불어 미국 남서부
의 고유한 분위기를 만들어냈다. 예술가의
본고장이라는 산타페의 문화를 표현하기
위해 정원에는 작은 기념비와 조각상들을
배치시켜, 고상하고 조용한 분위기를 연출
했다.

라 포사다는 약 1년간에 걸친 공사 끝
에, 1999년 여름에 비로소 완성된다. 어도비
양식의 객실 159개가 추가되었고, 정원과
공공공간들은 지방 예술가들의 작품들로
채워졌다. 라 포사다는 『아키텍처럴 다이제
스트*Architectural Digest*』, 『내셔널 지오그래
픽 트래블러 선셋*National Geographic Travel-
er and Sunset*』 등 많은 건축 및 관광잡지에
소개되었으며, 2004년도에는 『콩데 내스트

트래블러』의 세계 최고 호텔 500선 안에 선
정되었다.

프로젝트 크레딧 ———

계획/설계: Design Workshop, Inc., Campbell
　　　Okuma Perkins
마스터플랜 총책임자: Faith Okuma
디자이너: Todd Johnson, Michael Larson
공공행정 총책임자: Kathleen Bogaski, Faith
　　　Okuma
디자이너: Michael Larson, Eddie Chau
발주기관: Metro Hotels, BKG Management
분수 디자인: Dave Schneider, Nature's Creation
건축자문: Wayne Lloyd, Lloyd Tryk Associates
인테리어 디자인: Bob Zimmer, Zimmer Hundley
　　　Associates

(위쪽): 다양한 예술작품들이 점적으로 배치된 정원을 따라 펼쳐지는 보행로는 사람들을 부지 안쪽으로 안내한다.

(왼쪽): 투박한 나무 울타리, 그 지역의 자생식물들, 돌포장, 어도비 양식의 벽 등이 서로 조화를 이루면서, 그 지역의 독특한 지방색이 묻어나는 편안한 공간을 형성한다.

딜레마 피츠버그에는 몇 개의 전쟁기념물이 존재하지만, 2차 세계대전에 관한 기념물은 없었다. 그러므로 전쟁 자체에 대한 기억과 전쟁에서 희생된, 그리고 전쟁에 참여하여 국가에 충성한 사람들에 대한 기억을 기념하고 추모할 수 있는 장소를 건설하는 것은 중요한 의미를 갖는다.

레거시 목표

커뮤니티

기존세대를 존경하고, 도시의 역사를 상기시키기 위해 전쟁을 기념할 수 있는 공간을 만든다. 강변의 보행 시스템과 전쟁기념 공간을 연결시킴으로써, 더욱 큰 숙고적 경험을 창조한다.

환경

대지와 강이 서로 소통할 수 있도록 연결시키고, 수변을 바라볼 수 있는 조망을 확장시킴으로써, 그 공간에 영속성을 부여한다. 그리고 기념비적 역사경관의 지속성을 연출해내기 위해 향토식물을 적절히 도입한다.

경제

도시 안에 하나의 상징적인 장소를 구현함으로써 더 많은 방문객들을 도시 안으로 유도하고, 이 기념적 장소를 도시의 구조와 통합시킴으로써 공간과 공간이 유기적으로 연결될 수 있도록 만든다. 그럼으로써 도시의 경제를 활성화시킨다.

예술

전쟁에 사용되었던 장비들을 진열하고, 미국 군대의 전통을 상징하는 5개의 별을 예술적으로 표현함으로써, 전쟁에 참가하고 희생된 사람들을 추모하며, 방문객들의 감정을 고무시킨다.

주제 전쟁 그 자체와 조국을 위해 희생된 사람들에 대한 이야기를 사실적, 그리고 상징적으로 균형 있게 표현한다. 그럼으로써 그 기념관은 주민, 방문객, 전쟁에 참여했던 자, 그리고 그 후손들에게 더욱 깊은 의미를 부여할 것이다.

피츠버그 2차 세계대전 기념관
Pittsburgh World War II Memorial
Pittsburgh, Pennsylvania

도시의 역사는 전쟁을 위해 희생된 사람들의 숭고한 정신을 기억한다.

개요

피츠버그의 많은 젊은이들이 2차 세계대전에서 희생되었고, 그 지역에서 대량의 전쟁용품들을 생산해냈기 때문에, 피츠버그에서 2차 세계대전은 중요한 의미를 갖는다. 많은 미국의 다른 도시들과 마찬가지로, 피츠버그에는 그 희생과 노력을 기리기 위한 기념관이 없었지만 전쟁의 중요성은 당연시 되어왔다. 하지만, 노병층이 점점 감소하면서, 많은 사람들이 전쟁에 대한 무용담과 이야기를 듣고 싶어 했으며, 그 필요성은 도시 차원에서 점진적으로 증대되었다. 2002년 피츠버그 정부와 전우회는 전쟁에 참가했던 앨리게니 카운티 주민들을 추모하고 기념하기 위해 디자인 공모전을 개최하였다. 채택된 디자인은 전장의 한복판에서 싸워던 군인들뿐만 아니라 후방에서 전쟁을 도왔던 사람들의 노력과 희생에도 초점을 맞추었다.

역사/배경

피츠버그는 전쟁 당시 독일인들이 상당히 얕잡아보았던 미국의 병기, 비행기 등을 만들어낸 군수품 생산의 중심지였다. 그 도시는 철강, 유리, 알루미늄의 생산과 카네기멜론 대학교, 웨스팅하우스 전기회사, H. J. 하인즈와 같은 연구기관의 공학 전문가들과 함께 2차 세계대전을 승리로 이끄는 데 중추적 역할을 담당했다. 또한 피츠버그와 앨리게니 카운티는 전쟁으로 인해 희생된 4천명 이상의 군인들에 대한 슬픔을 감내하면서, 전쟁 그 자체에 실질적인 힘을 실어주었다.

앨리게니 카운티는 미국의 어느 다른 도시들보다 예비역 군인들을 자랑스럽게 여겨왔으며, 그

존 브로스키(John G. Brosky, 왼쪽), 스탠리 로만(Stanley J. Roman, 오른쪽)−두 피츠버그 예비역 군인들이 전쟁기념관 건설에 앞장섰다. 위의 사진은 2005년도 그들의 모습이고, 아래의 사진은 1942년, 그들이 유럽침공작전(The European Theater of Operations, ETO). 2차 세계대전 당시, 이탈리아 북부와 지중해 해안 등 유럽을 무대로 미국이 펼친 작전을 일컫는 작전명)에 참여하기 직전, 태평양 보라보라(Bora Bora)에서 군 복무 당시(브로스키)의 모습과 아칸소(Arkansas)의 채피(Chaffee) 요새에서 훈련받을 당시(로만)의 모습이다.

적색 원으로 표시된 기념관 부지는 다운타운을 끼고 흐르는 앨
리게니 강의 북부 강변에 자리한다.

3주간 집중적으로 이행된 설계작업에서 조경가들은 임무, 명예, 국가라는 기념관의 중심가치를 디자인에 스며들게 하기 위해서 조각가들과 협업하고, 사람들을 위한 장소라 불리워지는 상징물을 창조한다.

예비역들 또한 카운티의 사회활동에 활발하고 적극적으로 참여해 왔다.

비록 피츠버그에는 한국전쟁 기념관과 베트남전쟁 기념관이 있었지만, 2차 세계대전 기념관은 없었다. 시 정부는 2차 세계대전 기념관의 필요성이 오랫동안 제기되어 왔다고 느꼈으며, 3년간에 걸쳐 예비역 군인들과 함께 앨리게니 강변 북쪽에 기념관을 세우는 작업을 진행한다. 2001년 초, 톰 머피Tom Murphy 시장이 디자인 공모전을 위해 5천만 원을 기부하면서, 프로젝트는 활기를 띠게 된다. 공모전 참가자들은 줄리에Julie와 옴리 아므라니Omri Amrany, 드 레스피리에De L'Esprie와 데이비드 스펠러버그David Spellerberg, 비버리 페퍼Beverly Pepper, 알렌 코트릴Allan Cottrill과 게랄드 모로스코Gerald Mcrosco, 수잔 웨그너Susan Wagner 등이었고, 2002년 6월, 디자인 워크샵과 조각가인 래리 커클랜드Larry Kirkland는 이 공모전에서 우승한다.

경과

팀원 중 몇 명은 그들의 부모가 이 전쟁에 참여하였다는 이유로 이 프로젝트에 남다른 애정을 쏟았다. 이들의 관점에서 기념관의 핵심적 고려사항은 전쟁 이야기와 군인들의 경험을 생생하게 표현함으로써, 주요 콘셉트가 야외에 설치될 기념비와 연결

될 수 있도록 하는 것이었다. 3주 동안의 집중적인 공모전 준비과정에서 팀원들은 1962년, 더글라스 맥아더 장군의 연설문 '임무', '명예', '국가'를 다시 듣게 되었고, 이 3가지의 가치가 바로 팀원들이 찾고 있었던 그것과 일맥상통한다는 것을 깨닫게 된다. 이러한 가치들은 전쟁의 중심에 선, 그 세대들을 가장 잘 표현하였으며, 전쟁기념관의 본질을 대변할 수 있다고 생각했다.

설계

기념관은 앨리게니 강변 클레멘트Clemente와 7번가 다리 사이에 위치한다. 피츠버그에서 왜 이 전쟁이 중요한지를 알려주기 위해, 우리는 방문객들에게 그 전쟁에 대한 맥락을 제공해 줄 필요가 있었고, 일상생활에서 전쟁영웅에 관한 이야기나 교훈적인 이야기를 보여줌으로써 전쟁에 대한 가치를 설명해 줄 필요가 있었다. 모 대학교 역사학자의 도움으로 우리는 그 당시 군인들이 집으로 보낸 편지들과 개인 유품들, 새로운 이야기들, 일화 등을 찾을 수 있었다. 이는 전쟁 그 자체, 그리고 하나의 세계적인 사건이라는 관점에서 접근되어야 할 뿐만 아니라, 전방에서 고군분투한 그들의 가족, 형제들을 위해, 후방에서 헌신을 다하는 사람들의 노력 또한 표현되어야만 했다 이러한 맥락에서 이 기념관의 설계에는 하인즈

H. J. Heinz 사가 레이더에 포착되지 않는 목재 비행기를 만들기 위해 상자포장 공정을 재설계했던 이야기도 포함된다.

그 전쟁에 있어서 미국의 가치를 가장 단순하게 그리고 시각적으로 표현하기 위해, 설계팀은 꼭지점이 5개인 별을 형상화했다. 이들은 '임무'라는 개념을 모티브로 하여 부지의 서쪽 광장에 65피트 높이의 강철 타워를 제안한다. 이 타워는 '사람들을 위한 장소'라는 이름의 상징물로, 격자세공 모양의 아치형 기둥은 상단에서 별모양을 이루며 완성된다.

전쟁의 사진, 글, 연대기가 새겨진 광장의 벽은 미국이 전쟁을 승리로 이끄는 데 중요한 역할을 했던 두 개의 지역 생산물인 강철과 유리로 구성된다.

서쪽의 기념비에서부터 시작되는 가로수 길은 방문객들을 더욱 숙고적인 장소로 인도한다. 이 길을 따라 동쪽으로 이동하다 보면 우리는 전사자들의 이름이 새겨진 유리 패널을 통과하게 된다. 삶의 덧없음과 시간의 흐름이라는 속성을 명예라는 개념에 반추시키기 위해, 이 디자인 요소는 강을 마주보며 형성된다. 이 길이 끝나는 동쪽의 광장에는 은색의 별모양 조각물이 세워진다. 국가의 개념을 형상화하기 위해 설계된 이 구조물은 그 근처에 서 있는 성조기가 펄럭이는 모습이 반사될 수 있도록 각도를 주었으며, 그 아래쪽 가장자리에는 임무와 명예라는 국가적 책무에 의해 도전과 시험을 받는 군인들의 용기와 그들을 향한 우리의 존경을 담는 문구를 새겨 넣어, 그 장소의 기념비적 의미를 구현하였다.

결과

우리 팀의 디자인은 심사위원단에 의해서 만장일치로 선정되었으며, 2002년 말에는 약 25억 원의 공사비용을 마련하기 위한 기금모금이 시작되었다. 후원자들은 2006년에 전쟁기념관의 건설이 완료될 것이라 예상했다.

프로젝트 크레딧

계획/설계: Design Workshop, Inc. Kirkland Studios
총책임자: Todd Johnson
디자이너: Kirby Hoyt, Nino Pero, Zac Boggs, Elin Tidbeck, Matt Shawaker
발주기관: Pittsburgh World War II Memorial Fund
협력자: Larry Kirkland/Kirkland Studios, Bruce Janacek/North Central College (Illinois)

(위쪽): 디자인 작업일지—우리는 디자인 아이디어들이 진화되는 과정을 기록하였다. 꼭지점이 5개인 별을 상징적으로 표현하자는 개념은 디자인 과정의 초기에 도출되었으며, 몇 번의 정제과정을 통해 그 개념은 진화된다.

(반대쪽): 모델, 그림, 스케치 등은 모두 기념관의 비전을 만드는 데 중요한 역할을 했으며, 임무, 명예, 국가라는 3가지 핵심가치를 형상화하는 데 기여한다.

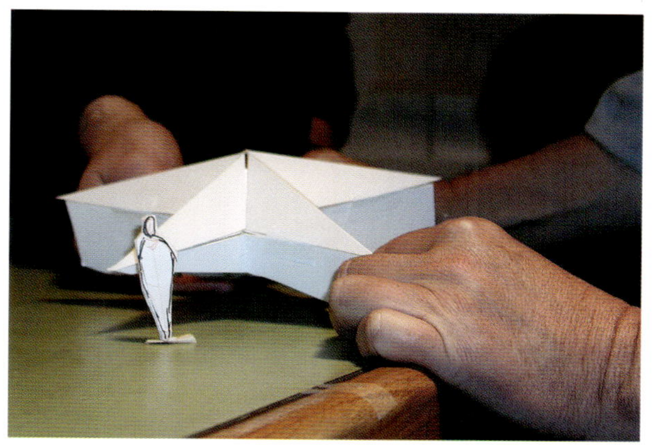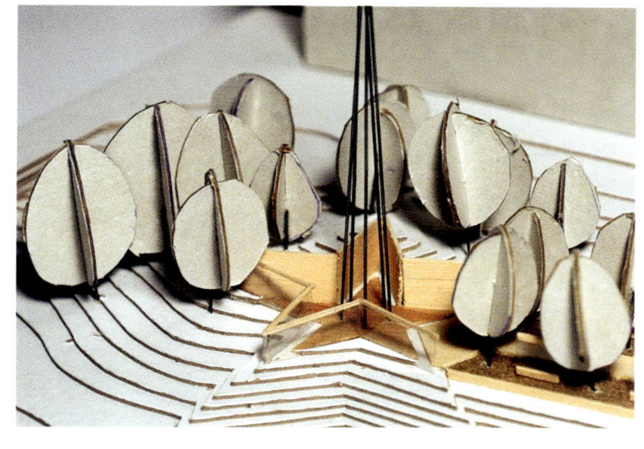

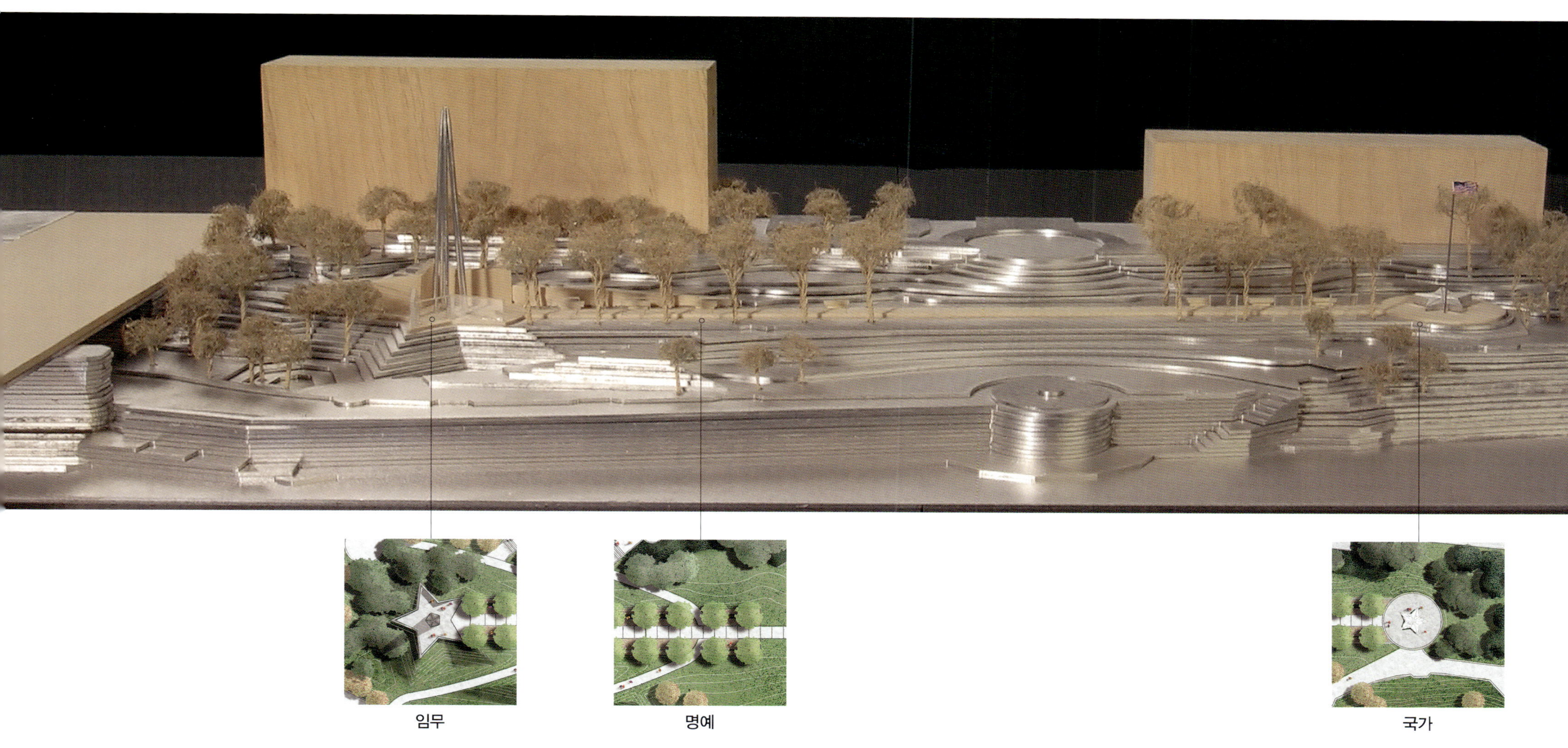

(반대쪽): 방문객들은 전쟁기념비와 전사자들의 이름이 새겨져 있는 '추모의 벽'을 지나 가로수 길을 통과한다.

(위쪽): 맥아더 장군이 그의 연설에서 강조했던 3가지 가치들은 위의 3가지 디자인 요소에 각각 반영된다.

의무, 명예, 조국, 바로 이 숭고한 세 단어는 여러분의 소망, 자질, 미래를 경건히 가리키고 있습니다. 이 세 단어는 우리의 용기가 꺾이려 할 때 용기를 북돋아주고, 자신의 믿음이 약해지려 할 때 신념을 되찾게 해주고, 희망이 사라져갈 때 희망의 불꽃을 되살려주는 재기의 거점인 것입니다.

– 더글라스 맥아더, 웨스트포인트, 뉴욕, 1962년 5월 12일

LEGACY

3

커뮤니티 *Community*

에세이

디자인 워크샵의 창립 경영자인 조 포터는 이 장에서 커뮤니티 건설의 역사와 그의 경험에 대해 기술한다. 그는 커뮤니티에 존재하는 모든 요소들이 다양한 스케일에서 통합되는 과정을 커뮤니티 건설의 핵심이라고 피력하며, 복잡한 커뮤니티의 탄생과정을 몇 가지 특징적인 프로젝트들과 함께 그려나간다.

프로젝트 토론

하이 데저트 *(High Desert)* 커뮤니티를 창조하는 데 있어서, 학교는 그 공동체에 가치를 부여하고, 삶의 질을 향상시키는 데 필수불가결한 요소로 작용한다.

알보렐라 데 비다 *(Arbolera de Vida)* 환경을 지키는 것은 커뮤니티의 확장을 유도하고, 그 지역의 경제성을 창조한다.

리지게이트 *(Ridgegate)* 오픈 스페이스와 교통시설에 대한 접근성의 향상은 자연에 대한 즐거움과 도시적 편의를 동시에 제공함으로써, 에지 시티[1]를 만들어낸다.

심층토론

란초 비에호 *(Rancho Viejo de Santa Fe)* 시민들과 개발자들은 대지와 천연자원이 보호되는 친환경적인 커뮤니티를 건설하기 위해 서로 협력한다.

---

1) Edge City. 최근 미국을 중심으로, 대도시 교외지역에서 나타난 새로운 도시형태를 말한다. 에지 시티는 시장을 지배하는 여러가지 경제적 요인들과 개발업자, 투자자들의 이해관계를 구성하는 경제적 요인들에 기반을 두고 진화해가는 새로운 개발형태라고 할 수 있다.

우리는 도시 교외지역 난개발과 새로운 도시주의2)의 전성기를 목격해왔다.
그럼 이제 우리는 어디로 갈 것인가?

– 조 포터의 수필 중

2) New Urbanism. 미국에서 시작된 새로운 도시계획 운동으로, 무질서한 시가지 확산 등으로 빚어진 도
시문제를 진단한 뒤, 새로운 도시적 삶을 위한 대안을 모색해보자는 취지에서 시작되었다. 도시문제의
해결방법으로서 공공공간의 부활, 보행자 위주의 개발, 도심 활성화 등을 주장한다.

한 세기를 지내는 동안, 우리는 총체적 커뮤니티를 창조하기 위한 방법을 찾는 데 소홀히 해왔다. 우리는 어떻게 주거단지를 효율적으로 건설하고, 감독·통제하며, 자금을 조달하는가를 배워 왔다. 또한 어떻게 주택, 상업시설, 도로, 도시 하부구조, 학교, 공원, 교회 등을 만들어내는가를 개별적인 요소로 배우고 소화해 왔다. 하지만, 우리는 어떻게 이러한 개개의 요소들을 연결시켜 훌륭한 커뮤니티를 창조하는가에 대한 방법을 간과해 왔으며, 이런 모든 것들을 함께 고려할 수 있는 역량을 잃어버렸다.

사회적 관계는 인간의 기본적 욕구다. 우리의 현대사회는 세대적 가치변화, 과학기술, 대중매체, 시간과 금전의 확산과 압박에 의해서 분열되어 왔다. 이러한 경향은 커뮤니티와 지역사회를 사회적 안식처로서 더 중요하게 만든다. 스마트 성장3), 살기좋은 지역만들기, 새로운 도시주의, 지속가능성 등, 최근에 대두되고 있는 이러한 사회적 움직임은 총체적 커뮤니티를 창조하기 위해서 개발의 파편들을 지역사회와 도시 안으로 다시 통합시키려는

노력이라고 볼 수 있다.

역사와 경향

『*A Modern Arcadia*』에서 수잔 클라우스Susan Klaus가 기술했듯이, 도시계획가와 조경가들은 이미 20세기 초반부터 총체적 커뮤니티를 창조하기 위한 연구 및 집필활동을 꾸준히 해왔다. 뉴욕 퀸즈 자치구의 뉴욕 러셀 세이지 재단Russell Sage Foundation은 사회환경을 개선하기 위해, 이러한 도시계획적 원리들을 포리스트힐스 정원Forest Hills Gardens 설계에 적용시켰다. 이 재단은 환경이 개인의 삶은 물론, 사회 전체를 개선시킬 수 있다는 옴스테드4)와 그로스베너 어터버리Grosvenor Atterbury5)의 도시계획 철학을 공유하면서, 총체적 개발과정의 확립을 위해 노력하였다. 옴스테드와 어터버리는 다양한 건물들이 배치된 도시중심의 주변에 공원과 정원을 연속적으로 배열함으로써, 보행자 환경을 개선하고, 커뮤니티에 삶의 질을 향상시켜 준다는 개념을 바탕으로 한, 포리스트힐스 정원을 설계하였다. 롱 아일랜드 철도를 경유하여

(반대쪽): 1950년대와 1960년대, 주거단지 대량생산의 산물인 미국 펜실베이니아의 레빗타운(Levittown).

(위쪽): 1909년에 건설된 포리스트힐스 빌리지는 초창기 대중교통 지향형개발의 좋은 예로, 약 100년 동안에 걸쳐, 커뮤니티 문화와 이벤트의 중심지 역할을 훌륭히 소화해내고 있다. 현재까지도 시민들에게 훌륭한 보행자환경을 제공하고, 커뮤니티를 양성함으로써, 시민들의 삶의 질을 향상시키는 데 중요한 역할을 한다.

---

3) Smart Growth. 점차 심각해지는 도시문제에 대처하고 도시성장을 계획적으로 관리하기 위해, 미국에서 1990년대 후반에 도입된 개념으로 환경을 파괴하지 않고 경제성장을 지속시키면서 상호협력을 통한 의사결정 방식에 의해 성장을 수용하는 개발개념.
4) 미국의 조경가. 1857년 뉴욕 시 센트럴파크 조성 때 감독이었고, 그가 관계한 공원은 미국 각지에 80개가 넘으며, 나이아가라 폭포의 자연경관 보호 기본설계에도 참여하였다.
5) 미국의 건축가. 1869년 미국 디트로이트에서 출생하였으며, 도시계획가, 건축가, 작가로 활동하며 미국의 도시계획과 건축에 지대한 영향을 끼쳤다.

개발자 짐 로우즈(Jim Rouse)는 미국 메릴랜드의 콜롬비아에
새로운 커뮤니티를 건설하기 위한 도시계획 지침을 의뢰한다.

맨해튼에서 15분 거리에 위치하는 이곳은 오늘날의 용어로 정의하면, 형태적으로는
대중교통 중심6) 도시개발 지역이 될 수 있고, 문화적으로는 사회단체와 커뮤니티
의 전통을 양성한다는 데 있어서, 포리스트힐스 정원에 성공적인 의미를 부여할 수
있다.

하지만 옴스테드와 어터버리, 그리고 당대 도시계획가들의 연구에 결점이 발견
되었다. 클라우스의 말을 인용하자면, 도시미화 운동7) 등, 그들이 주장했던 개념들
은 이행하기에는 너무 비쌌고, 대량생산 주택의 낮은 가격과 대중 항공편의 발달로,
생활권이 넓어진 것에 비해 경쟁력이 없다는 것이다. 도시계획과 설계는 도시관리
및 효율적 개발에 지대한 영향을 주는 법과 행정정책, 공학기술들로 대체되었고, 그
결과 미국의 도시외곽은 공장의 생산라인을 통해서 대량생산되는 획일적인 모습으
로 변모해 갔다. 이러한 도시계획의 전개과정은 『*The Geography of Nowhere*』의 제임
스 하워드 컨스틀러James Howard Kunstler 같은 작가들에 의해 잘 집필되었다.

이러한 진화양상은 총체적 커뮤니티의 추구를 사회적으로 다시 한번 환기시켰
으며, 이에 관한 실마리들은 이미 과거에 소개되었던 커뮤니티의 진화 안에서 유추
해 볼 수 있다. 대량생산 주거단지로 유명한 롱아일랜드의 레빗타운은 사실 소규모
상업 중심가와 오픈 스페이스, 교육시설과 종교시설이 포함된 새로운 형태의 뉴타
운으로 그 모습을 드러냈고, 이를 배경으로 1960년대 미국 메릴랜드의 콜롬비아, 레
스톤, 버지니아 등지에서 뉴타운 운동이 일어났으며, 사우스캐롤라이나의 우드브리
지Woodbridge, 란초 마가리타Rancho Margarita, 라데라 란치Ladera Ranch 등의 커뮤
니티가 건설되면서, 이러한 패러다임은 다시 한번 검토되어 재정의되었다.

그 후, 사회평등, 자연자원의 효율적 이용, 친환경적 개발 등과 같은, 새로운 도

---

6) 대중교통 지향형개발(TOD: Transit Oriented Development). 대중교통과 토지이용을 상호 연계
하여 대중교통 중심의 고밀도 개발을 유도하는 도시개발 방식.

7) The City Beautiful Movement. 1893년 미국 시카고 세계무역박람회의 개최를 계기로, 도시 내 역
사적 공간에 오픈 스페이스를 확보하고, 건축예술을 강조하여, 가로·광장 등의 문화적 조형도
시 공원의 건설을 추구한 운동.

시계획적 개념이 미국 전역에 걸쳐 다양한 모습으로 출현하였고, 커뮤니티 계획에서 증명되고 발전되었다. 또한 최신기술들이 혁신적으로 이행계획에 통합됨으로써, 계획의 질적 발전을 창출할 수 있었다. 그럼 그 다음 단계는 무엇일까? 이는 공공의 신뢰와 존중이 담긴, 통합적 개발과정을 창출하는 것이고, 이를 실현시키기 위해서는 정부, 시민, 개발자들의 협력이 필수불가결할 것이다.

경과

개발은 사물들을 수집하여 나열하는 것이 아니라, 사물들을 산출해가는 과정, 그 자체라고 정의할 수 있다.
— Jane Jacobs, *The Nature of Economies*

우리가 살아가는 커뮤니티의 물리적 형태는 그 커뮤니티를 창조하는 과정의 산물이다. 그러므로 도시의 형태를 변화시키기 위해서는 과정 그 자체가 변화되어야 한다. 물질만능 시대에 커뮤니티와 이를 만드는 전문가들의 소통은 단절되었으며, 그 결과, 기회요인의 극대화 대신에 최소기준을 성취하는 것에 만족하며, 획일적인 모습에 정형화되어가는 우리의 일상적인 모순이 도출되었다.

하지만 우리의 미래 커뮤니티에서는 이러한 모순들이 용납되지 않는다. 현재까지 부분적으로 고립되어왔던 요소들이 유기적으로 통합됨으로써, 총체적인 관점에서의 커뮤니티 개발이 고려되어야 한다는 것이다. 이를 이행하는 데 있어서 가장 어려운 도전은 정부, 시민, 개발자들이 지난 80년간의 불신과 마찰을 극복하고, 하나의 새로운 모델을 만들어내기 위해 협력하는 것이라 말할 수 있다.

제인 제이콥스Jane Jacobs의 저서 『*Systems of Survival*』에서는 공익의 보호자로서 정부의 역할은 무엇인가라는 질문을 던진다. 정부는 시민들과 함께, 명확한 미래의 비전을 공유하고, 그 목표를 정의해 주어야 하며, 교통시스템, 공공시설, 공공투자 등의 인프라를 구축하고, 도시성장 패턴을 제시해 나가야 할 것이다. 개발자들은 계획과정에 시민들을 초청하여 그들이 꿈꾸는 미래상을 함께 이해하며, 같이 만들어 나감으로써 커뮤니티의 정체성, 문화, 자긍심 등을 유도해내야 할 것이다.

커뮤니티와 지역경제

디자인 워크샵은 1969년에 미국 메릴랜드 주의 콜롬비아에 위치한, 라우즈Rouse 사 프로젝트를 진행하면서, 개발자들과 개인영역 사이의 이례적인 힘을 경험하게 된다. 콜롬비아를 개발하기 위해 라우즈 사는 총체적 개발방식의 적용을 수용하였고, 그 과정에서 개발자들은 상업을 통해, 커뮤니티가 발전할 수 있다는 믿음을 가지게 되었다.

상업과 커뮤니티의 본질적인 대립이라는 관념은 짐 라우즈Jim Rouse의 전기 『*Better Places, Better Lives*』에서 찾아볼 수 있듯, 상업과 커뮤니티의 결합이라는 것에 대한 그의 부정적인 인식을 전환시킨 것은, 총체적 접근방식이 가져온 또 하나의 성과라 할 수 있다. 라우즈는 커뮤니티 계획을 세우기에 앞서, 13명의 일류 커뮤니티 전문가들에게 사회적 비전을 세우도록 의뢰하였고, 개방적 비평을 통해 사회적 관습을 타파하며, 도시의 미래를 위한 다각적인 사고를 장려하였다. 그 결과, 초등학교 주변에 주거단지가 형성되었으며, 그 주변에 복합용도 빌리지 센터가 형성되었다. 커뮤니티 센터를 구성하는 주요 시설로는 종파를 초월한 종교센터, 콜롬비아 헬스케어 시스템, 고용센터, 콜롬비아 협회시설 등으로, 이러한 조합은 아직도 커뮤니티 조합의 모델이 되고 있다.

라우즈는 사회평등, 인종과 경제의 다양성, 적합한 커뮤니티 시설과 모두에게 제공될 수 있는 사회 서비스, 그리고 그들 커뮤니티의 미래를 결정짓기 위해, 주민들의 참여를 가능하게 하는 방법을 창조하는 것에 관심을 두었다. 이것은 오늘날 커뮤니티 개발산업과 정부가 직면한 도전들과 일맥상통한다.

환경

커뮤니티 개발과정은 대지와 함께 시작하는데, 이것은 새로운 커뮤니티를 설계하는 데 있어 가장 전형적이고 실체적인 요소로서, 커뮤니티의 개발에 영향을 끼칠 수 있는 복잡하고 변화무쌍한 경제, 시장, 정치적 요소 등의 내재적 요인들을 포괄하고 형태화시킬 수 있는 요소로 존재한다. 그러나 각각의 경관은 제각기 다르기

때문에, 그 대지에 어울리는 설계를 하기 위해서는 관찰, 지도분석, 다양한 척도의 이해 등이 필수적으로 수반된다.

지난 80년 동안, 많은 생태적 가치와 어메니티가 개발과정 안에서 불필요하게 파괴되어 왔다. 개발자들은 예산절감에만 신경쓰고, 설계자들은 서로의 의견을 무시한 채, 개발과 자연이 함께 할 수 있다는 가능성조차 인정하려 하지 않았기 때문이다.

하지만 대지를 고려한 개발은 그 개발부지를 넘어 지구 전체에 영향을 준다. 지구의 자연자원이 한정적이라는 것을 우리가 자각할 수 있도록 하는 지속가능성이라는 용어는 최근 몇 년 동안 인기를 얻어왔다. 경제학자 헤르만 데일리^{Herman Daly}의 저서 『*Beyond Growth*』에 기술되었듯이, 지속가능한 개발은 원료들을 재생산하기 위해서, 그리고 지구상의 폐기물들을 자체 소멸시키기 위해 생태계의 수용능력 범위를 초과하지 않는다는 것이다. 도시계획 용어로는 인구의 조밀도, 복합용도, 자동차를 대용한 보행자 환경의 기회부여라는 개념들과 일맥상통한다. 이는 또한 공간의 냉난방을 위해 태양과 바람에너지를 이용하고, 식물의 자정능력을 적용하여, 공기와 물을 정화하고, 쓰레기와 에너지의 사용을 줄이기 위해 그린빌딩 프로세스 및 친환경 재료를 사용한다는 것으로 세분화할 수 있다. 그럼으로써 민감한 생태계를 보존하고, 자연과 개발이 상생할 수 있도록 커뮤니티를 개발하는 것은 총체적인 개발전략의 궁극적인 목표로, 커뮤니티를 설계하고 함께 살아가는 우리들에게 미래를 위한 염원으로 다가올 것이다.

새로운 커뮤니티 예술

하나의 예술적 행위로 도시를 디자인했던 1900년대 초까지, 커뮤니티 설계에 있어서, 예술은 심각한 고려대상이 되지 않았다. 하지만 사회공동체 안에서 예술의 중요성은 헤게만^{Hegemann}과 피트^{Peet}의 저서 『*The American Vitruvius*』[8]와 포리스

---

8) 1922년에 출간됨. 미국 건축가들을 위한 공공예술 핸드북.

트힐스 정원를 설계한 옴스테드와 어터버리의 작품들에서 찾아볼 수 있었고, 이는 다른 도시계획가들에게 영향을 미쳤다.

아름다움은 그들이 살고 있는 장소 안에서 사람들에게 즐거움과 자부심을 준다. 그리고 아름다움은 커뮤니티의 문화를 창조하는 중요한 요소로 작용한다. 커뮤니티에서 예술은 다양한 스케일에서 쉽게 찾아볼 수 있다. 이것은 비단, 열린 경관을 배경으로 도시가 자리잡는 것과 함께 시작할 것이다. 또한 공공공간이라는 형태에서 혹은, 개발이 대지와 조화를 이루는 방법 안에서 표현될 수 있을 것이다. 자연을 커뮤니티 안으로 끌어들여 어메니티를 창조한다는 것과 예술적 요소가 커뮤니티의 삶의 질을 제고한다는 개념은, 공원 누각의 디자인에서부터, 세련된 집들로 둘러싸인 가로수 길, 다리의 난간문양 등, 우리의 일상에서 쉽게 찾아볼 수 있다.

커뮤니티 예술은 스타일에 관한 것이 아니다. 이는 형태와 내용에 관한 것이다. 이러한 본질은 더욱 더 발전하고 중요시되고 있으며, 도시주의[9]로 통합되어 간다. 인구성장, 지가상승, 개발과 교통비용의 압력은 사람들이 도시환경에서 살도록 요구하며, 도시화된 주변 환경 안에서 고밀도의 예술적인 커뮤니티를 만들기 위한 노력을 요구한다.

예술이 그곳에 거주하는 사람들의 삶을 풍요롭게 해주고, 사람들을 불러 모으고, 환경을 소중히 생각하며, 커뮤니티의 경제발전에 기여한다는 사실에 근거하여, 앞으로 커뮤니티를 창조하는 데 있어서, 예술은 필수불가결한 요소로 인정될 것이다. 또한 예술은 충분히 활용되지 못하는 디자인의 잠재성을 자각시키는데 적용될 것이며, 단어나 숫자로 설명하기 어려운 가치를 전달할 것이다.

미래

총체적 커뮤니티와 지속가능성이라는 용어들은 균형과 포괄성이라는 이상을 표현한다. 커뮤니티 개발을 설명하기 위해 몇 개의 친숙한 단어들이 존재하지만, 커뮤니티 개발을 위한 이상은 매우 이질적이기 때문에 이 또한 매우 모호하다. 데일리Daly가 집필한 『*Beyond Growth*』에서, 지속가능한 개발은 모두가 좋아하는 용어지만, 아무도 정확히 이해하지 못한다고 말한다. 그리고 그는 누군가가 그 용어를 정의한다면, 그것은 우리의 미래에 정치적으로 큰 영향을 미칠 것이라 피력한다. 커뮤니티 개발산업은 그 개발을 통해서, 우리의 미래를 정의할 수 있도록 돕는 기회요인이다. 하지만 또 한편으로는, 산업이 잠재적인 해법이라기보다는 오히려 문제점이 될 수 있다고 생각하는 그 누군가에 의해 방치될 수 있다. 데일리가 택한 지속가능한 개발에 대한 논쟁적 입장은 양적인 것이 아니라, 질적인 것이며, 성장을 배제한 최종적인 개발이라는 것이다. 만약 현 사회가 이 지속가능한 개발단계에 도달할지는 아무도 모른다. 그러나 미래가 어떻든 간에, 변화를 위한 요구는 명확하고, 질적 개발을 위한 노력이 그 다음의 논리단계라는 것은 자명하다. 이것은 총체적 커뮤니티와 지속가능한 개발의 추구 안에서, 현재 그들의 성장 그 자체에만 의존하는 커뮤니티 개발자들과 디자이너들에게 큰 가르침이 될 것이다.

---

9) Urbanism. 도시생활에 특징적인 생활양식을 제공하는 여러 특성의 복합체. 미국의 도시사회학자 L 워스가 도시생활 양식으로서의 어바니즘 이론을 제창하고부터 널리 쓰이게 됨.

(반대쪽): 유타 주, 솔트레이크 시티 근방에 위치한 데이브레이크(Daybreak) 커뮤니티는 지속가능성의 원리가 강도있게 적용된다. 이 커뮤니티는 광산부지를 개간하고, 강기슭 야생식물을 이용하여 우수를 정화하며, 야생생물의 서식처를 보호한다. 고용과 상업 서비스를 통합하고, 경전철을 도입하여, 솔트레이크 시티의 다운타운으로 그 커뮤니티를 연결시킨다.

앨버커키 아카데미(Albuquerque Academy)가 그들의 선조들에게 물려받은 토지를 개발하려
할 때, 이사회는 그 지역의 건강한 자연과 수려한 경관의 보존을 위해 그 개발에 반대한다.
하지만, 대지의 생태를 고려한 도시계획은 자연과 소통하며, 경관을 보존함으로써
그들의 딜레마를 해결한다.

하이 데저트
High Desert
Albuquerque, New Mexico

자연체계는 새로운 커뮤니티의 골격을 형성한다.

수십 년 된 토지유산의 마지막 구획으로써, 앨버커키 아카데미는 학교의 미래를 보증하기 위해 경제적 수익을 극대화하는 한편, 그 토지를 적절히 개발하여 학생들에게 좋은 선례를 남기길 원했다. 결과적으로 아카데미의 임원들은 그 지역의 잠재적인 환경문제들을 분석한 후, 새로운 커뮤니티를 건설하기로 결정한다. 디자인 워크숍은 이를 위한 마스터플랜을 만들고, 개발과 양도과정을 통해서, 새롭게 탄생될 커뮤니티의 골격을 형상화한다.

그 부지는 1,000에이커의 넓은 평야와 산디아스Sandias 산맥의 경계에 위치하며, 부지의 서쪽에는 전형적인 교외 주거단지가 존재한다. 새로운 계획의 사회환경, 비즈니스, 교육 등의 주요 요소들은 학교 임원들, 학생, 교사들과 함께 논의되었으며, 철저한 대지분석을 실시하여, 부지의 경관적 특징이 앞으로 계획될 2,000가구와 함께 융화되도록 커뮤니티의 골격을 마련하는 것은 매우 중요했다.

그러므로 산디아스 산맥의 구릉지와 그로부터 뻗어나온 수많은 건천들에 의해 이루어진 아름다운 고원사막 경관을 보존하는 것은 이 계획의 초점이 되었다. 그러므로 부지 내의 건천을 그대로 커뮤니티의 오픈 스페이스 시스템으로 사용하여, 산책로의 네트워크와 접목시키는 작업은 커뮤니티의 전체구조를 형성시키는 데 중요한 작용을 하였다. 하지만 하이 데저트를 개발하기 전에 그 건천들은 이미 V자형 콘크리트 도랑으로 보강되었기 때문에, 부지의 배수구조에 자연의 미적 가치를 부여하는 것은 매우 어려웠다.

그러므로 도시공학자들과 함께 커뮤니티 내의 건축물 후퇴선을 건천으로 순응시키는 작업을 하여, 배수구역이 홍수조절의 기능은 물론,

하이 데저트 부지는 삼 면이 교외 택지개발 구획으로, 그리고
한 면이 산디아스 산맥으로 둘러싸여 있다.

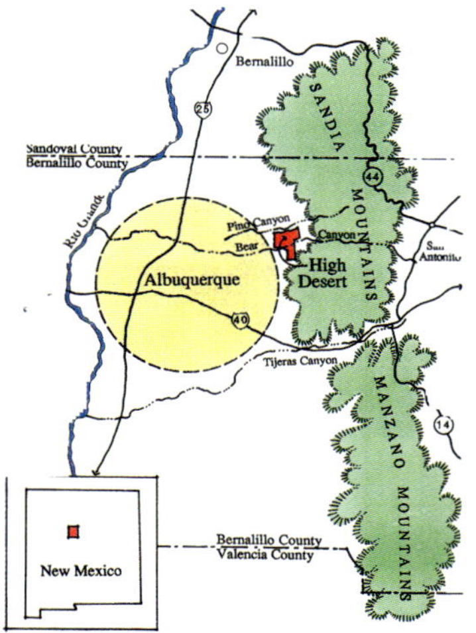

조망이 훌륭한 야생생물의 서식지로 사용
될 수 있도록 그 기능성을 강화하였다. 이렇
게 자연적 배수 시스템을 향상시키는 것에
의해, 커뮤니티는 오픈 스페이스의 관수를
위한 수자원을 획득했고, 배수구역 향상을
위한 비용을 절감하였으며, 개인소유지의
생태경관 또한 보존할 수 있었다.

건천과 향토암반들로 뒤덮여진, 이 부지
를 자연에 순응시키는 계획은 도심지에서
유입되는 유거수를 저장하여 유수지를 만
들어내었으며, 그 지역에 향토수종을 식재
하여, 생태적 기반을 보강하였다. 오픈 스페
이스 시스템은 산책로, 안내표지판, 10에이
커 규모의 근린공원, 커뮤니티 센터를 포함
하며, 시의 도시기반 시설과 가까운 건천 몇
개를 시 정부에 기부함으로써, 소유권으로
인해 잠재적으로 발생될 수 있는 관리상의
문제점을 조기 차단시켰다.

하이 데저트의 설계지침에는 저류배관
설비와 수질보전 정책과 같은 환경 표준지
침들이 포함되었고, 야간조명 관리에 대한
내용 또한 고려되었는데, 이러한 설계지침
들은 향후 시 정부의 수질보전 조례로 사용
되었으며, 주 정부의 야경보호 표준지침의
모델이 되었다. 또한 이 프로젝트는 지역 부
동산 시장의 활성화를 유도하여, 향후 다른
커뮤니티 개발의 모델이 되었다.

기대치가 훨씬 초과된 경제적 이익의

달성은, 생태적 환경과 지역 주거공간의 조
화로운 배치가 커뮤니티의 가치를 창조한
다는 것을 증명해 주었으며, 환경을 소중히
여기는 하이 데저트 커뮤니티는 블루 그라
마blue grama라는 목초의 이미지와 내건성
건조한 환경에서도 생육할 수 있는 성질이 강한 향
토수종들로 형상화된다.

프로젝트 크레딧 ────────

도시계획: Design Workshop, Inc.
책임자: Kurt Culbertson
도시계획가: Mark Soden, Keith Simon, Jeff
    McMenimen, Jeff Zimmermann
발주기관: High Desert Investment Corporation /
    Albuquerque Academy
토목회사: Bohannan Huston Inc.
커뮤니티 행정: Hyatt & Stubblefield
환경자문: SWCA

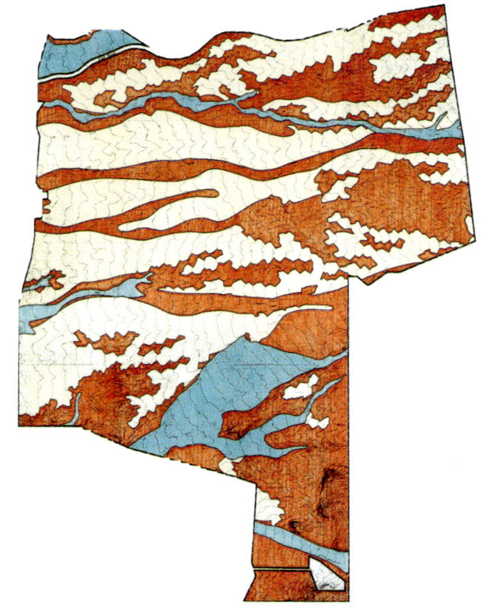

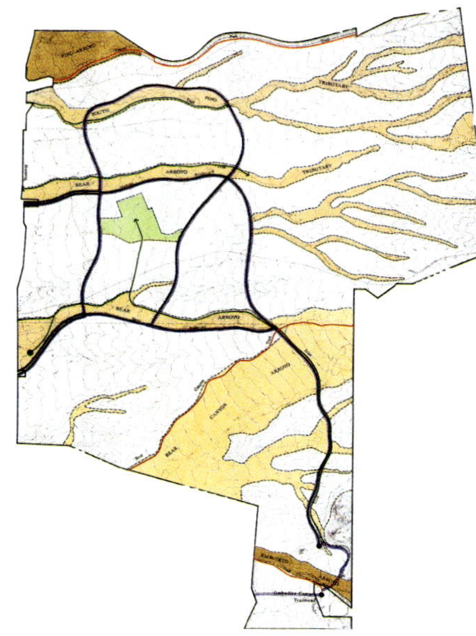

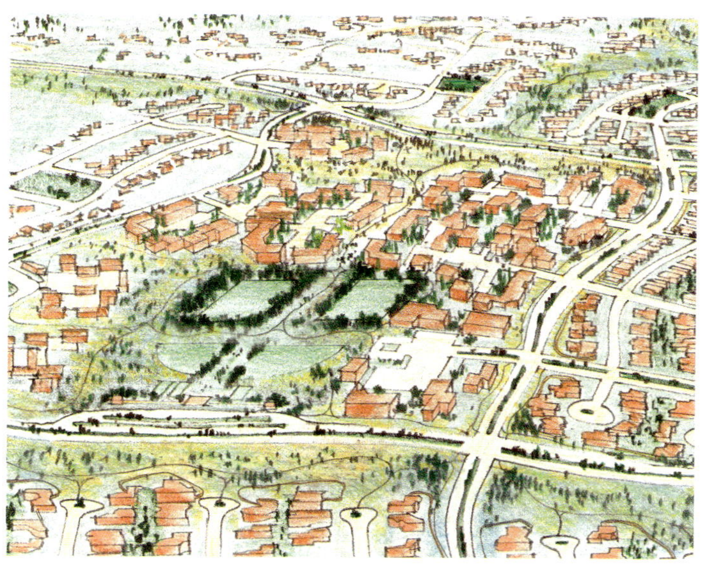

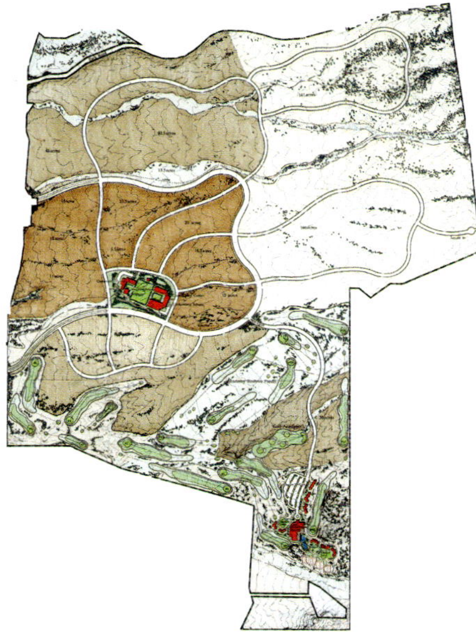

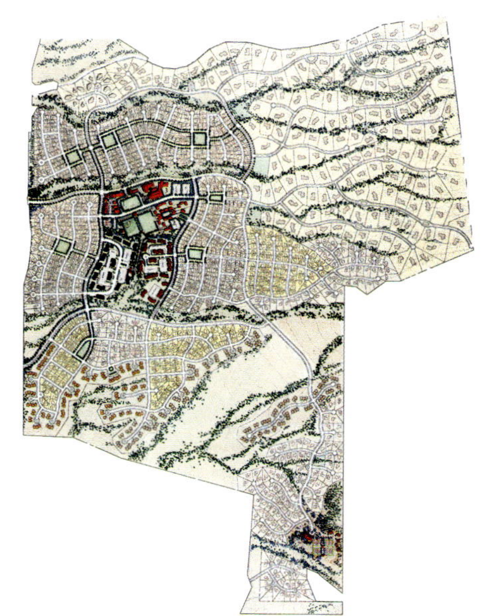

(위쪽): 커뮤니티의 중심부는 부지 내의 건천을 보존함으로써, 커뮤니티의 기능적·경관적 가치를 향상시키고, 동시에 주거밀도를 산디아스 산으로 전이시킨다.

개발가능성 (왼쪽 위)－초기 부지분석에서는 보존될 지역(청색), 발전 가능한 지역(상아색), 그리고 극도로 민감하게 다루어져서 개발될 수 있는 지역(적색)으로 정의된다.

수문학 (오른쪽 위)－하이 데저트의 건천으로 유거수가 배수됨으로써, 자연과 함께 커뮤니티의 골격이 형성된다.

계획의 진화 (오른쪽 아래)－최종계획안을 도출하기 전, 공원 시스템과 다양한 프로그램들을 대지의 오픈 스페이스 시스템에 도입하여 개발과 경관의 가치를 테스트한다.

(먼 왼쪽): 자갈과 향토식물들은 커뮤니티 개발 후, 그 지역의 경관을 손상시키지 않고, 많은 유거수를 운반할 수 있도록 유도한다.

(위쪽): 커뮤니티 주변의 사막경관과 쉽게 조화를 이루는 스타일로 마감된 사암평석 벤치는 이 지역 산책로의 전형적인 가로 설치물이다.

(왼쪽): 스테인리스강으로 제작된 입구 조형물은 환경에 대한 염려를 나타내는 블루 그라마와 내건성에 강한 그 지역 자생식물들의 이미지를 형상화한다.

손상되기 쉬운 건천 주변에 적절히 배열된 오픈 스페이스 시스템과 산책로를 통해, 사람과 자연의 상생을 유도한다.

민중운동의 일환으로 제재소의 독성먼지들이 제거되고,
주민들은 그 지역을 향상시키기로 결정한다.
여러 전문가들과 협력하여 지역의 문화와 경제적 자원을 바탕으로,
주거공간과 공공공간을 향상시킬 수 있는 방안을 모색한다.

알보렐라 데 비다
Arbolera de Vida
Albuquerque, New Mexico

시민들로 구성된 협의체는 커뮤니티의 경제를 안정시킨다.

앨버커키의 제재소 마을은 리우그란데와 그 도시의 구도심 인근에 위치한다. 그 마을은 본래 17세기, 스페인 정착민들이 관개용 수로를 건설하고, 그곳에 화원, 과수원, 목축업을 시작하면서 형성되었는데, 이곳은 앨버커키에서 가장 오래된 라틴 아메리칸의 거주지역 중 하나로, 현재 2,500명의 라틴 아메리칸들이 세대를 이어 거주하는 곳이기도 하다.

1998년 프로젝트가 시작될 무렵, 이곳 중산층의 연소득은 약 2천만 원 정도였고, 거주민들의 1/3이 빈곤층으로 분류되었다. 1980년대에 빠르게 확산된 호흡기 질환은 그 제재소 인근 주민들에게 대기오염에 대한 경종을 울리게 하였다. 그 지역주민들은 대기환경의 개선을 위해, 법안 통과 운동을 벌이기도 하였고, 그 지역의 민중운동가들은 제재소가 폐쇄될 수 있도록 지속적인 캠페인을 벌이기도 하였다.

또 다른 오염유발 산업이 이 자리에 들어설까봐 걱정하는 주민들은 시정부를 설득하여, 제재소 부지를 시가 매입할 수 있도록 하였고, 그 지역을 복합용도 지구로 용도를 변경하여, 저렴한 주택지로 허가받도록 하였다. 연방정부, 주정부 그리고 시정부가 지원한 기금은 27에이커 구획을 정화하는 데 사용되었으며, 1997년까지, 그 마을의 지도자 그룹은 자발적으로 개발법인조합을 설립하기도 하였다.

디자인 워크샵은 건축가, 환경전문가, 지역경제 자문, 그리고 지역주민들과 함께 '과수원의 삶Arbolera de Vida' 이라는 역사적 의미를 부여하고, 그들만의 새로운 비전을 설계하였다. 그 계획의 주요목표는 커뮤니티를 성장시키고 지가를 안정시키기 위해, 환경적으로 건전한 계획을 세운다는 것이었다. 최종 마스터플랜은 그 목표를 둘 다 성취시켰는데, 첫번째로, 독특한 재무

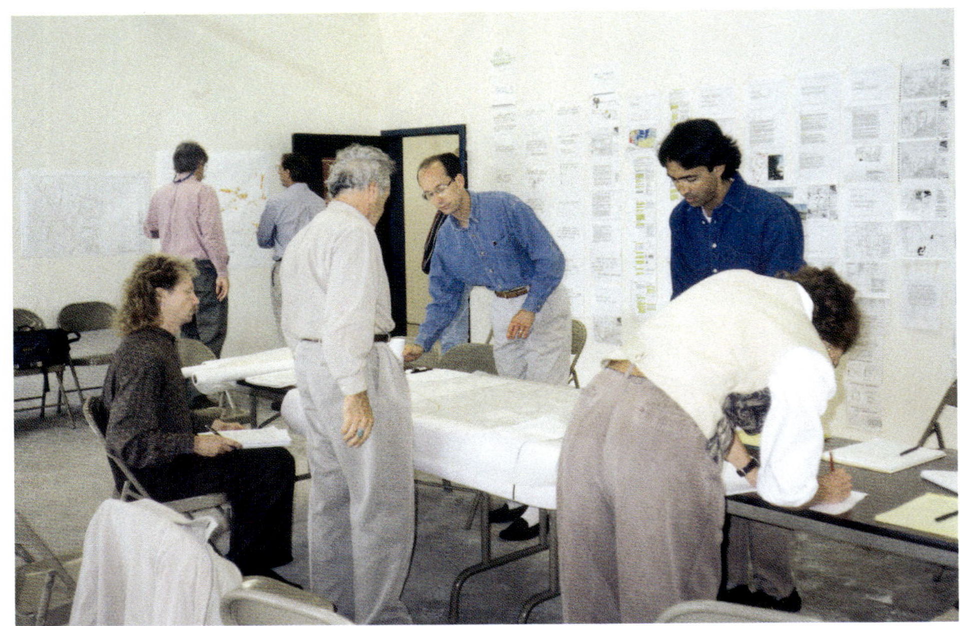

(현재 페이지): 광범위한 공공개발 과정은 옛 제재소 부지로 커뮤니티를 확장시키기 위한 전략을 마련하는 데 그 목표를 두었고, 이 과정에 학생을 포함한 커뮤니티 전체구성원을 참여시켰다.

(반대쪽): 초기 이주자들의 문화를 바탕으로, 새롭게 형성되는 커뮤니티에 관개수로를 복원하고, 커뮤니티 정원, 과수원 등의 요소를 추가시킴으로써 부지의 역사성을 강화한다.

구조 모델을 만들어 집값의 상승요인을 제거하였고, 둘째로, 지속가능한 디자인 원리를 적용시켜 관리비를 낮추었다.

1998년 이곳 주민들은 저소득층과 중산층 가정들이 거주할 수 있도록, 커뮤니티 토지신탁community land trust을 형성하여 땅을 임대·관리함으로써, 영구적인 집값의 안정을 도모하였다. 이러한 정책은 방 4개짜리 주택 기준가의 범위를 약 5천 4백만 원에서 1억 원으로 저렴하게 책정될 수 있도록 만들었다. 각각의 집에는 태양열판과 우수탱크 등, 환경적으로 지속가능한 디자인 기술이 도입되었는데, 이로 인해 중·장기적 관리비 절감을 실현시킬 수 있었다.

계획의 지침에는 재생될 수 있는 건축자재들의 재사용 계획도 포함되어, 건축재료비 절감효과 또한 거둘 수 있었다. 최종적으로 약 96m²에서 165m² 규모의 주택 105채가 마을에 추가로 건설되었으며, 건식조경과 절수설비 등의 '그린빌딩' 기술도 도입되었다.

부지가 산업화되면서 잃어버린 녹지와 커뮤니티의 공동체 의식을 되찾기 위해, 커뮤니티는 중앙광장 주변에 군집하는 형태로 확장되었으며, 과수원, 복원된 관개수로, 커뮤니티 정원 등은 공동체의 단결을 유도하는 데 큰 힘이 되었다. 그 밖의 특징들로는 노인들을 위한 주택, 보행자 및 자전거 전용도로, 소매상, 상업용도 건물, 고용센터 등의 잘 발달된 사회복지 시설을 들 수 있으며, 기존의 산업용지를 차폐시키기 위해, 완충녹지 띠를 형성하였다. 주민지원 프로그램으로는 구매자 평가조사와 주택 소유자 교육과정, 그 밖의 다양한 신탁회사의 교육 프로그램 등을 들 수 있는데, 이는 주택 구매 과정의 효율성을 향상시키고, 미래의 주택 구매자들을 위한 서비스를 개선하는 데 사용되었다. 신탁회사에서는 의료지원, 환경지원, 야외교육, 재정관리 등의 다양한 프로그램들을 개설하여, 시민들의 삶의 질을 향상시키는 데 기여하고 있다.

프로젝트 크레딧

도시계획: Design Workshop, Inc.
 - 설계책임자: Keith Simon
 - 프로젝트 매니저: Mimi Burns Project
 - 프로젝트 어드바이저: Joe Porter
발주기관: Sawmill Advisory Council
건축가: Eric Naslund, AIA / Studio E Architects
공학자: Bohannon Huston, Ike Benton, AIA, Van Der Ryn Architects
건축시공: Vigil Construction
토지신탁 자문:
 - 지역개발: Burlington Associates
 - 지역경제: LLC Institute

개발 초, 토지신탁의 설립은 지가를 안정시키고, 저렴주택을
보호한다는 그들의 근본적인 개발방향의 골격을 마련하는 데
중요한 역할을 한다.

휘감겨 어우러진 덩굴식물들은 공원을 한층 더 우아하게 만들고, 시민들에게 그늘을 선사한다. 광장, 공공정원 등의 커뮤니티 시설들은 모두 기존의 마을과 새롭게 건설된 커뮤니티의 중앙에 위치한다.

덴버 남부의 커뮤니티들은 도시확산의 전형적인 패턴 안에서 도시외곽으로
끊임없이 그 세를 확장해 나간다.
도시와 자연의 중간에 위치한 하나의 큰 구획을 개발하여 밀도 있는 경계도시를 형성함으로써,
도시확장의 패턴을 변화시킨다.

리지게이트
RidgeGate
Lone Tree, Colorado

하나의 경계도시는 전형적인 교외발달의 패턴을 변화시킨다.

총 3,500에이커 크기의 프로젝트 부지는 덴버 시 외곽지역과 전원적 농업지역의 중앙에 입지하여, 소도심으로 개발되기에 적합한 지리적 특성을 가진다. 세부적으로, 이 부지는 대도시의 남쪽 가장자리에 위치하며, 25번 주간고속도로를 사이에 두고 있기 때문에, 자연과 도시로의 접근성 또한 우수하다. 앞으로 50년 동안 형성될 이 고밀도의 경계도시는 직업, 주거, 자연이 조화롭게 균형을 이룰 수 있도록 설계되었으며, 거주인구 약 12,000명, 복합용도 상업지구 2천만 평방피트 및 오픈 스페이스 1,200에이커로 구성된다.

이 프로젝트를 실현시키기 위해서 여러 가지 요인들이 고려되었는데, 무엇보다도 교외지역의 주거밀도를 창출하기 위해서 적합한 계획시기, 적절한 정부의 지원, 광역교통 체계와의 연계, 도시설계 원리 등이 철저히 검토되었다.

이 땅의 소유주들은 1970년대에 이 부지를 구입했는데, 그 당시에는 이 지역이 도심에서 멀리 떨어져 있었다. 시간이 지남에 따라, 도심은 확장되었고, 그들의 토지도 개발의 요구를 받아들일 때가 되었다고 인식한 소유주들은 그 부지를 하나의 경계도시로 재탄생시키기로 결정하였다. 하지만 그들은 산발적인 농촌개발과 저밀도 개발에 이미 익숙해진 카운티 공무원들이 '경계도시'라는 아이디어를 포용할 수 없을 것이라고 판단하였다. 그래서 소유주들은 그 땅을 론 트리Lone Tree라는 지방자치제에 합병될 수 있도록 계획했으며, 고용창출 계획, 세입보충 계획, 주거공급 계획, 시장성 분석 등, 합병에 필요한 연구를 진행하였다. 이와 더불어, 그들은 도시발전 전략과 지침, 커뮤니티 발전계획, 마스터 플랜 등을 수립하여 리지게이트의 근간을 마련하였다. 최종적으로 이 부지는 2000년도에 론 트

리 지방자치제에 합병된다.

일찍이, 설계팀은 중요한 변화를 감지한다. 그 당시, 덴버 시는 광역교통 계획의 일환으로 리지게이트 부지에서 북쪽으로 약 반 마일 떨어진 지점에 경전철 시스템을 건설하고 있었다. 설계팀은 리지게이트 개발부지 안쪽으로 경전철 시스템이 확장되고, 두 개의 환승역이 건설될 수 있도록, 덴버 광역교통국을 설득한다. 이를 실현하기 위해, 약 4천 7백억 원의 추가 건설비용이 필요했는데, 이는 2004년 말, 콜로라도 유권자들에 의해서 승인되었다. 또한 설계팀은 민관 협력체계를 구축하여, 콜로라도 교통부가 개발부지에 고속도로 인터체인지를 건설할 수 있도록 설득하여 광역 교통체증을 완화시키고, 접근성을 향상시켰다.

리지게이트는 고밀도, 복합용도 중심, 도시화된 경계라는 세 가지 개념을 주요 골격으로 하여 설계되었는데, 이러한 개념은 광역교통 시스템의 루프와 영구적으로 보존되는 남쪽의 절대농지 및 자연절벽에 의해서 뒷받침된다.

이 프로젝트의 1단계 사업은 고속도로의 서쪽에서 이미 착수되었다. 아울러 스카이 리지Sky Ridge 의료센터를 건설하여, 1,000여 개의 고용창출을 유도하였다. 1단계 계획에서 괄목할만한 점은 경전철 역사 근처에 보행자전용 상가들을 배치시키고, 개

발을 집중시켜 고밀도를 구현하고, 주변 경관을 보존한다는 데 있다. 서부 복합용도 지구에는 주차빌딩과 함께 대형마트를 입주시킴으로써, 전형적인 노면주차의 패턴을 변화시키고, 주차장 면적을 줄여, 고밀도의 상업적 이용을 유도하였다.

근린주거 단지는 지역경관과 광역 오픈스페이스 체계를 고려하여, 자연유역과 절벽에 인접한 지역에 위치시켰다. 동선체계는 좁은 도로망을 도입하여, 상업 및 업무지구 내의 차량속도를 제한함으로써, 보행자 환경을 향상시켰다. 선형의 도심공원은 복합용도 지구 앞에 위치한 자연유역 회랑을 따라 설계되어 개발지역에 안식처를 제공해준다.

고밀도의 경계도시라는 새로운 시도는 그 지역 시장가격의 높은 향상을 가져왔으며, 주거단지, 업무단지, 소매상가 등에 높은 수요를 창출시킨다.

프로젝트 크레딧

도시계획 / 마스터플랜: Design Workshop, Inc.
책임자: Todd Johnson
관리 책임자: Keith Simon, Jim MacRae
프로젝트 매니저: Jeff McMenimen, Allyson Mendenhall, Jamie Fogle
조경 설계가: Bret Frk, Geoff Gerring, Chad Klever, Kirby Hoyt, Jeremy Alden, Todd Wenskoski
발주기관: Coventry Development Corporation Colorado as agent for Colony Investments, Rampart Range Metropolitan District
토목공학자: Carroll & Lange
교통공학자: LSC, FHU
법정 대리인: Holme Roberts & Owen LLP

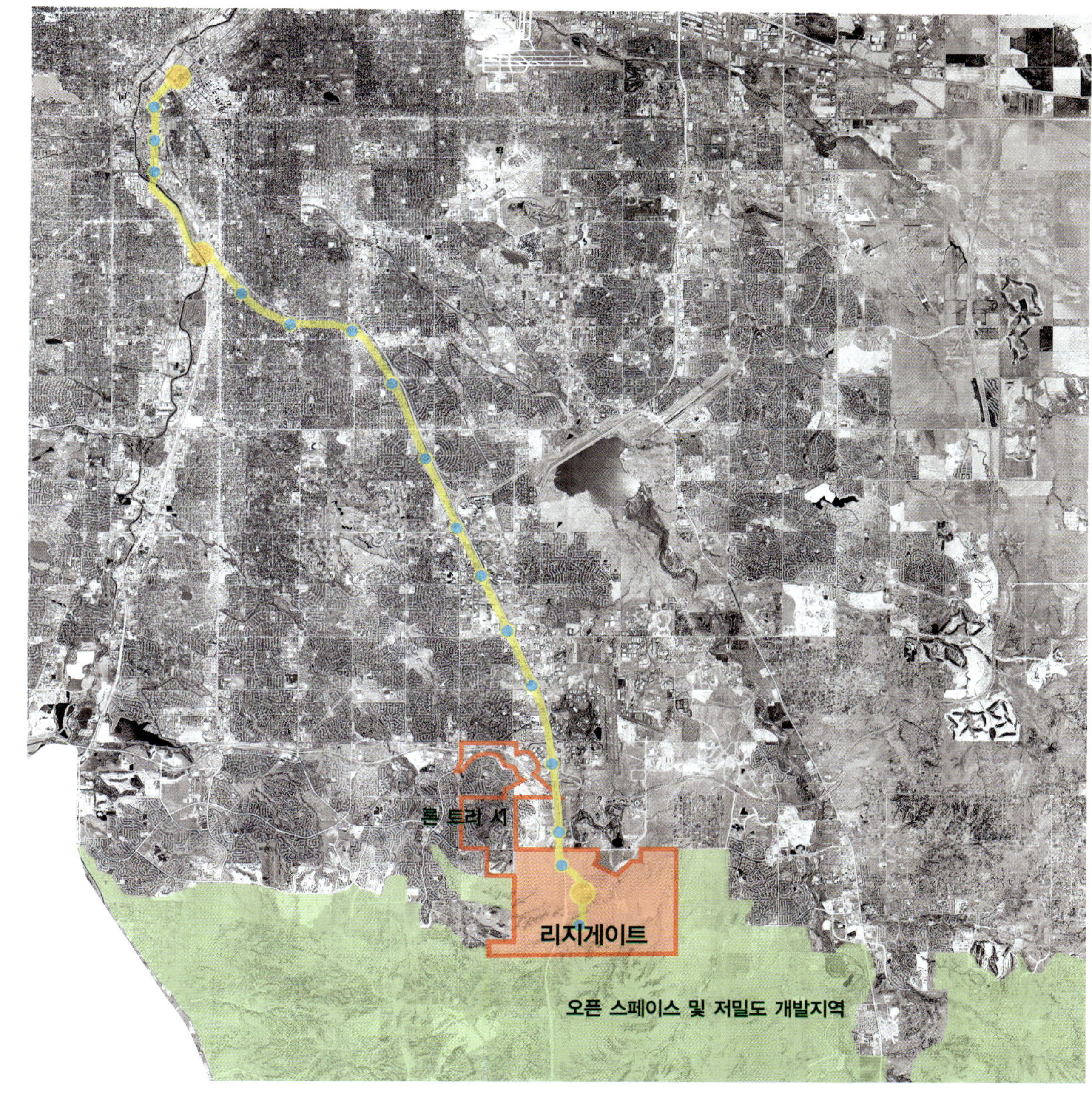

복합용도 경계도시로 설계된 리지게이트는 더글라스 카운티(녹색)의 농촌지역과 덴버 대도심으로 연결된다. 항공사진에서 볼 수 있듯이 경전철은 덴버의 도시 중심부로 리지게이트(적색)를 연결시킨다. 주황색 점들로 표시된 유니온 역(Union Station), 게이츠 통합운송센터(Gates Intermodal Center), 리지게이트 운송 주차장은 도시의 주요 교통 중심점(환적 허브) 역할을 한다.

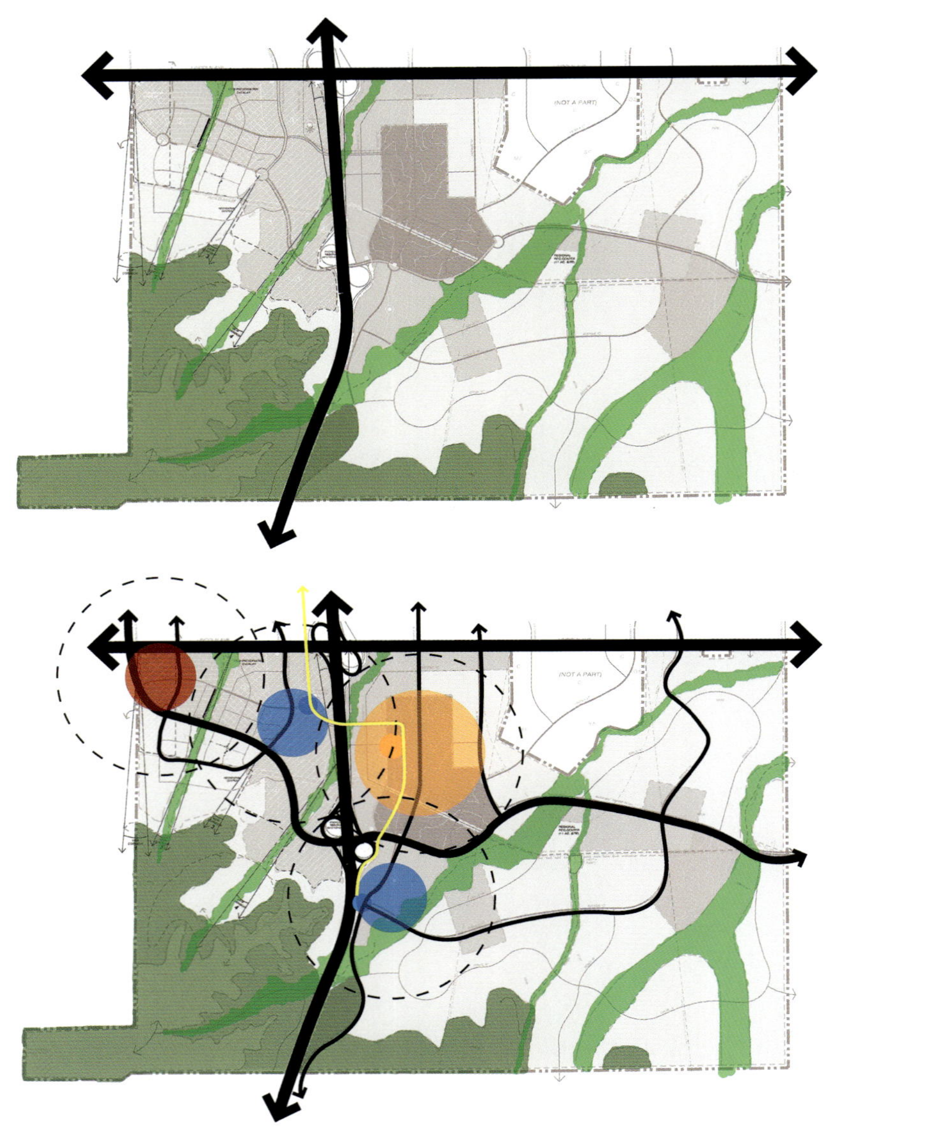

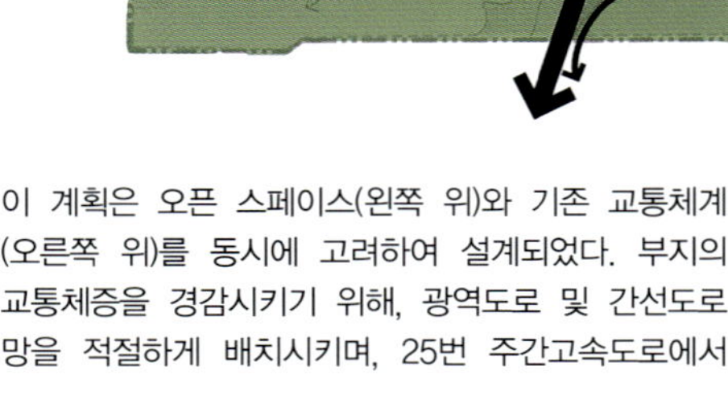

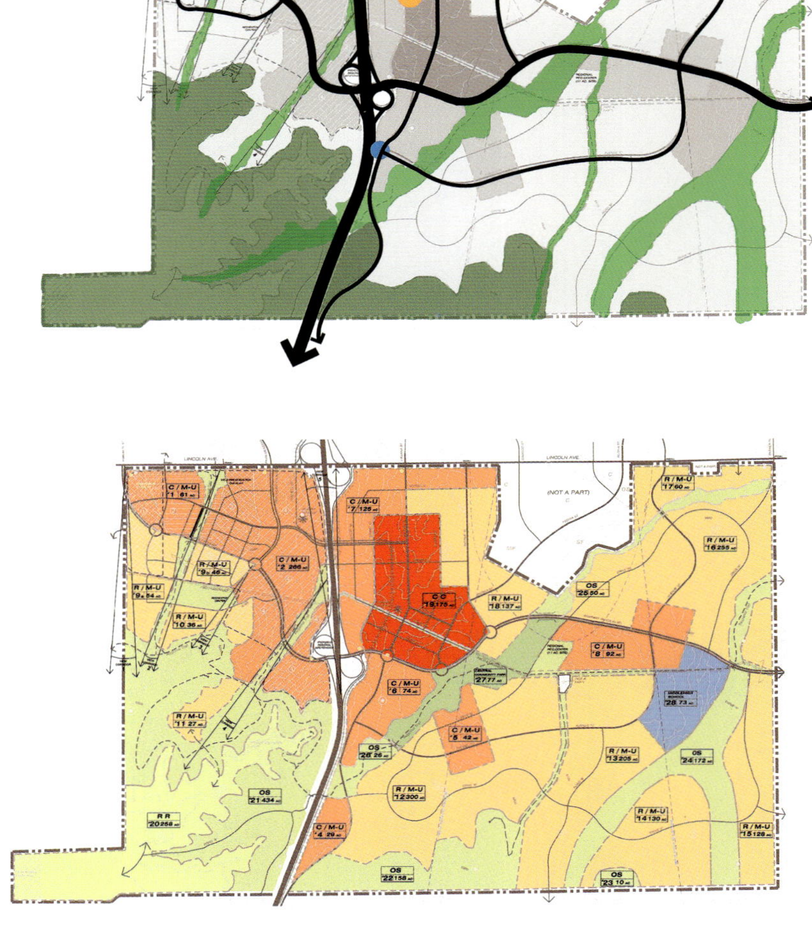

이 계획은 오픈 스페이스(왼쪽 위)와 기존 교통체계(오른쪽 위)를 동시에 고려하여 설계되었다. 부지의 교통체증을 경감시키기 위해, 광역도로 및 간선도로망을 적절하게 배치시키며, 25번 주간고속도로에서 리지게이트의 중심으로, 사람들의 접근성을 제시하기 위해, 새로운 인터체인지(왼쪽 아래)를 배치한다. 세 개의 환승역을 포함한, 경전철의 확장노선(황색선)을 따라 배치된 도로망은 10분 도보권에 속한 도시 중앙에 활력을 공급한다. 이 프로젝트의 토지구획 지도(오른쪽 아래)는 커뮤니티의 초고밀도 개발이 향후 20년 이내에 25번 주간고속도로의 동부지역에서 발생될 것을 보여준다. 그 개발은 이미 고속도로의 서부지역에서 첫번째 복합용도 개발과 대중교통 중심지구의 건설과 함께 시작되었다.

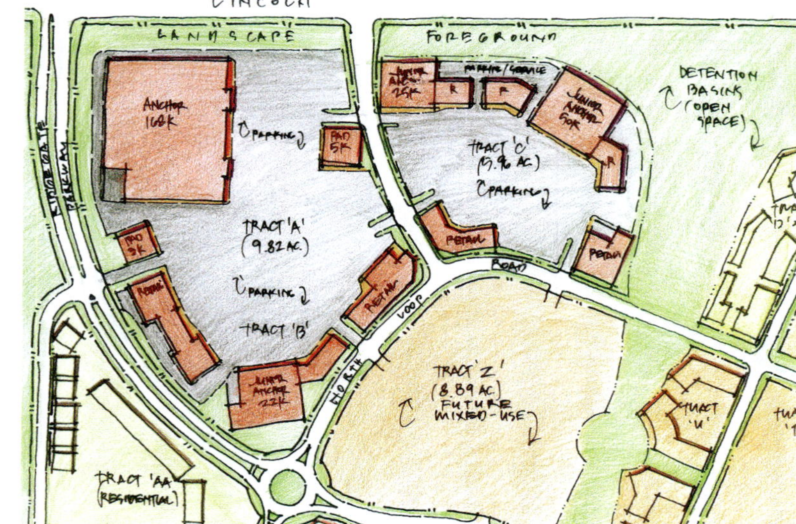

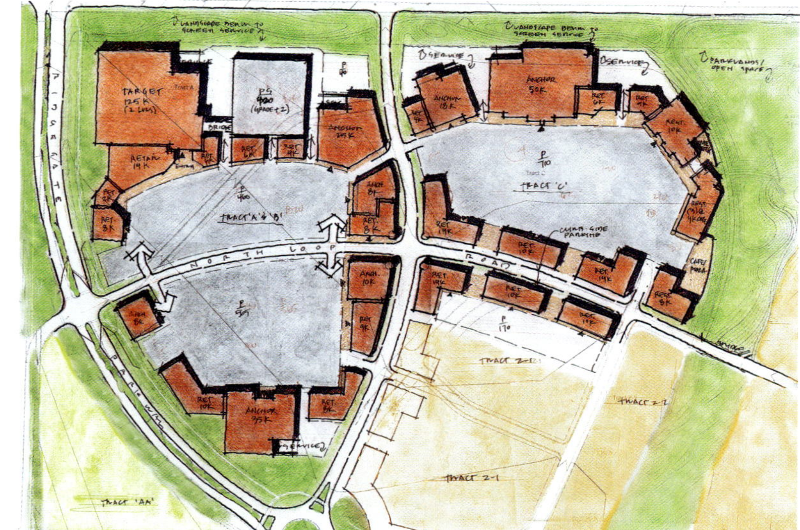

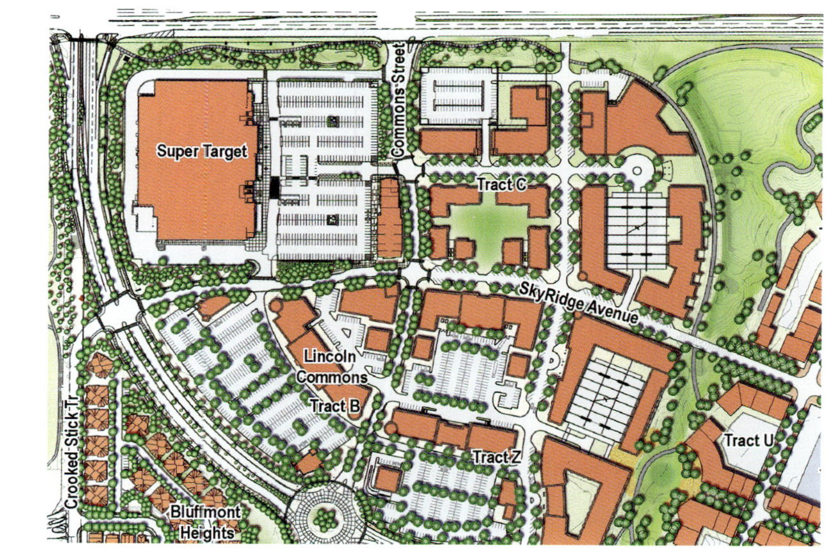

리지게이트의 상업지구 개발자는 주차건물의 구조, 교통계획, 보행자 거리계획, 복합용도 계획 등을 검증하는 데 약 2년의 시간을 투자했으며, 이는 경계도시로서의 비전을 제시하는 데 매우 중요한 요인으로 작용하였다. 위에 나열된 일련의 다이어그램은 리지게이트 계획의 진화를 보여준다. (1) 초기계획은 전형적인 교외지역 쇼핑센터로부터 시작한다. (2) 그 다음단계는 대형마트 건물에 복층의 주차 구조물(위쪽 회색 사각형)을 결합시켜, 라이프스타일 센터(고급스러운 외식과 쇼핑, 스포츠 그리고 엔터테인먼트 등의 요소를 전통적인 쇼핑센터에 결합하여 소비자들에게 더 나은 쇼핑경험을 제공한다는 문화·상업의 중심을 일컫는 말)로서의 특성을 부여하고, 그 앞쪽에 도로를 개설하여, 상가구획 전체를 중심지로 만든다. (3) 또한 상가건물의 입구를 주차장 쪽이 아닌, 보행자 도로 쪽으로 재배치시킴으로써, 보행자 환경에 다양성을 부여하고 상가의 활성화를 유도한다. (4) 최종설계에서는 공공시설, 도심공원, 광장, 상가를 전부 통합시켰으며, 보행자 도로를 경전철 환승역에 연결시킴으로써, 복합용도 구획의 특성을 최대한 반영하였다.

formalized detention
terraced presentation
orientation to street

Entry Identity

direct, broad connection(s) to Main Street
programmable space
transitions from entry to neighborhood areas

Main Street Connection/Gateway Place

flat bottom activity rooms
potential wetland interpretive
grassy hummock land forms as adventure places
(potential geomorphological ref.)

The Neighborhood Park

most private to the community
steep and deep
multi-level trails "read" the topography
discrete, but strategic overlook pads
large sculpted upslope terraces
plantings define the bottom

Upland Ravine

WILLOW CREEK DETENTION AREA
SKYRIDGE AVE
CITY PARK
NEIGHBORHOOD PARK
COMMUNITY PARK
RIDGEGATE CIRCLE
RECREATIONAL CENTER
BLUFFS

월로우 크릭(Willow Creek) 도심공원은 전통적인 도심 중앙공원의 성격을 갖으며, 상업지역과 주거지역에 산책로를 제공한다. 또한 공원을 오픈 스페이스와 절벽으로 연결시킴으로써, 능동적 및 수동적 레크리에이션의 기회를 강화한다. 강기슭의 자생식물들은 조류와 야생동물들에게 서식처를 제공하며, 우수를 정화시킨다. 주상복합 건물들이 공원 쪽으로 배치됨으로써, 거주자 및 상가 이용객들에게 쾌적성을 제공한다.

딜레마 부지 내의 우물과 정화조는 산타페 카운티의 분위기를 이질화시킨다. 하지만 여기에는 지역성장을 조절하고 통제하기 위한, 어떠한 계획도 존재하지 않았다.

레거시 목표

커뮤니티

시민, 개발자, 공무원들은 그들이 공통적으로 추구하는 스마트 성장을 실현시키기 위해서 협력관계를 구축한다. 그 협력체는 개발지침을 만들어, 그들 스스로가 그들의 미래를 인도할 수 있도록 한다.

환경

개발단지의 절반을 오픈 스페이스로 개발시킴으로써, 야생생물의 서식처와 경관적 자산을 보존하며, 대지의 파괴를 최소화한다. 유거수를 모아 지하수를 충전시키고, 주택을 적절하게 배치하여, 겨울에 태양열을 최대한 이용함으로써 자연자원을 보존한다.

경제

주택가격을 안정시키기 위해 독창적인 토지분배 계획을 구현함으로써, 토지이용 계획을 최적화시키며, 각각의 커뮤니티에 복합용도 중심을 계획함으로써, 그 지역의 세입을 증가시킨다.

예술

건천을 산책로와 일렬배치함으로써 보행자 환경을 향상시키며, 전반적인 도시계획에 산의 지형을 고려함으로써, 경관을 고려한 미관적 도시형상을 연출한다.

주제 시민, 정부기관, 개발자가 서로 협력하여, 스마트 성장의 원리를 극대화시킴으로써, 그들의 경관적 자산을 보호하고, 지역문화를 특성화시킨다.

란초 비에호
Rancho Viejo de Santa Fe
Santa Fe, New Mexico

개발연합은 산타페의 개발에 새로운 방향을 제시한다.

개요

산타페의 매력에 이끌려온 어메니티 이주자11)들은 이때까지 도심근교에 넓은 집터와 저택을 개발하면서 경관을 훼손시켜왔다. 이러한 소비경향을 바탕으로 한 도시 난개발에 위기의식을 느낀 공무원 및 개발자들은 성장을 수용하면서, 동시에 경관과 자원을 보존할 수 있는 방안을 찾기 위해 협력체를 이룬다. 이들은 산타페 카운티의 11,000에이커 개발부지에 지속가능성을 구현시키기 위해 새로운 주거 패턴을 개발한다.

란초 비에호의 도시계획은 자연환경이 개발의 패턴을 결정할 수 있도록 허락하며, 개발부지의 반을 야생생물의 서식처, 대수층의 재충전, 경관적 가치의 보존을 위해 오픈 스페이스로 남겨놓는다. 총 10개로 구성된 각각의 복합용도 지구는 초창기 뉴맥시코 정착민들의 전통을 수용하기 위해 중앙광장을 둘러싸여 군집될 수 있도록 배치했으며, 주택가격의 안정화를 위해 중장기적 시장분석 계획을 도입한다.

역사/배경

최근 수십 년간, 산타페는 극심한 개발압력에 시달려왔으며, 도심근교 시외지 개발자들의 먹잇감이 되어왔다. 오랜 전통을 이어온 산타페의 아담한 주거 패턴은 쾌적한 환경을 찾는 많은 사람

---

11) Amenity Migrants. 경제적인 이유보다는 쾌적한 환경을 위해 이주하는 사람들을 일컫는 말.

사려깊은 계획은 난개발로 인해 파괴되기 쉬운 이 지형의 근본
적인 특성을 보존한다.

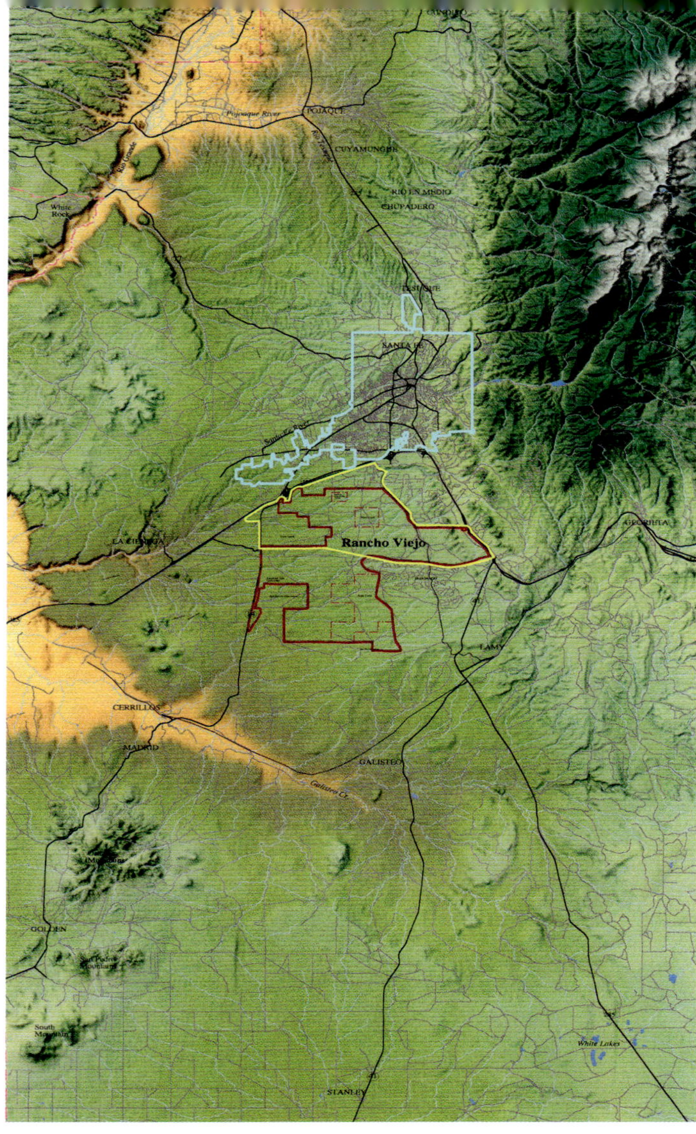

산타페 시는 가파른 산악지형, 대규모 주택단지, 연방정부 소유의 토지에 의해 삼 면이 둘러싸여 있다. 그러므로 도시확장을 수용할 수 있는 지역은 오직 산타페의 남부지역인데, 이곳은 란초 비에호 소유의 토지(적색)와 산타페 전문대학 부지(황색)로 구성된다.

들을 이주시켰지만, 아이로니컬하게, 그들은 정작 넓은 마당이 있는 저택에 살기를 원했다. 이러한 현상은 그들이 이 지역으로 이주해 온 이유와 큰 대조를 이루며, 지역의 아름다움, 자연자원, 문화를 파괴하는 양상을 초래했다.

1996년, 산타페 도시계획과는 전형적인 기존 시가지 개발방식을 사용하여, 개발압력을 상쇄시키고자 하였으나 유권자들의 반대에 봉착한다. 가파른 산악지형, 대규모 주택단지, 연방정부 소유의 토지에 의해 삼 면이 둘러싸여 있기 때문에 산타페의 남부지역만이 개발 적합지로 고려되었다. 또한 이 지역의 2,000에이커가 이미 택지개발 부지로 그 용도가 변경되었기 때문에, 지역의 스마트 성장 지지자들은 이 지역이 개발될 것이라는 것을 예측하였다. 하지만 이들은 기존의 개발방식으로는 그 지역의 자연문화 유산이 훼손될 수 있다고 판단하여, 새로운 도시성장 관리방안을 모색하였다.

진행과정

'협동'은 이 프로젝트의 슬로건이었다. 란초 비에호가 가지고 있는 잠재력을 어떻게 극대화시킬 수 있는지에 대해서, 이 부지의 소유주들은 비공식적으로, 개발자인 피닉스의 선코Suncor와 수년 동안 논의했다. 1996년, 그들은 최종적으로, 이 일을 진행하기로 합의했고, 디자인 워크숍은 란초 비에호 커뮤니티의 비전을 수립하여, 부지의 개발과 토지매매 계약에 대한 근본적 개념을 정립했다. 산타페 카운티의 계획가인 잭 콜크메이어Jack Kolkmeyer가 그들의 비전 워크숍에 참여함으로써 그 '협동'의 범위는 상당히 넓어졌다. 트레이싱 페이퍼 계획10), 스케치, 아이디어 카드 등의 난잡함 속에서, 콜크메이어는 개발부지에 자연 시스템을 도입하는 것과 도시 패턴의 전개방식이 카운티가 새로 계획한 성장관리 패턴과 같다는 것을 발견한다. 이러한 공통 비전의 조기 발견은 개발자와 정부 사이에서 흔히 맺어질 수 있는 일반적인 자문관계를 대신하여, 흡입력 있는 협동관계로 발전될 수 있도록 만들어 주었다.

일주일 간의 워크숍은 그들의 개발부지에 미적·환경적 가치를 보존하기 위한 비전이 수립되도록 하였다. 이 계획은 뉴맥시코 정착민들의 전통을 포용하기 위한 클러스터 개발개념을 포함하며, 저렴주택의 계획과 수자원 보호를 위한 향토수종 식재계획, 혁신적인 상거래 계획 등을 만들어 그 프로젝트에 실행가능성을 제시하였다.

하지만 토지 소유주들은 압도적인 선취투자방식front-end investment, 소규모 마켓,

---

10) Tracing-Paper Plan. 투사지를 사용한 계획.

어려운 정치적 환경, 융자상환 지불능력, 경제발전, 지속가능성, 커뮤니티의 높은 기대치 등, 아직도 그들이 수많은 어려움에 직면해 있다는 것을 인지한다.

그들은 정치적 개발수용 범위나 적정 시장성을 넘어선 개발은 가치가 없다는 것을 깨달았으며, 잠재적 초기개발 비용을 절감하기 위해서, 토지 소유주들과 개발자는 지가산정을 에이커 당 가격 대신, 개발될 주택의 수량을 기본으로 하는 산정방식에 동의하였다. 이러한 방식은 이 지역이 개발됨과 동시에 토지매매가 실행될 수 있도록 만들었으며, 토지가격이 판매될 상업지와 주택지의 비율에 의해 결정될 수 있도록 하였다. 또한 선코 개발회사는 초기부채와 재고유지 비용[11]을 절감할 수 있어, 시장수요와 정치적 환경에 대한 유연성 및 시장가격의 안정성을 확보할 수 있었다. 그리고 란초 비에호의 주주들은 토지의 부가가치 상승으로 인한 장기적 수익을 얻을 수 있도록 만들어 주었다.

하지만 가장 큰 문제는 불안정한 정치·경제 환경 속에서 발생하는 위험부담이었다. 이러한 난제를 극복하기 위해서 개발자는 하나의 실험적 모델 단지를 만들어,

11) Carrying Cost. 재고유지에 드는 모든 비용으로 자본비용, 창고비용, 위험비용 등이 이에 해당한다.

그 실행성을 검증하고자 하였다.

란초 비에호 빌리지

기존의 시외개발 계획은 첫 350가구를 건설하기 위해 합병되었다. 이 합병이 허가되기 위해서는 먼저 그 주변부 계획이 수립되어야 했지만, 산타페 카운티에서 행정적 승인을 지원해 주었다. 또한 란초 비에호의 도시기반 시설건설에 드는 비용을 향후 개발단계에서 발생될 수익에서 독립될 수 있도록 설계하여, 잠재적으로 발생될 수 있는 재정적 부담을 조기에 해결하였다.

대지는 커뮤니티의 크기와 형태를 결정한다. 란초 비에호의 주요경관은 평평한 목초지, 구릉지, 건천 및 협곡으로 구성되는데, 건천은 그 지역의 자연적 특성을 대변하는 중요한 자연요소였다. 건천은 야생동물의 서식처를 제공하며, 투과성 토양은 지하수가 자연적으로 재충전될 수 있도록 하였다. 전체적 계획에는 건식 배수지대를 오픈 스페이스로, 평탄한 목초지대를 고밀도 주거단지로, 구릉지를 제한된 개발지역으로 분할한다는 원리가 적용되어 커뮤니티에 향상된 어메니티를 제공하였다.

커뮤니티는 환경적으로 지속가능할 수 있도록 설계되었다. 수자원과 에너지를 절약할 수 있는 구조를 가지며, 장기적 경제변화에 대처할 수 있는 계획을 수립했으며, 뉴

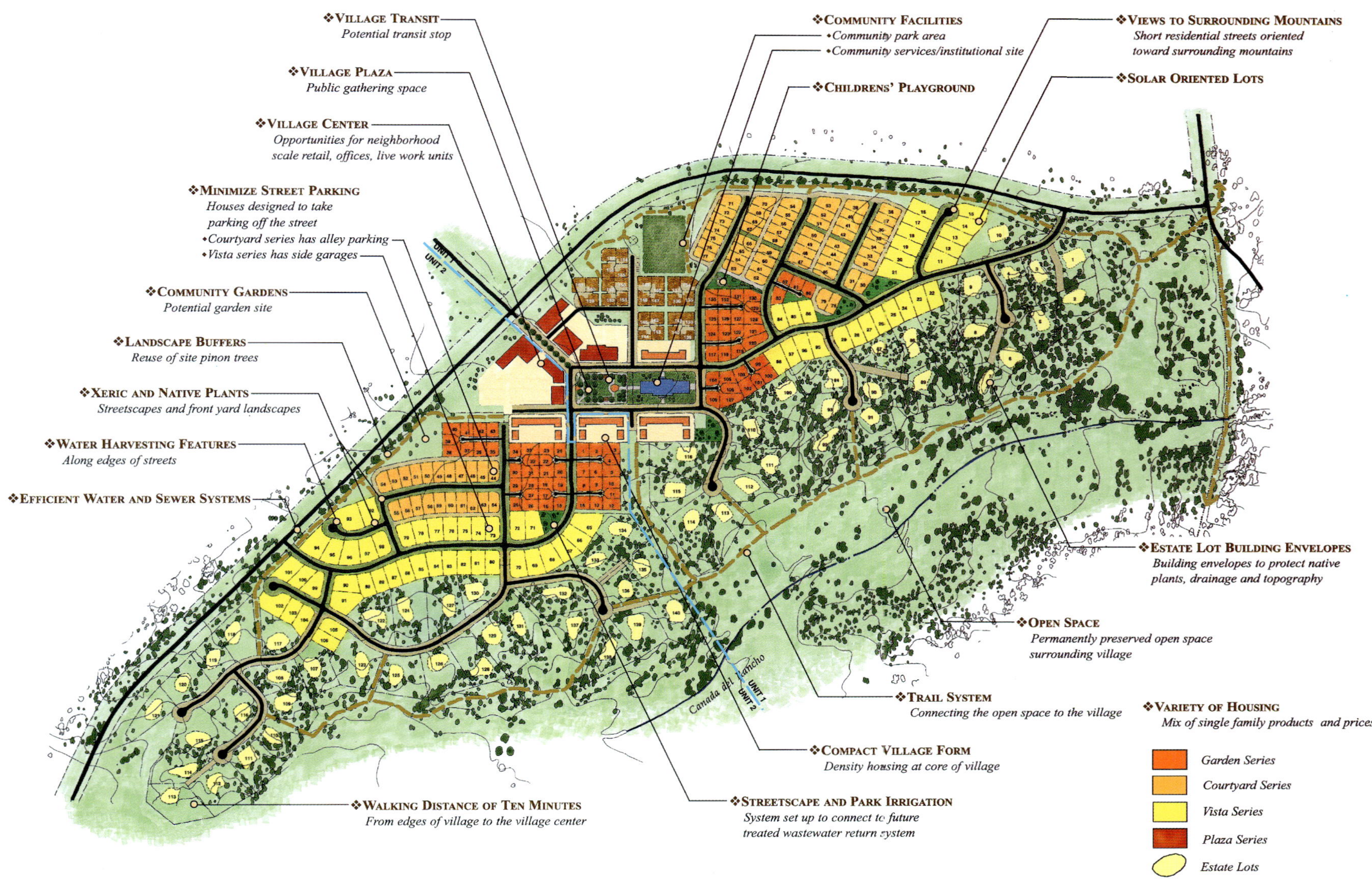

(반대편): 란초 비에호의 주요 경관은 (위에서 아래로) 오픈 스페이스로 보존된 건천 및 협곡, 저밀도 주택이 제한적으로 개발된 산허리 구릉지, 주택단지가 개발된 고지대 목초지로 이루어진다.

(위쪽): 첫번째 빌리지 마스터플랜은 주거밀도의 변화를 보여준다. 밀도는 고밀도의 아파트와 연립주택에서 저밀도의 단독주택지로 전이된다.

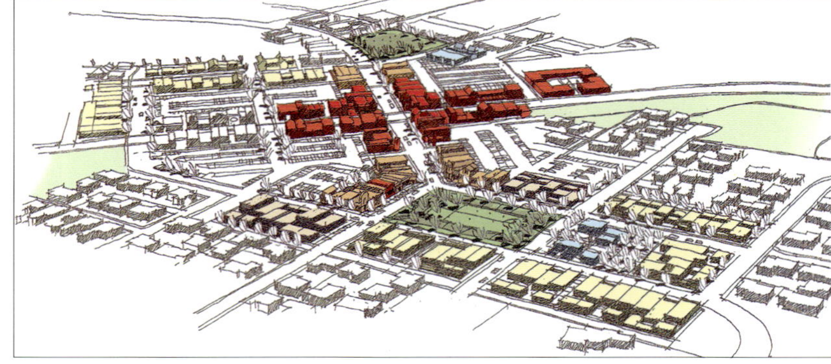

(위쪽): 개발 프로그램을 검증하기 위한 초기 다이어그램.

(아래쪽): 란초 비에호의 중심상업 지구계획 모델은 상업건물, 업무 및 주택용도 건물, 광장과 보행자 거리 등의 개발형태를 보여준다.

맥시코 정착민들의 전통을 포용하였다. 형태적으로는 복층의 주택과 상업 및 공공시설들이 중앙광장을 둘러싸는 형태로 도시 중앙부가 만들어졌으며, 밀도는 중앙의 고층건물에서 산중턱의 개인주택으로 전이되도록 하였다. 오픈 스페이스를 따라 전개되는 산책로는, 주택단지에서 도보로 5분 거리에 자리잡도록 설계되었으며, 에너지 효율을 최대화하기 위해 일조방향을 고려하여 주택을 배치시켰다. 란초 비에호는 연립주택, 복층식 주거업무 겸용주택, 여러 형태의 단독주택 등을 포함하여, 총 8가지의 주택형태를 제시하였으며, 그 가격은 약 1억 원에서 4억 5천만 원으로 다양했다.

첫번째 빌리지의 건설은 2001년에 시작되었으며, 성공적인 주택판매 실적을 기록하였다. 2003년에 두번째 빌리지의 판매를 시작하였으며, 약 20년 동안에 걸쳐 란초 비에호 전체가 건설되면, 약 19,000가구를 수용할 수 있는 주택이 제공될 것이다.

대학단지 계획

이 계획은 새로운 커뮤니티를 창조하는 것, 그 이상을 증명해 주었다. 카운티 정부의 계획가들은 란초 비에호 개발부지 근처에 17,000 에이커 규모의 산타페 전문대학단지를 만들기로 입안하였고, 그 결과 산업, 교육, 환경, 주거 등을 포함한 포괄적인 마스터플랜이 만들어지게 되었다. 첫번째 빌리지의 대지분석은 대학단지 계획의 근본원리를 세우는 데 중요한 역할을 하였는데, 이는 건천을 보호하여 경관적 특징을 살리고, 단지의 절반이 오픈 스페이스로 보존되도록 하는 것이었다.

이를 실현하기 위해서, 토지 소유주들, 시민들, 환경단체들을 단지계획의 심의위원으로 영입하였으며, 그들은 18개월 동안 함께 일을 하면서 개발 지침서를 만드는 데 중요한 역할을 담당했다. 개발자들이 투자한 많은 자금들은 대학단지 계획에 쓰이기보다는 그들 자신의 프로젝트를 계획하는 데 쓰였다. 하지만 란초 비에호를 포함하여, 대학단지 개발에 참여한 4개의 개발회사들은 커뮤니티 계획, 공학, 법률서비스, 마스터플랜 등의 기본계획을 수립하는 데 기여하였다.

란초 비에호의 첫번째 빌리지는 다른 개발자들에게 대지의 집사적 관리land stewardship를 고려한 개발이 경제적인 이익도 발생시킨다는 것을 알려주었다. 또한 카운티 공무원들에게는 경제성장의 부작용을 상쇄시킬 수 있는 새로운 접근로를 제시해 주었다.

과정의 투명성을 확보하기 위해서, 카운티 정부는 제 삼자에게 계획결정 과정의 선도를 위임하였다. 이는 카운티 계획가들이

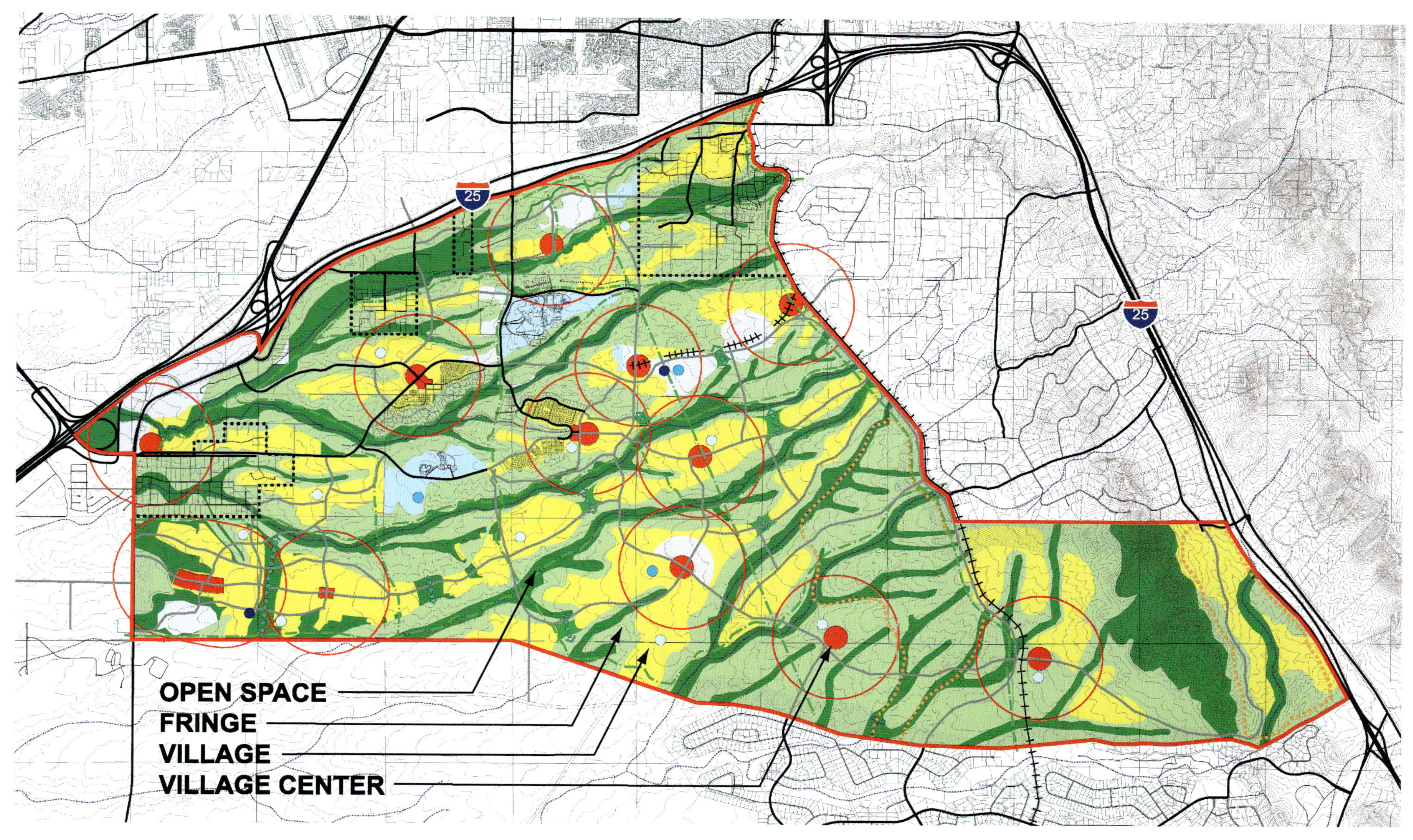

산타페 대학단지 계획은 건천과 오픈 스페이스를 보존하면서, 빌리지 패턴을 형성한다는 란초 비에호의 마스터플랜과 그 맥락을 같이한다.

커뮤니티 개발 매트릭스

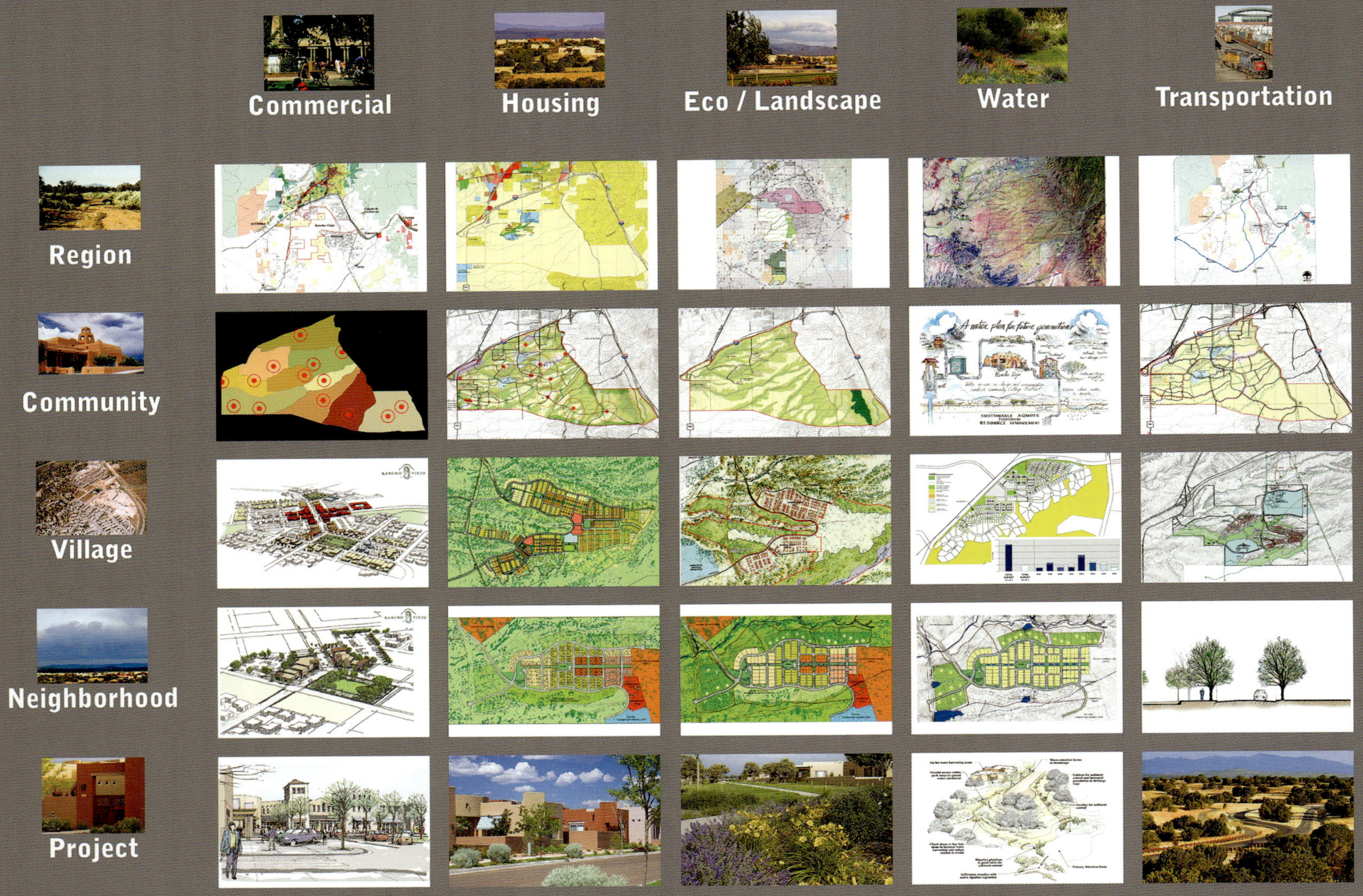
Commercial
Housing
Eco / Landscape
Water
Transportation
Region
Community
Village
Neighborhood
Project

(반대쪽): 커뮤니티 개발 매트릭스는 개발과정의 이해를 돕기 위한 시각적 표현이다. 상위의 행적 요소들은 개발과정에서 고려되어야 할 부분들을 나열한 것이며, 좌측부의 열적 요소들은 고려되어야 할 다양한 스케일을 나타낸다. 이러한 요소들을 적절히 고려하는 것은 다양한 스케일에서도 그 원리들이 전반적으로 적용될 수 있도록 도와준다. 표 안에 첨부된 그림들은 고립된 환경 속에서의 기술적 부문들을 대변하며, 그림들 사이의 선은 상호교류의 불연속성을 나타낸다. 이러한 의미에서 개발과정상의 잠재적 문제점을 인식

하고, 설계에 스케일이라는 관점을 고려한다는 것은 결국, 거시적인 관점에서의 상호연계성을 지원할 수 있으며, 개발의 복잡한 과정을 쉽게 이해할 수 있도록 도와준다.

(위쪽): 물 순환 다이어그램은 수자원을 보존하기 위한 란초 비에호의 총체적 접근방식을 설명한다. 이 다이어그램은 일반적이고, 상식적인 레벨에서 물을 보전할 수 있으며, 그로 인해 대수층이 확보된다는 메커니즘을 보여준다.

중재자의 입장에서 계획의 원칙들을 준수할 수 있도록 도와주었으며, 환경, 수자원보전, 저렴주택, 밀도의 창조 등과 같은 중요한 문제들에 대해서 적극적인 지원을 할 수 있도록 했다.

그 과정의 결과는 산타페 대학단지 조성계획으로 귀결되었다. 계획은 17,000에이커 부지에 커뮤니티 구조와 토지용도의 패턴을 제공하였다. 계획된 단지의 50%가 오픈 스페이스로 헌납되었으며, 이는 가파른 산지지형과 건천을 보존하면서, 그 지역의 경관적 가치, 야생생물의 서식처, 대수층 등의 중요한 자원을 지키는 역할을 하였다. 광활하게 펼쳐진 목초지는 주택단지로 개발되었는데, 여기에는 전통적인 뉴맥시코의 문화를 반영하였다. 또한 계획에 최소주거밀도, 빌딩 최대용적률 등을 규정함으로써, 고밀도 환경을 적극적으로 유도하였다. 그리고 대학단지 계획에는 저렴주택, 수자원보전, 주거와 직장의 균형에 관한 규정을 의무화하였다.

보상

란초 비에호와 대학단지 계획은 산타페 카운티의 교외주택 난개발 패턴을 바꾸는 결과를 가져왔다. 단지계획의 개발위원회는 84개의 지속가능성 원리들을 만들었으며, 그 중 65개의 원리들이 대학단지 계획에 포함되었다. 여기에는 설계, 환경, 자원보전, 경제, 정부의 관리까지도 포함된다.

에너지 효율, 녹색환경 등과 같은 자연자원의 지속가능성이라는 측면에서 란초 비에호의 수자원 보전계획은 현재까지도 가장 성공적인 모델 중의 하나로 손꼽는다.

2002년, 란초 비에호는 엄격한 수자원 사용제한 규정이 있는 산타페 카운티보다 33% 이상의 물을 자체적으로 절약할 수 있었다. 산타페 카운티의 연평균 가구당 물 소비량인 0.25에이커-피트와 비교하면, 란초 비에호 주택의 연평균 물소비량은 0.18에이커-피트인 것이다.참고로 미국 피닉스의 일반 가정, 연평균 물 소비량이 0.71 에이커-피트인 것에 비해, 상당한 절감을 성취했다고 할 수 있다. 또한 2003년 3월, 란초 비에호는 우수를 지하 저장탱크에 집거하여, 관개와 제습에 재사용하는 시스템을 모든 주택에 표준적으로 설치하였다. 혁신적인 자연배수와 우수 집거 시스템, 하수처리 및 관수 시스템, 내건성이 강한 향토수종의 식재 등은 란초 비에호가 수자원을 현저히 절감할 수 있도록 하였으며, 자연 정화된 물을 지하 대수층으로 재주입시킴으로써, 지속가능한 수자원 관리를 증명하는 하나의 모델이 되었다.

또한 이러한 수자원 관리 모델은 뉴맥시코 주정부로부터 약 5억 원의 주입식 우물 실험자금을 지원받을 수 있도록 하여, 지

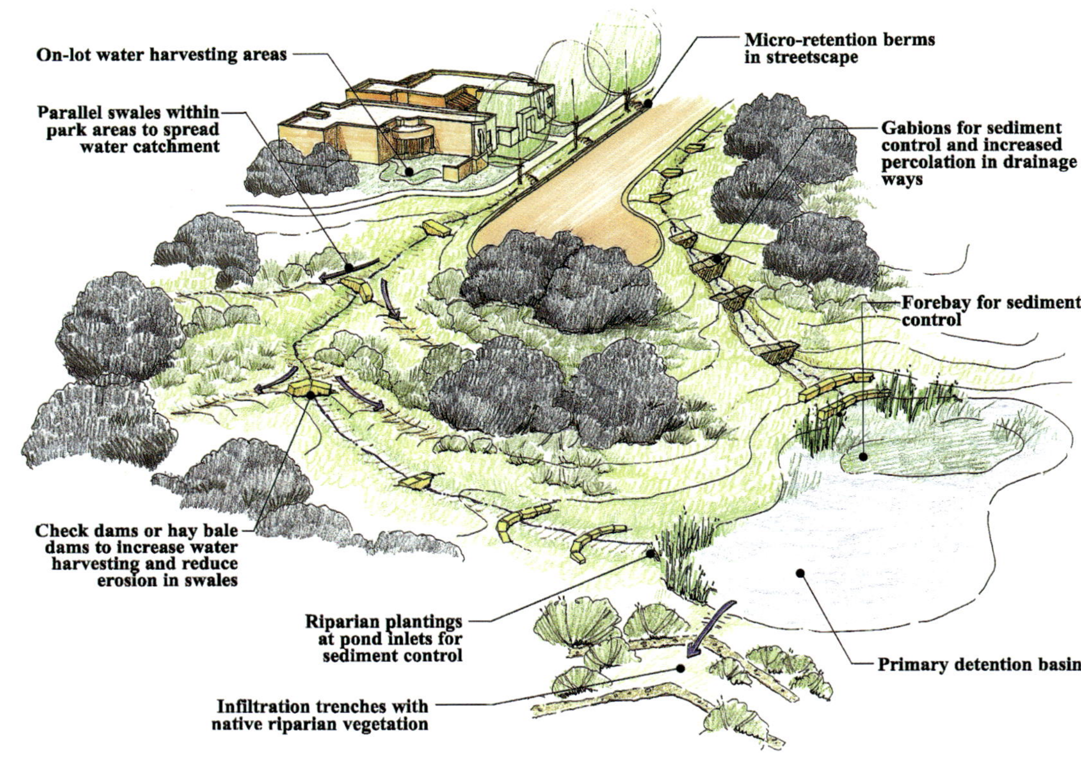

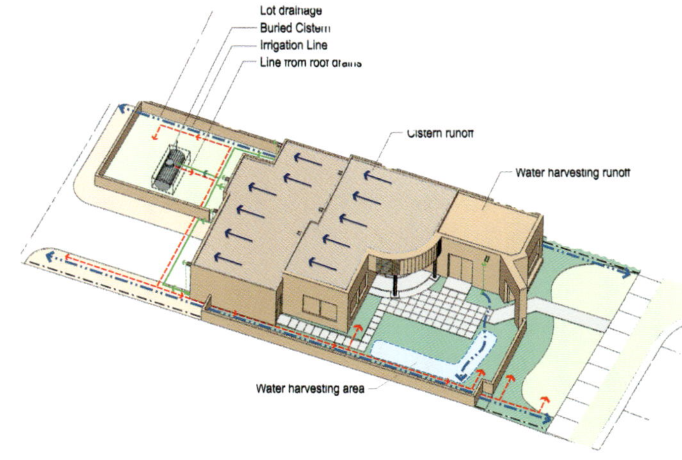

란초 비에호의 배수 시스템은 지표에서 대수층으로 이동하는 동안, 자연적 여과층에 의해서 오염원이 제거되는 자연정화 방식이다. 오른쪽 위와 오른쪽 아래의 스케치는 개발자들에게 자연적 배수 시스템의 장점을 설명하는 데 유용하게 쓰였으며, 현재는 커뮤니티 개발시, 기본적으로 고려되는 개념 중의 하나로 쓰이고 있다.

(위쪽): 빗물을 저장하는 물탱크는 주변의 조경수 관수를 위해 쓰이고 있으며, 현재 모든 란초 비에호의 주택들은 이를 하나의 규정으로 받아들이고 있다.

(반대쪽): 란초 비에호의 가정용 중수도 시스템과 연결된 관수 장치는 내건성이 강한 초목들과 더불어 청정한 향토경관을 연출한다.

하수 충전에 대한 중요성을 알리는 계기가
되었다.

결론

란초 비에호에서의 경험은 사람들 간의
신뢰형성이 커뮤니티 개발 프로세스의 근
본이라는 것을 증명하였으며, 협동적인 분
위기 형성은 물리적 개발을 실현시키는 것
보다 더 중요한 것이 아닐까 생각한다. 관계
를 만드는 과정은 단순한 의미에서 단일공
간을 창조하는 것이라기보다는 넓은 의미
에서 커뮤니티와 주민들의 삶의 질을 향상
시키는 과정이라 할 수 있다.

프로젝트 크레딧 ————

도시계획: Design Workshop, Inc.
총책임자: Joe Porter, Faith Okuma, Kathy Bogaski,
　　　Greg Witherspoon
프로젝트 팀: Don Ensign, Charles Ware, Claudia
　　　Meyer-Horn, Michael Larson, Amanda Szot,
　　　Anna Mondragon-Metzger, Bruce Trujillo,
　　　Cameron Owen, Sara Lilyblade, Joseph Charles
발주기관: Rancho Viejo de Santa Fe, Inc.
주택 건축가: Studio E Architects, Linderoth
　　　Architects
상가 건축가: Nelson Architects
공공표지 자문: Carlie Barnhart - CWH Graphics

란초 비에호의 주거밀도는 커뮤니티 중앙부에 위치한 복층 연립주택에서 산 중턱 구릉지에 위치한 단독 주택지로 전이된다.

주택단지에서 나온 중수도는 인공습지에서 자연 정화된 후, 가로 및 커뮤니티 센터의 조경수 관수에 사용된다.

(현재 페이지): 엄격한 물의 사용제한을 통해 관수해법을 제시한 산타페 카운티에 비해, 란초 비에호의 총체적 수자원 보전 메커니즘은 도시 유거수를 공공장소의 조경수 관수에 재사용하는 해법을 선보인다.

(반대편): 개발부지의 절반이 오픈 스페이스로 보존되면서 광역 녹지 체계와의 조화를 구현한다.

LEGACY

4

연결 *Connection*

에세이

디자인 워크샵의 디자인 총괄 책임자인 토드 존슨은 커뮤니티의 가치를 향상시키기 위해서, 고유의 자산을 연결시키는 것에 대한 중요성을 피력한다. 이 장에 수록된 프로젝트들은 시간이 지남에 따라 도시가 성장·발전하기 위해, 도시 내의 여러 요소들이 유기적으로 '연결' 되어야 한다는 것을 강조한다.

프로젝트 토론

킬랜드 커먼스 (Kierland Commons)　　애리조나의 무더운 사막기후라는 악조건에도 불구하고, 이 계획은 성공적인 복합용도 상업단지를 창조한다.

리틀 넬 (Little Nell)　　아스펜 산기슭에 산재되어 있는 빌딩들을 이전함으로써, 인간과 자연을 연결시킨다.

로우리 파크 (Lowry Parks)　　5가지의 다양한 야외경험을 제공하는 것은 주민들의 사회활동을 유도하고, 주민들을 로우리의 중심센터로 연결시킨다.

체로키 재개발계획 (Cherokee Redevelopment)　　이전산업 단지를 재개발하는 것은 덴버의 중앙에 위치한 대중교통 지향적 도시구획에 비전을 부여하는 것이다.

심층토론

리버프론트 파크 (Riverfront Park)　　이전 철도기지에서 다운타운과 주변 근린주구를 다시 연결하는 것은 개발단지에 새로운 활력을 불어넣어 준다.

연결은 우리가 삶을 살아가는 그 장소에, 본질적인 의미를 부여한다.

－토드 존슨의 에세이 중

사람들을 서로 연결시킴으로써, 그들의 생각과 서로 간의 집합적 영감을 교차시키는 것은 문명화 사회에서 가장 강력한 창조적 문제해결 방법이라 할 수 있다. 반도체의 순환회로나 교실들을 서로 이어주는 학교의 복도와 같이, 연결은 정보를 통합하고, 유용한 결과물을 만들어내는 역할을 한다. 또한 연결은 새로운 경험, 새로운 관계, 새로운 견해 등을 창조한다.

위대한 도시는 도심과 도심, 장소와 장소들이 서로 연결되면서 형성된다. 그 연결들은 인간에게 자연적 환경과 인공적 환경, 닫힌 공간과 오픈 스페이스, 성스러움과 세속적 느낌, 빛과 어둠, 친목과 고독, 부와 빈곤, 해학과 슬픔 등의 매우 다양하고, 풍부한 삶의 경험을 만들어 준다. 또한 위대한 장소는 자연을 포용하며, 사람들을 초대하고, 인간사이의 상호관계를 촉진시킴으로써, 인간의 활동영역을 넓히고, 그 속에서 더 큰 가치를 창조한다.

어떤 자연적 혹은 사회적 기회들에 의해 우리가 이러한 연결 시스템을 접할 때, 우리는 비로소 지역문화를 만들 수 있게 된다. 서로 간의 교류와 움직임에 의해서 의미가 생겨나며, 인간과 그들의 경험은 서로 교감하게 된다. 이러한 교감적 경험을 만들어내기 위해서 연결은 구체적인 요소들을 가져야 하며, 그 가치는 측정될 수 있어야만 한다. 또한 연결은 우리에게 삶의 의미를 제공하며, 인류의 존재에 대한 본질을 느끼게 해줌으로써, 넓은 의미

에서의 사회적 참여기회를 만들어 준다. 훌륭한 도시 디자인은 이러한 속성들이 실현될 수 있도록 그 배경을 만들어 준다. 그리고 연결의 구조를 형성하며, 도시진화의 구심점을 만들어 준다.

연결과 도시건설

서로 간의 생각과 일용품 등을 교환하기 위해, 사람들은 서로 만난다. 인간의 도시건설 7천년은 이러한 연결과 교환을 위한 인간의 욕구에서부터 탄생한다. 문화는 이러한 생각과 물품들의 교환에서 생겨나는 부산물이다. 공공영역에서 가장 기본적인 사회활동의 형태는 두 사람이 서로 마주치는 것이다. 두 사람이 존재하는 물리적 공간은 그 둘의 신뢰를 결속시키는 틀이 될 것이고, 그 신뢰 속에서 문화가 발생하며, 도시의 가치는 형성된다. 이러한 두 명의 일상에서부터 시작하여, 협동과정, 단체생활 등으로 그 활동영역이 넓어짐으로써, 연결과 교환의 척도는 점차 성장하여 하나의 도시를 만든다.

사람들의 동선과 정보의 네트워크는 인간의 상호작용에서부터 성장하여, 거대한 도시의 삶을 만들어낸다. 도시들이 제공하는 더 많은 선택은 인간들이 만들어낸 더 많은 정보들을 충돌시키고, 더 복잡한 충돌은 더 많은 비방을 만들어낸다. 반대로, 더 많은 과학적 발견은 더 훌륭한 예술과 튼튼한 경제를 만들어내며 삶의 질을 향상시키고, 더 나은

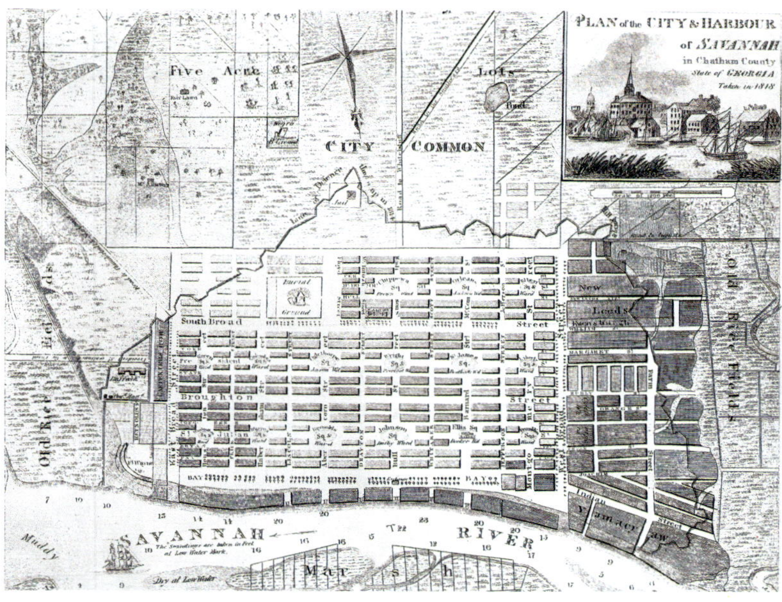

조지아 주 서배너 시의 초창기 격자형 도시계획과 컴퓨터 반도체 회로—이 둘은 전체적 시스템을 구성하고 조직하기 위해 일정한 연결체계를 갖는다.

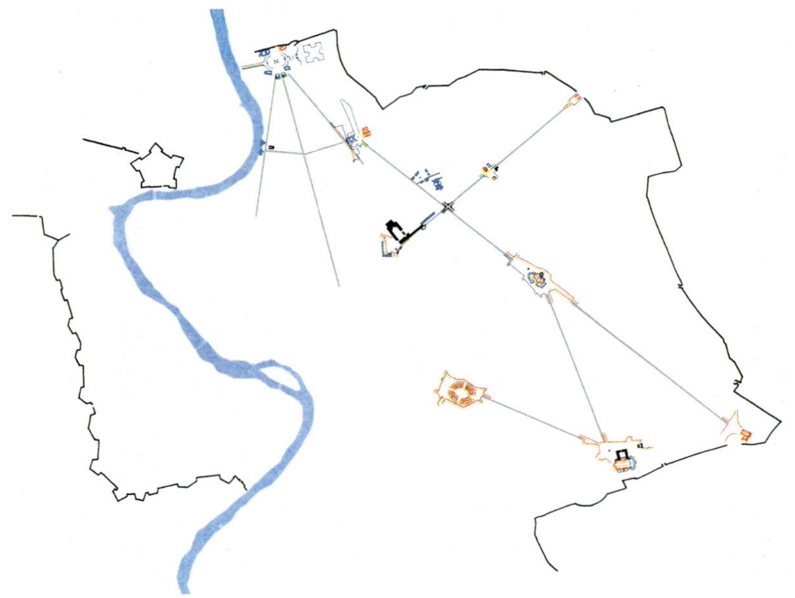

사회적 환경을 유도한다.

16세기 말, 교황 식스투스 5세는 이러한 중심과 연결의 가치를 이해하였으며, 도시 내에 그 의미와 가치를 부여하기 위해 로마를 재건설한다. 비록 로마제국의 몰락으로 인해, 로마는 무계획적으로 성장했고, 도시의 형태와 구조가 결여되었지만, 바티칸 영토는 이러한 주변환경에 영향을 받지 않았고, 대가 베르니니와 미켈란젤로에 의해 그 도시의 형태 및 구조가 완성된다. 일련의 광장을 만들고, 각각의 광장 중앙에 기념탑을 설치하고, 각각의 광장에 연계성을 부여한 것은 사람들이 움직이고, 무언가를 공유하고 교환하기 위한 이유를 만들어 주었다.

오늘날의 기준으로 보면, 그 당시 식스투스의 도시 재건설이 별거 아닐 수도 있으나, 이는 새로운 동선 방식을 만들고, 그 방식과 건축의 조화를 장려함으로써, 포폴로 광장, 스페인 계단과 같은, 세계적으로 유명한 관광지를 창조할 수 있었다. 이러한 광장과 동선을 연결시킴에 의해서 도시의 형태는 더욱 복잡하게 진화되었고, 더욱 풍부한 문화를 제공하게 된다.

연결, 의미, 그리고 가치

1970년대, 도시에 관한 우리의 사고를 정립시키기 위한 연구가 활발히 진행되었을 당시, 모티머 애들러Mortimer Adler는 『*The Time of Our Lives*』라는 책을 저술한다. 제이콥스를 비롯하여 1960년대와 1970년대를 풍미했던 이론가들과 같이, 애들러는 포스트모더니즘의 존재 안에서 도시의 의미를 찾고자 하였으며, 그는 이행이라는 것을, 우리 사회가 발전함에 의해서, 그리고 우리의 삶, 그 이면에 이질적으로 존재하는 강제성과 자유성을 통합시키는 것으로부터 성취될 수 있다고 결론내린다.

모든 도시들은 사람들에게 생동감을 주거나 장소성을 부여하여, 사람들의 감정과 느낌이 형성되기를 바란다. 그러므로 도시 내의 공공영역들은 이러한 강제성과 의무성이라는 두 가지 관점을 면밀하게 짜맞출 수 있어야 한다. 이 두 가지 힘의 경계에서 형성되는 에너지는 훌륭한 장소를 구현하기 위한 성공의 열쇠라고 할 수 있으며, 이는 공공장소의 연계 및 도시순환 시스템에 의해서 만들어질 수 있다. 더불어, 이러한 강제성과 자유성 사이의 상호작용은 우리의 일상에 활력을 불어넣어주는 장소에 대한 의미와 가치를 제공한다.

사람들이 도시가 변화하기를 원할 때, 어떤 이들은 자유선택 요소로 오픈 스페이스, 광장, 공원 등을 건설하는 것이 사치라고 생각하는 반면, 다른 어떤 이들은 의무적 요소인 도로, 빌딩, 상업, 산업단지 등의 건설을 부정한다. 하지만 이 두 가지 요소들이 간과한 것은 이 두 가지가 합쳐짐으로써 자연적으로 생겨나는 풍요로움이다. 연결은, 즉 도시 디자인의 열쇠라 할 수 있다. 이는 사회적 활동을 만들어 주며, 경제적 성공을 위해, 그리고 사회적 자본을 유치하는 것에 이바지한다. 도시 디자인의 모든 요소들 중, 연결은 아마도 가장 구체적이고, 통제 가능한 요소일 것이다. 적절한 비율 안에서 복합용도, 교통량, 사회적 시설 등을 계산하는 것으로, 우리는 도시의 성공여부를 측정하며 예상할 수 있다.

도시체계의 문제들

연결이 잘된 도시는 사람들을 유혹하고, 투자자들을 유치한다. 이러한 도시는 빌딩들의 집합체라기보다는 사람들의 활동과 공공영역의 가치 안에서 성장하는 유기체라 말할 수 있다. 또한 이러한 도시의 분위기는 유기적 활동의 경로와 중심축을 만들어낸다. 그러나 이를 창조하는 과정에는 많은 장애물들이 도사리고 있다.

사회의 경제나 도시의 변화를 통제하려는 힘은 아마도 그들이 훌륭한 장소를 만들어내는 데 필요한 자금이나 지원을 통제할 것이다. 왜냐하면 그들은 더 안전하고, 쉽게 관리될 수 있는 방법을 추구하기 때문이다. 그럼으로써 그들은 개발의 크기에 상관없이, 오픈 스페이스를 줄이고, 확실한 부동산 투자공식에서 그 해법을 찾으려는 경향을 보인다. 이렇게 도시의 연결과 방식을 무시하는 데서 오는 충격과 시간 및 장소를 명확하게 연결시키지 못하는 데서 오는 부작용들은 아마도 다음 세대들에게 악영향을 미칠 것이다. 이러한 특정적인 성공모델을 도시의 문맥과 상관없이 도입하려는 욕구는 무의미한 것이고, 실패할 확률이 높고, 의미를 창조하는 것에서 역행하는 것이라 말할 수 있다.

(반대쪽): 로마 시의 항공지도와 에드먼드 베이컨(Edmund Bacon)의 다이어그램 — 어떻게 로마 시의 중심이 조직되며 연결되는가에 대한 100년 전의 계획과 현재의 상태.

(위쪽): 우리의 복잡한 일상 속에서 인간의 삶은 점진적인 추가, 제거, 변형이라는 방법을 통해서 그 도시의 형태에 깊은 영향을 미친다. 도시의 밀도 때문에 우리는 더 효율적인 동선 체계들을 요구하지만, 중심과 연결의 네트워크를 고려함으로써 도시에 활력을 불어넣어준다.

그랜드 센트럴 역(Grand Central Station)과 같은 도심축은
도시에 매우 중요한 기능을 제공할 뿐만 아니라, 아름다움을
제공하며, 도시민의 존재라는 커뮤니티의 감각을 내포한다.

장소성을 구현하는 일에 관심을 갖는 사람들은 그러한 의미 있는 장소를 만들어내기 위해, 합리적인 접근방법에 대해 더 명확하게 이해하고자 하는 경향을 나타낸다. 하지만, 훌륭한 도시를 만들어내는 것은 이론만 가지고는 잘 증명되지 않는다. 엄밀하게 말한다면, 아이디어 그 자체가 생기 있는 도시를 만드는 것은 아니다. 형태를 예상하고, 통제하면서, 정적인 환경을 만드는 것은 중요하다. 하지만 전략적으로 연결이나 의미를 고려하지 않고, 단지 스타일이나 형태를 구성하는 문제에 너무 치우친다면 실패할 가능성이 크다.

서로를 연결하는 것을 통해서 도시의 형태를 개발하는 것은 얼마나 많은 정보가 필요하며, 어느 정도의 생각이 필요한지 등의 여러가지 문제들과 함께 얽혀 있으므로 매우 복잡하다. 장소에 의미성을 부여한다는 이러한 변화의 과정에는 환경, 정치, 사회, 미학, 재정상태 등의 많은 요소들이 관여하며, 적게는 우리가 변화시키려는 장소를 이용할 수백 명의 사람들을 포함하여, 많게는 그 과정에 존재하는 모든 요소들이 관여될 수 있다.

이러한 복잡성은 더 깊고 중요한 형태로 나타날 수 있다. 그 이유는 연결이 도시의 시스템을 형성할 뿐만 아니라, 도시를 이루는 정보의 바다 사이도 연결시키기 때문이다. 그러므로 계획가와 디자이너들이 이런 복잡한 요인들을 다룰 때, 이미 존재하는 도시의 맥락과 연결 시스템을 반드시 고려해야 할 것이다. 이 과정은 장소성을 구현하는 데 있어서 가장 중요하면서도 가장 어려운 단계라고 해도 과언이 아닐 것이다. 이러한 복잡성 안에서 일을 효율적으로 수행하기 위해서는 미학, 자연적 세계, 이용자, 투자자 등에 대해서 고려하는 것 또한 필요하다. 건축물들은 조망을 고려하여 배치하고, 사람들을 거리로 내보내고, 공공영역을 활성화시켜 시민들의 활동을 장려하는 방식은 도시중심과 연결의 적절한 수량을 계산할 수 있도록 도와준다. 하지만, 이러한 것들은 가끔 예상과 다르게 전개될 수도 있다. 어떤 요소들은 어메니티 안에서 실용적인 특성만이 고려될 수 있으며, 커뮤니티의 사회성을 형상화하기 위해 쇼핑과 같은 활동으로 변질될 수도 있으며, 혹은 도시의 자산을 향상시키기 위해 도시의 외곽으로 밀려날 수도 있다. 그 복잡한 연결이 한 장소이든, 물리적 특징이든, 또는 어떠한 일시적인 요소들이건 간에, 우리의 도전은 계속될 것이고, 이러한 도전들은 우리의 커뮤니티, 주거단지, 도시들의 문맥과 공간의 존재 그 자체를 더욱 더 풍요롭게 만들어 줄 것이다.

연결의 힘

다양성이 풍부한 도시의 삶은 우리의 마음을 자극하며, 새로운 무언가를 우리에게 제공하며, 다양한 생각과 아이디어를 혼합할 수 있도록 하는 토론의 장을 제공한다. 반면 다양성 없는 도시의 삶은 편협하고 보수적인 도시사회를 만들어, 인종주의, 정치적 제약, 무비평적 사고, 문화발전의 제한 등을 초래한다. 『*The Death and Life of Great American Cities*』에서 제이콥스는 도시의 힘에 대해서 이론가 파울 틸리히Paul J. Tillich의 말을 다음과 같이 인용한다.

> 자연은 도시를 풍요롭게 해준다. 그렇지 않다면 그 도시는 낯섦이라는 여행을 통해서 채워질 것이다. 이러한 낯섦은 여러 문제들을 이끌고, 도시의 전통을 서서히 쇠퇴시키기 때문에. 그 도시의 전체주의적 관료사회는 이러한 낯섦을 상쇄시키기 위해 많은 노력을 한다. 그럼으로써 도시는 조각조각 분해되고, 그 조각난 도시들은 관찰되고, 제거되고, 평등화되는 과정 속에서, 그 낯섦이라는 미스터리와 인간의 비평적 추론은 도시로부터 제거된다.

위대한 도시들은 계속해서 우리에게 새로운 경험을 제공한다. 도시는 그들의 목적을 달성하기 위해 우리의 사회활동을 장려하고, 우리가 또 다른 국면에 접어들 수 있도록 우리의 인간성과 창조성을 자극한다.

도시의 조경이라는 관점에서 우리는 그것이 가진 잠재적 가치와 그 구성의 애매함을 쉽게 간과할 수 있다. 아름다움 그 자체만으로 우리가 도시와 자동적으로 연결되는 것은 아니라는 말이다. 그 연결이 이루어지기 위해서는 디자인이라는 매개체가 필요하다. 계획과 디자인을 바탕으로 도시를 구성하는 것과, 그럼으로써 사회자본을 극대화시키는 것은 인간의 사회활동을 장려하며, 이러한 과정들을 통해서 인간의 삶에 의미가 부여되는 국면을 맞이하게 될 것이다.

숨 막히는 더위와 자동차 중심형 생활방식 때문에
피닉스 지역의 쇼핑문화는 실내의 냉방환경 속에서 이루어져 왔다.
하지만, 이러한 날씨와 문화적 차이를 극복하고, 독특한 야외 상업복합 단지를 만드는 것은
그 지역에 새로운 상업문화를 꽃피우게 한다.

킬랜드 커먼스
Kierland Commons
Scottsdale, Arizona

혁신적으로 설계된 상업단지는 스카츠데일에 색다른 여름쇼핑 환경을 창조한다.

1994년, 태양의 도시 피닉스에 첫번째 야외 쇼핑단지의 설계작업이 착수된다. 25년 전 피닉스의 북동쪽 730에이커 부지에 커뮤니티가 건설되었고, 그 중 약 40에이커에 해당하는 지역이 중심상가로 지정되어 야외 쇼핑센터가 들어설 장소로 내정된다.

애리조나의 무더운 여름 기후환경 속에서 성공적인 야외 쇼핑센터를 만들기 위해 마스터플랜, 기본계획, 디자인 지침을 수립하는 것은 설계가들에게 큰 어려움을 주었다. 이러한 계획을 수립하는 데 있어서 근본이 되었던 설계원리는 진부한 쇼핑센터 스타일을 거부하고, 아스팔트의 사용을 줄임으로써, 독특하고 안락한 공간을 만든다는 것이었다. 그럼으로써 도시의 형상을 포용함과 동시에 도로의 건설을 줄이고, 광장을 도입하여 사람들의 야외활동을 장려하였으며, 밀도를 높여 보행거리를 최소화하고, 도로의 폭

을 축소하여 사람과 자동차 환경이 동시에 개선될 수 있도록 만들었다. 또한 중앙광장 주변의 복합용도기능을 향상시켜, 그 공간이 사회·문화적 중심으로서의 기능을 할 수 있도록 만들었다. 설계가들은 일반적인 상업 중심지에 복합용도 기능을 추가하여, 상업, 주거, 업무공간을 포괄적으로 배치함으로써, 출·퇴근에 드는 시간을 단축하고, 자동차의 의존도가 낮은 상업복합단지를 만들고자 하였다.

설계의 핵심원리는 보행도로로 내리쬐는 직사광선의 노출을 최소화하고, 밀집된 상업환경을 조성하며, 도보로 이동할 수 있는 거리 안에 복합용도 건물들을 배치시킴으로써, 보행자 환경을 개선하고, 그 지역의 활동성을 향상시킨다는 것이었다.

상업복합 단지의 보행자 환경은 개발을 적절하게 통제하고 주차건물을 도입하는 것을 통

복합단지의 중앙부에 위치한 킬랜드 커먼스의 중앙광장은 조용한 모임의 장소로 특징지어진다. 그 주변은 상가, 사무실, 주거용 건물 등에 의해서 활력이 넘치지만, 이 중앙광장은 그 주변으로부터 방문객들이 조용한 휴식을 취하기에 충분한 거리를 두고 있다.

(위쪽): 킬랜드 커먼스의 마스터플랜 – 중앙광장에 분수를 설치하고, 주차건물을 도입함으로써 밀도를 높이며, 인근의 리조트 호텔과 경관적 골격을 연결시킴으로써, 주변지역 및 전체의 연계성을 향상시킨다.

(반대쪽): 도로의 폭을 적절하게 줄임으로써, 자동차의 이용과 보행을 동시에 장려하며 기능적이고 생동감 있는 거리를 연출한다.

해 더 향상되었다. 설계가들은 중앙광장에 분수를 설치함으로써 그 지역의 무더운 열기를 누그러뜨리며, 공간의 중심이라는 특징을 부여한다.

이러한 결과, 총 38에이커의 킬랜드 커먼스는 매력적이고 안락한 야외 공공공간으로 재탄생된다. 그 공간은 골프 박물관, 극장, 130개의 호텔방, 상가, 레스토랑, 업무시설, 주거용 아파트, 중앙공원 등을 포함한 535,000제곱피트의 복합용도 프로그램으로 이루어진다. 또한 이러한 요소들은 그 지역의 무더운 기후를 상쇄시켜 주며, 소매상들을 복합용도 건물의 1, 2, 3층에 적절하게 분산시킴으로써 그들의 경제적 이익을 증대시키고자 하였다. 중앙광장의 조경을 개선하고, 그 주변의 상가와 레스토랑의 외관을 세련되게 꾸며서, 그 공간이 친밀한 모임의 공간이 될 수 있도록 하였다. 이러한 건축물의 향상과 중앙광장의 개선은 이 지역의 분위기를 다른 상가단지와 구별되게 만들어 준다. 또한 설계가들은 디자인 지침을 만들어 양질의 경관이 지속적으로 유지될 수 있도록 만들었으며, 각각의 상가 앞 환경을 다르게 만들어, 방문자들에게 생동감 있고 다채로운 경험을 제공한다.

2004년 중반, 상가는 확장되었고, 주거용 건물의 판매실적은 최고치에 다다른다. 그럼으로써 제 2단계 주거용 건물의 건설은

촉진되었다. 킬랜드 커먼스는 사람들의 보행을 장려하고, 자동차의 의존성을 감소시킨다는 데 특별점수를 받아, 여러 기관에서 많은 찬사를 받았고, 쇼핑센터 국제협의회 The International Council of Shopping Centers 의 쇼핑센터 산업국제통상연합은 킬랜드 커먼스를 애리조나에서 단 하나뿐인 라이프스타일 센터로 인정한다.

프로젝트 크레딧

계획 및 설계: Design Workshop, Inc.
　– 설계 책임자: Todd Johnson
　– 도시 계획가: Jeff McMenimen
발주기관: Woodbine Southwest Corporation
실시설계: EDAW

세련된 도시풍의 킬랜드 복합단지는 쇼핑과 외식의 중심지로
발전되었고, 인근 주거용 건물의 매매에도 큰 영향을 미쳤다.

TROON GOLF

1985년, 아스펜 스키장 하부의 오래된 건물들은 스키어들의 통행을 방해했고,
방문객들이 고산지대에서 느낄 수 있는 경험을 손상시켰다.
아스펜 스키회사는 산과 사람들을 연결시키고, 각각의 커뮤니티를 연결시키고자
곤돌라를 짓기로 한다.
이러한 결정은 향후 발전계획에 큰 영향을 끼친다.

프로젝트 토론
리틀 넬
Little Nell
Aspen, Colorado

새로운 공공공간은 리조트 커뮤니티와 스키장을 연결시킨다.

한 세기 동안 광산지역으로 그 삶을 살았던 아스펜은 1950년대에 스키 관광지로서 또 다른 삶을 찾게 된다. 이 도시는 현재 훌륭한 리조트 커뮤니티로 완전히 바뀌었으며, 연간 1천 4백 명의 스키어들을 수용하고 있다. 그러나 1985년에 이르러, 아스펜 스키장 캠프에 여러 문제들이 나타나기 시작했다. 스키 정비숍, 주차장, 공공보관소, 음식점 등을 포함한 1950년대의 노후한 건물들이 곳곳에 산재되어 스키어들과 스키장 사이에 병목현상이 발생하였다. 특히 스키 시즌, 사람들의 방문이 최고조에 다다를 때, 이곳은 교통체증이 심해 방문객들에게 큰 불편을 야기할 뿐만 아니라, 지역주민들과 스키어들이 쉴 수 있는 야외공간 또한 제공되지 않았다. 이와 더불어, 오래된 스키 리프트들의 작동이 원활하지 않아 스키어들을 45분 이상 정체시키는 문제도 종종 발생했다.

디자인 워크샵이 제안한 초고속 곤돌라와 5성 호텔을 세우는 계획은 시작되었고, 설계가들은 이러한 새로운 것들을 도입함으로써 스키 리조트와 커뮤니티가 어떻게 통합될 수 있는지를 고려하였다. 아스펜은 19세기 격자형 도시방식으로 특징지어지는 전형적인 서부도시다. 광산지였던 이곳은 수십 년 동안 세계적인 스포츠 휴양도시로 변화된다. 설계팀은 이 지역을 개선하는 것은 지역주민들뿐만 아니라, 방문객들에게도 좋은 인상을 심어주어 더 많은 기회요인을 형성시킬 수 있다는 것을 알게 된다.

그 당시 리틀 넬스 살롱Little Nells Saloon은 '아프레 스키'[1] 문화의 중심지로 유명했다. 이곳은 사람들이 온종일 스키를 즐긴 후, 사회적

1) Apre Ski. 스키를 타고 난 후, 파티를 즐기면서 뒷풀이하는 스키문화.

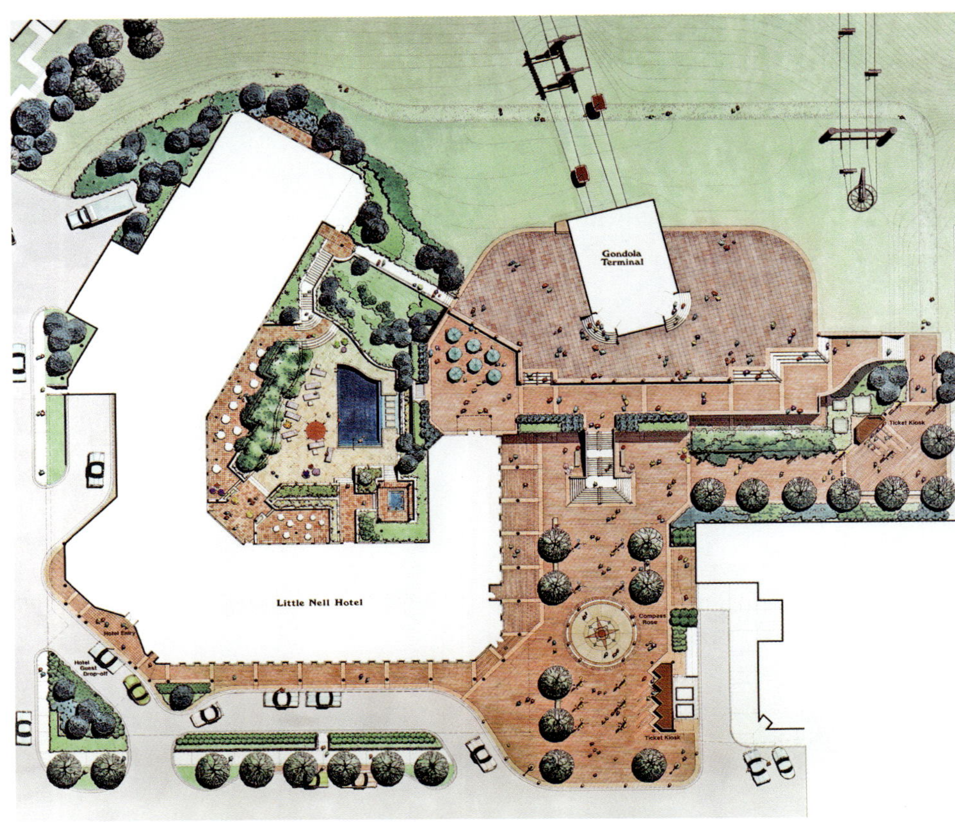

(위쪽): 산 정상과 광장에 곤돌라를 설치하여 도시를 연결시킨다. 광장과 곤돌라는 조심스럽게 위치되어 공공공간과 리틀 넬 호텔의 개인적 공간을 분리시킨다.

(반대쪽): 광장을 확장하기 위해, 예전의 리틀 넬 살롱(왼쪽 위) 건물의 경계를 뒤로 약간 후퇴시켰으며, 개발이 아스펜 산의 조망권을 침해할 수 있다고 생각한 주민들을 안심시키기 위해서, 설계팀은 3D 시뮬레이션(오른쪽 위)과 스케치(왼쪽 아래)를 추가했다. 기본설계는 약간의 수정을 거치면서 승인되었다.(오른쪽 아래)

활동을 하면서 피로를 풀 수 있는 공간으로써, 겨울 시즌 동안 방문객들에게 즐거움과 편안함을 제공하였다.

그러나 리틀 넬이 그 지역의 유일한 공공장소였고, 주로 단골손님들이 이용하는 장소로서 개인적인 성향이 강했으므로, 아이들과 가족단위의 방문객 및 지역주민들을 위한 공공장소는 절실하게 필요했다.

이러한 맥락에서 프로젝트가 진행되는 과정에서 새로운 곤돌라가 건설될 장소의 주변에 공공성을 부여하는 것은 이 프로젝트의 가장 중요한 요소로 자리잡았다. 공공영역을 만들어 줌으로써, 호텔과 주변의 편의시설, 친수공간, 정원들의 특징과 성격들을 통합시키고, 조직한다면 성공적인 사회적 활동을 생산해낼 수 있다는 것이다. 하지만 또 다른 중요한 요인은 곤돌라와 공공영역의 건설로 인해, 산으로 향하는 조망이 가려지면 안 된다는 것이었다. 그러므로 설계가들은 시각적인 연계와 더불어 사회적 상호작용을 유도하는 방안을 동시에 마련해야만 했다.

프로젝트 진행에서 가장 어려웠던 점은 커뮤니티의 부정적인 여론과 지방정부의 엄격한 제한이었다. 주민들과 지방정부는 이 개발로 인해서, 아스펜 문화가 변질되거나 산으로 향하는 조망이 훼손되는 것을 원치 않았다. 설계팀은 2년 동안 주민들과 지방정부 공무원들과 밀접하게 일을 진행해 오면서 그들을 설득하고, 안심시킨다. 도시가 성장하거나 변질되는 것을 원치 않았던 사람들과 지방정부는 25개의 엄격한 제한적 지침을 부과하였으나, 설계팀은 이러한 모든 제한적 요인들을 수용하면서, 최종적으로 부지의 동부에 92개의 호텔방을 추가시키고, 서부에 곤돌라 터미널을 건설하였다. 그럼으로써 스키장과 다운타운을 직접 연결하고, 풍부한 사회활동의 기반을 마련해 주었다.

이 프로젝트는 매우 복잡했다. 스키 트레일Ski Trail의 경사변경, 리프트 시설의 위치선정, 주요 기반시설의 위치변경, 빌딩의 조망분석 등 수십 개의 개별적 시스템을 서로 통합시키고 연계시켜, 하나의 기본계획을 만든다. 이러한 일련의 사고과정과 분석을 바탕으로, 호텔의 대회의장과 주차건물에 지붕을 추가적으로 건설하여, 호텔의 안뜰과 수영장의 사적인 분위기를 보호해 주었다. 또한 스키장 관리시설을 곤돌라 구조물과 통합시킴으로써, 호텔에서 산 정상에 있는 선데크Sun Deck 레스토랑에 음식재료 및 도구들을 용이하게 운반할 수 있도록 했다.

호텔과 곤돌라 사이에 새롭게 형성된 공공공간은 보행자의 편익을 증대시키기 위해 자동차 없는 거리로 만들었고, 레스토

리틀 넬 호텔의 상부에서 내려다본 안마당의 입체모형－녹지
와 식재대를 도입하여 개인영역과 공공공간을 분리한다.

랑과 상가들을 적절히 배치시켜 그 거리에
활력을 불어넣어 주었다.

리틀 넬 프로젝트의 성공은 리조트 설
계에 있어서 공공영역의 중요성을 우리에
게 다시 한번 일깨워 주었다. 중앙광장은
도시와 자연을 자연스럽게 연결시키고, 주
민들과 방문객들을 초대한다. 겨울철 성수
기에는 시간당 약 2천 명의 스키어들이 이
곳을 쉽게 통과하며, 여름철 비수기에도 훌
륭한 보행환경과 자연환경에 이끌려온 많
은 사람들을 맞이한다. 자동차의 접근이 완
전히 차단되어, 현재 이곳은 보행자들과 스
키어들을 위한 편의시설만이 존재한다. 곤
돌라, 레스토랑, 작은 상가, 쇼핑시설, 스키
리프트 매표소 등이 광장을 둘러싸고 있으
며, 광장의 중앙부는 산 정상에서도 볼 수
있는 거대한 장미문양이 포장되어 있다. 눈
이 필요한 곤돌라 광장을 제외한 모든 시설
에는 눈을 녹이는 기술이 도입되어 스키어
들의 안전성을 높였고, 새로 건설된 초고속
곤돌라는 12분 내에 사람들을 최정상까지
운반한다.

리틀 넬 호텔은 미국에서 가장 성공적인
호텔 중 하나로 널리 알려진다. 2004년, 모빌
Mobil은 리틀 넬을 5성 호텔로 승급시켰고,
AAA에서는 5개의 다이아몬드를 수여하였
다. 그 후 이 호텔은 『콩데 내스트 트래블
러』 매거진의 골드 리스트에 올랐고, 세계

적인 관광 및 여행잡지인 『트래블 & 레저』
에서는 세계 최고의 호텔 500개 중의 하나
로 선정되는 영예를 안았다.

프로젝트 크레딧

계획 및 설계: Design Workshop, Inc.
설계 책임자: Bill Kane (도시계획/승인) Richard
　　　　Shaw (조경설계)
프로젝트 매니저: Greg Ochis
조경설계: Scott Chomiak, Larry Hoetmer, Pat
　　　　Carroll, Henry Thomas
발주기관: Aspen Skiing Company
분수설계: Howard Fields & Assoc.
건축설계: Hagman Yaw Architects, Ltd.
토목공학: Rea, Cassens & Associates, Inc.
지질공학: Chen and Associates

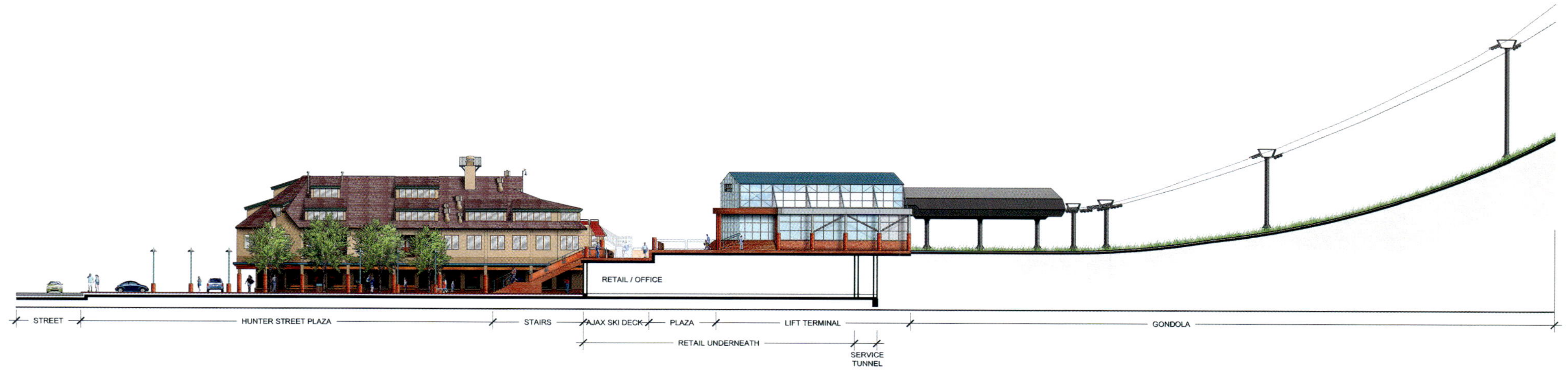

작지만 매우 제한적이고 복잡한 이 공간은 개인영역과 공공공간의 상관관계, 입·단면 분석, 3차원 모델 등의 다양한 분석과 연구를 토대로 만들어진다.

(현재 페이지): 공공영역과 개인영역의 대조적인 분위기−스키 장 입구의 광장에는 수많은 사람들이 군집하며 활동적이고 생기 있는 분위기를 연출한다. 이와 대조적으로 호텔의 안뜰에는 투숙객들이 편안하게 휴식을 취할 수 있도록 여유롭고 정적인 분위기를 형성한다. 이러한 공간적인 대조를 만들어내기 위해, 설계가들은 공간의 방향을 달리하고, 수고(樹高)가 높은 침엽수를 조경수로 사용하여 그 공간들을 서로 분리시킨다.

(반대쪽): 리틀 넬 호텔과 다운타운을 바라보며 시원하게 스키를 타고 질주하는 모습−아프레 스키를 즐기기 위해 사람들은 슬로프 하단에서 그들의 일행을 기다린다.

ASPEN
ASPEN

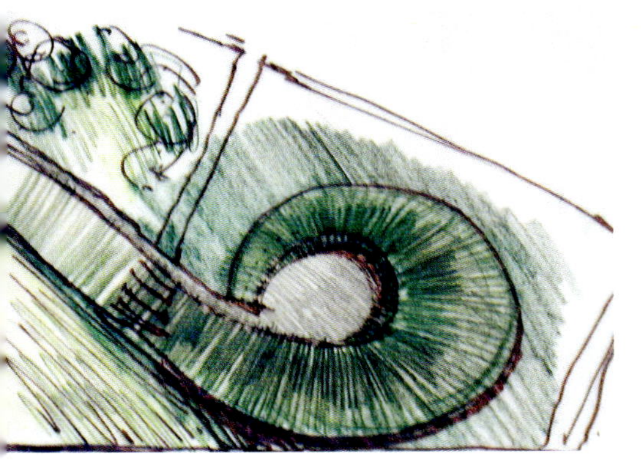

기존의 공군기지에 형성된 로우리 커뮤니티에서 공공공간을 창조하는 것은
그 커뮤니티를 연결시키는 중요한 역할을 한다.
5개의 각기 다른 공간은 보행자 네트워크를 강화시키며,
주민들의 적극적인 커뮤니티 활동을 유도한다.

로우리 파크
Lowry Parks
Denver, Colorado

혁신적인 공원 시스템과 공공공간의 연결은 커뮤니티에 활력을 불어넣어 준다.

지난 50여 년간, 공군교육을 담당했던 로우리 공군기지는 그 임무를 완수하고, 1994년에 해체된다. 재사용 계획의 일환으로 그 부지에 학교, 마을회관, 교회, 도서관, 레크리에이션 어메니티, 주택 등을 포함한, 1,900에이커의 복합용도 커뮤니티 계획이 제안된다. 디자인 워크샵은 전체 개발단지 중 서북부 지역, 총 180에이커에 대한 마스터플랜을 수립한다.

새로운 커뮤니티의 차량 및 보행동선, 사회적 상호작용 등을 최적화하기 위해, 설계가들은 블록의 크기를 조정하고, 도로의 위계와 공공공간의 체계를 재편성한다. 또한 공공공간의 중앙부를 활성화시키며, 외곽부에 미적 특성을 부여하고, 정적인 공간을 유도함으로써, 시민들에게 다양한 경험을 제공한다. 먼저 커뮤니티에 두 개의 큰 공원을 제안하여 근린주구의 윤곽을 형상화한다. 그리고 나머지 공공공간들을 완성시켜 독립적으로 배치된 주거단지의 중심을 수립한다. 마지막으로, 커뮤니티 중심, 주거공간, 상가, 학교, 오피스 등을 도시의 격자형 방식 안에서 적절하게 연결시켜 3등분된 토지에 응집성을 제공한다.

프로젝트 크레딧

계획 및 설계: Design Workshop, Inc.
설계 책임자: Todd Johnson
프로젝트 매니저 / 설계: Kirby Hoyt, Heath Mizer, Elin Tidbeck, Isabel Fernandez, Allyson Mendenhall
조경설계: Kotchakorn Vora-Akhom
발주기관: Lowry Redevelopment Authority
마스터플랜: Wenk Associates
관수설비: Hydrosystem, Inc.
토목공학: URS
구조공학: Martin/Martin
금속디자인: Neo Source

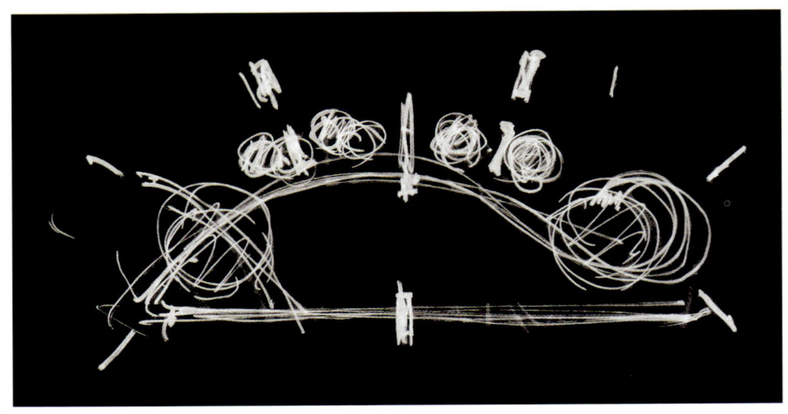

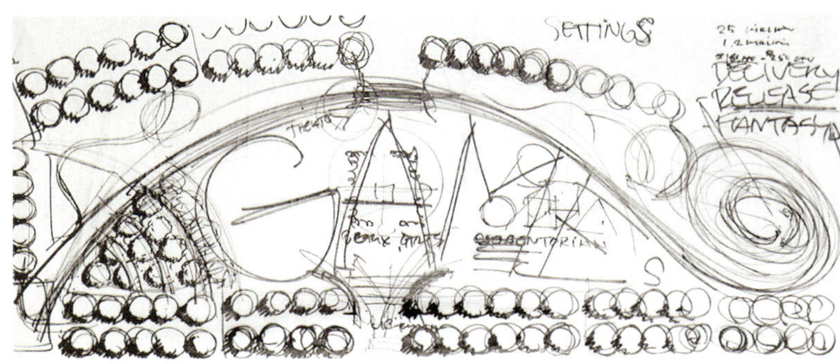

(왼쪽): 초기 디자인 콘셉트는 공간을 분리시키고, 사람들을 중앙으로 인도하여, 하나의 목적지를 창조한다는 것이었다. 하지만 설계팀은 그 공간에 초점을 두는 대신에 커뮤니티 활동이 장려될 수 있도록 설계를 진화시킨다.

크레센트 공원 | Crescent Park

공원의 초기 디자인 콘셉트는 양쪽을 각각의 독립된 공간으로 분리시키고, 중앙을 넓은 잔디밭으로 확보하여, 그곳에 정자를 세운다는 것이었다. 하지만, 더 활동적인 장소로 시민들의 이용을 극대화하기 위해서, 중앙의 넓은 잔디밭은 개방된 레크리에이션 용도로 쓰일 수 있도록 만들었고, 그 주변에 다양한 체험을 할 수 있는 공간을 제공하였다. 공원의 동쪽은 성토하여 공원의 중앙과 분리시킴으로써, 시민들이 명상과 사색을 할 수 있는 정적인 장소로 만들었다. 이는 개방된 서쪽의 오픈 스페이스와 는 대조를 이루는 공간개념이다.

서쪽의 광장에는 피크닉을 위한 장소와 세 개의 정자를 설치하여, 가족단위 주민들의 야외활동에 편의를 제공한다. 동쪽의 마운드에는 산책로를 마사토로 포장하고, 향토 지피식물과 장대석 등을 사용하여, 자연과 동화된 정적인 환경을 연출한다. 또한 록키산맥과 근린주구, 공원 등을 원거리에서 조망할 수 있도록 시각적 동선을 고려하였으며, 스포츠 활동을 위해 북쪽 중앙부의 관람석은 태양의 노출을 최적화하여 설계되었다.

(반대쪽 위): 공원의 동쪽 끝에서 바라본 모습-공원 동쪽의 마운드에는 이 지역의 자생초가 식재되어 있다. 공원의 중앙과 오른쪽 위에는 운동경기를 위한 야외 관람석이 설치되어 있다.

(반대쪽 아래): 커뮤니티의 도로는 확장되어, 서쪽 공원과 교차한다. 이는 주민들이 피크닉 장소와 정자를 편리하게 이용할 수 있도록 접근성을 부여한다.

선셋 빌리지 근린공원
| Sunset Village Neighborhood Park

이 공원은 2에이커 규모의 크기로, 로우리 마을회관에서 한 블록 떨어진 곳에 위치한다. 기존의 연립주택과 새로 지어진 개인주택에 어메니티를 제공하는, 이 공원의 형태는 물병모양으로, 선셋 빌리지 근린주거단지의 정문역할을 한다. 높게 성토되어 향토식물로 뒤덮인 공원의 입구는 넓은 보행가로와 함께 공원의 입구라는 관념을 형상화한다.

강우량이 최대치에 이를 때, 이 공원은 유거수의 저장소 역할을 할 수 있도록 설계되었기 때문에, 공원의 경사는 동쪽에서 서쪽으로 점차 낮아진다. 공원의 서쪽과 남쪽의 경계에는 다공질의 배수재가 사용되어, 우수가 용이하게 배수될 수 있도록 한다.

공원의 서쪽 끝에는 넓은 반원형 석재계단이 위치한다. 이는 보강벽으로서의 기능을 할 뿐만 아니라, 향토식물과 격자형 울타리와 함께, 시민들에게 휴식공간을 제공한다. 공원의 북쪽에는 전통적인 보도가 배치되고, 남쪽에는 부정형의 좁은 자갈길이 배치되어, 사람들에게 다양한 보행경험이 제공될 수 있도록 만들었고, 공원을 관리하기 위한 도구들은 나무 밑에 배치시켜, 미관이 향상될 수 있도록 하였다.

위의 초기 디자인은 그 공원의 전반적인 틀을 형성시켰다. 공원의 입구를 좁고, 높게, 성토하여 공간적 차별화를 유도하였으며, 공원의 서쪽 끝자락에 위치한 반원형 광장은 공원 전체가 한눈에 들어올 수 있도록 설계되어, 열린 경관을 만들어 준다. 이 공원은 정형의 석재계단, 격자형 울타리, 자갈포장 방식, 향토자생식물 등, 세부적 요소들의 균형과 조화로 이루어진다.

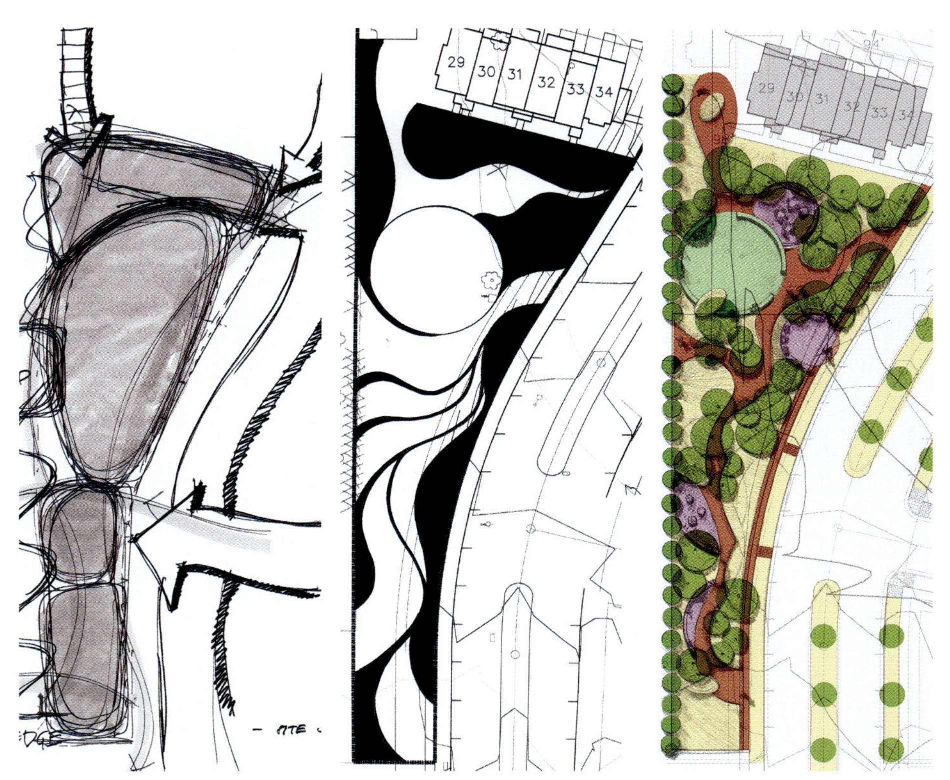

로슬린 공원 | Roslyn Park

크레센트 공원과 다을회관 사이를 잇는 이 1에이커의 공원부지는, 접해있는 도로를 따라 비스듬하게 그 형태가 만들어진다. 이 부지는 남쪽 끝의 좁은 통로를 시작으로, 연립주택의 경계지역인 북쪽으로 그 넓이가 120피트 확장되면서, 그 형태가 완성된다. 이 공원은 굽이치는 보행동선과 벽, 그리고 다채로운 색과 향기를 품은 식물들과 함께, 친숙하며 개방된 공간을 시민들에게 제공한다.

이 공원을 설계하는 데 가장 어려웠던 점은 그 부지의 형태가 좁고, 부정형이라는 것과 기존 주택지와 마우 근접해 있다는 것이었다. 이는 그 부지의 근본적인 속성까지 변형시킬 수 있었기 때문에 매우 조심스럽게 다루어졌다. 설계는 도심 속의 작은 공간을 향기와 색이 조합된 조용한 공공정원으로 바꾸어, 주민들의 정서를 함양하고, 일상에서의 여유로운 휴식을 만끽할 수 있도록 하는 데, 그 기본을 둔다.

동쪽의 도로접점을 따라 형성된 벽과 식재대는 도로변에 주차된 자동차를 차폐시켜주며, '태양의 방' 이라 불리는 원형의 잔디공원은 주변부의 작은 정원들과 산책로를 서로 연결시켜주는 구심점의 기능을 한다. 북쪽에 식재된 큰 나무들은 연립주택과 공원을 경계지어주며, 서쪽의 부분적 차폐식재는 주민들의 접근성과 공간적 위계를 적절하게 제공한다.

이 공원은 크레센트 공원과 마을회관 사이에 위치한 전이공간으로, 주민들이 자연스레 사람들과 만나며, 소통할 수 있도록 설계된다. 공원에 이러한 특성을 부여하기 위해, 설계가들은 수차례에 걸친 동선계획을 이행한다.

직사각형의 부지에 입구와 출구를 비스듬하게 배치하여, 사선
의 동선을 유도함으로써, 주민들의 활동공간을 극대화시키고,
다채로운 색과 향기가 조화를 이루면서 형성된 그늘은 보행자
들에게 쾌적한 환경을 제공한다.

파워하우스 광장 | Powerhouse Plaza

이 광장은 주거단지의 남부지역과 회전교차로roundabout의 북쪽에 위치한, 두 개의 새 빌딩 사이에 위치한다. 이곳은 원래 25피트 넓이의 콘크리트 소방도로로 설계되었지만, 설계가들은 그 전략적 위치를 이용하여, 그 빌딩에서 일하는 직원들과 주민들이 이용할 수 있는 활동적인 공간으로 만들고자 하였다.

설계과정에서 가장 어려웠던 점은 50피트로 제한된 좁은 공간에 사회성을 부여하는 것이었다. 그래서 설계가들은 그 지역의 소방당국을 설득하여 소방도로 규정을 5피트로 조정하였고, 소방차들의 접근각도를 변경하여 기능성과 사회성을 동시에 충족시켰다. 보행자 도로를 따라 두 개의 휴식장소가 제공되었는데, 한쪽에는 각각의 벤치와 테이블이 배치되어 개개인이 휴식할 수 있는 공간을 제공하였으며, 다른 한쪽은 여러 사람들이 함께 이용할 수 있는 공간을 제공하였다. 색조 콘크리트를 이용한 줄무늬 방식 마감은 주변에 식재된 조경식물 패턴과 조화를 이룬다. 보행자 가로를 따라 설치된 볼라드에는 별표 무늬가 새겨져 있는데, 이는 그 지역의 군대역사를 반영한 것이다.

(위쪽): 소방도로로서의 기능성을 유지하면서, 그 부지에 사회성을 제공하는 것은 사람들의 일상에 활력을 줄 수 있는 휴식공간을 제공하며, 주민들의 소통을 유도한다.

(오른쪽): 보행자 가로를 따라 설치된 볼라드(bollard)에는 별표 무늬가 새겨져 있는데, 이는 그 지역의 군대역사를 반영한 것이다.

리딩 가든 | The Reading Garden

설계팀이 로우리 커뮤니티의 북서쪽 180에이커 부지를 설계할 당시, 그들은 주택단지와 업무단지를 연결하는 도로가 꺾이면서 작은 구획이 만들어졌다는 것을 발견한다. 그래서 우리는 그 부지를 매입하고 주민들이 커뮤니티 사이를 관통하도록 동선을 유도하여, 커뮤니티의 중앙을 활성화시키자고 제안하였다. 로우리 커뮤니티에는 이미 충분한 동적 야외공간이 마련되어 있기 때문에, 설계가들은 이 구획이 정적인 공간으로서 사람들의 흥미를 끌 수 있도록 만드는 데 초점을 맞추었다. 한편 설계가들은 로우리 재단의 이사회와 협의하는 과정에서, 주민들이 편안하게 독서하며, 휴식을 취할 수 있는 정원과 같은 공간이 만들어지기를 원하며, 또한 예상치 못한 죽음을 맞이한 커뮤니티 구성원들과 그들의 가족을 추모할 수 있는 공간이 그들의 커뮤니티 안에 만들어지기를 바란다는 것을 인지한다. 그래서 우리는 이 공간에 추모공원의 성격을 부여하면서, 그들 자신만의 의미를 찾을 수 있도록 하는 방법에 대해 연구했다.

우리는 이사회 멤버들에게 그들이 개인적으로 소장하고 있던 조각상들과 문학적 인용구들을 부지 안에 배치시키도록 하여, 이 부지를 다양한 이야깃거리를 제공하는 광장과 공원으로 만들었다. 이 공간은 남북을 가로지르는 자연적 산책로와 동서를 달리는 기존의 보행로에 의해 분할되며, 식물의 패턴과 인공적 요소들은 이 지역을 이야기 교육공간, 개인 독서공간, 작은 야외 공연장으로 구분시킨다. 중앙부에 입지한 작은 야외 공연장에는 사람들이 앉아서 휴식을 취할 수 있도록 낮은 벽을 설치하였으며, 그 벽에 주민들이 좋아하는 소설의 제목을 새겨놓을 수 있도록 만들었다. 또한 옹벽과 보행로에도 문학적 인용구들이 식각되도록 했다. 부지의 서쪽이 공공시설 지역권[2]으로 설정되어 있기 때문에 공원의 절반은 수목의 식재가 금지되었다. 그래서 설계팀은 중앙광장에 수목 대신, 거대한 금속 차양 구조물을 설치하였고 이 구조물에 'READING' 이라는 단어를 스텐실[3] 처리해, 햇빛이 투과될 수 있도록 만들었고, 이는 바닥에 그 단어의 실루엣이 드리워지도록 한다. 또한 부지 위에 'GARDEN' 이라는 단어를 3차원의 석재 구조물로 표현하여, 즉석무대 겸 벤치 대용으로 쓰일 수 있도록 하였고, 하향경사를 이루는 광장의 삼 면은 훌륭한 관람석으로서의 기능을 대신하도록 구성하였다.

2) *Utility Easement.* 전신주 설치, 가스, 수도설치 등의 공공설비에 대한 지역권이 설정되어 있는 부지.

3) *Stencil.* 시각예술에서 판지나 금속에 뚫린 구멍을 통해, 장식하려는 표면에 잉크나 물감을 흘려보냄으로써 도안을 복사하는 기법.

(왼쪽 위): 두 도로의 사이에 남겨진 자투리 공간을 공공공간으로 만들어줌으로써, 주민들의 동선을 유도하며, 형식적 혹은 비형식적인 방법으로, 작은 야외 공연장(왼쪽 아래)과 나무 아래에 정적인 휴식공간을 제공한다.

(현재 페이지): 차양 구조물이 세워진 공원의 중앙에는 주민들이 앉아서 휴식을 취할 수 있는 낮은 벽들이 있다. 이 벽들에는 책에 나온 다양한 인용구들이 식각되어 공원에 그 흥미를 더한다.

1991년 게이츠 고무공장이 폐쇄되었을 당시,
그 부지의 오염은 매우 심각하여, 주변의 주거단지로부터 고립된다.
하지만, 그 부지를 향한 새로운 비전은 고밀도의 도시공간을 창출하고,
주변의 주거단지에 활력을 불어넣어 준다.

체로키 재개발계획
Cherokee Redevelopment
Denver, Colorado

버려진 부지는 그 역사를 초월하여 활력 있는 도시로 승화한다.

1911년, 게이츠 고무공장은 교환 가능한 고무 타이어를 생산하기 위해 포드 자동차 공장 근처에 건설된다. 지난 80년 동안, 게이츠 공장은 약 만여 명의 근로자들이 자동차 벨트, 호스, 그 밖의 다른 고무제품들을 생산하면서, 덴버의 가장 큰 고용을 창출하는 회사로 성장한다. 게이츠 주식회사 단지 내부의 오피스, 창고, 카페테리아, 상점, 최첨단 의학시설, 옥상정원, 그 밖의 야외 광장들은 사람들에게 24시간동안 끊이지 않는 사회활동을 만들어 주었다. 1950년대 후반, 25번 주간고속도로가 게이츠 주식회사 단지 안에 건설되었고, 시간이 지남에 따라 게이트 회사의 주요기능들은 대부분 해외로 이전된다. 그리고 1991년, 게이츠 공장의 모든 생산활동이 중단되면서, 이 지역은 도시 내의 빈 공터로 남겨진다.

1990년대, 경전철이 건설되기 시작하였고, 시 정부는 게이트 공장부지 안으로 사람들의 접근을 유도하기 위해서 경전철의 선로를 확장시킨다. 1조 2천억 원이 투입된 이 확장공사는 2006년도에 비로소 완성되었으며, 이 지역은 대중교통의 중심지로 진화된다. 2001년, 환경 훼손지의 개선과 정화를 위해 설립된 개인조합 펀드의 매니저인, 체로키 투자 파트너스Cherokee Investment Partners는 게이트 공장부지 중 50에이커를 매입하였으며, 실행가능성과 시장성을 결정하기 위해서 디자이너들을 고용한다.

이 부지는 고속도로, 철도, 볼품없고 오염된 과거의 산업단지 등에 의해서 주변의 주거단지로부터 고립되었다. 하지만 이 부지가 도심 속에 위치한 교통의 중심이라는 이점 때문에 계획가들은 그 지역이 그 도시의 역사적 빌딩, 다운타운으로 향하는 조망, 오픈 스페이스로 연결되는 보행자 시스템 등과 함께, 도시교통의 중심단지로 진화될 수 있는 가능성을 본다. 또한 이는 주

(위쪽): 1925년 게이츠 고무공장 부지의 항공사진 – 사진의 하단부에 위치한 고무공장은 그 당시 덴버 시의 경계지역에 위치하였고, 중심 시가지는 그 공장의 오른쪽 위에 위치하였다.

(반대쪽): 주간고속도로를 끼고 있는 재개발 부지는 덴버 시의 조망과 함께 대도시권의 한복판에 위치한다.

변의 주거단지와 도시외곽으로 향하는 도시의 골격을 재구성하면서, 현존하는 도시의 물리적 장벽을 치유한다.

우리는 주택, 사무실, 상가, 호텔, 엔터테인먼트 공간이 복합적으로 구성될 수 있는 보행 가능한 커뮤니티를 만들 것을 제안한다. 이러한 개발에 대한 비전은 적절한 스케일에서 대중교통의 이용을 최대화시키고, 물과 에너지를 보전하며, 자동차의 사용을 억제하고, 보도와 건물의 접경지역을 활성화시킴으로써 공공영역에 활력을 불어넣어주는 것으로, 과거의 산업적 환경에 새로운 생명력을 부여한다.

설계팀은 공개 토론회를 개최하여 커뮤니티의 의견을 반영하고, 공공과 민간의 파트너십을 구축한다. 그 당시까지 이러한 민관협력 과정이 실질적인 개인투자 개발에 적용된 것은 덴버 시에서 처음 있는 일이므로, 계획가들은 체로키 개발자들과 긴밀한 관계를 유지하였다. 이 과정에는 주변지역에 사는 약 3만 3천여 가정에 직접 편지를 보내고, 커뮤니티 지도자들 및 주요 사회 단체장들과 수십 번의 회의를 진행하였고, 2번의 커뮤니티 전체회의를 진행하고, 각종 단체장들을 자문위원으로 위임하였으며, 4년 동안 한 달에 한 번씩 정기적으로 회의를 개최한 것을 포함한다.

시정부는 덴버 시의 교통계획 과장과 콜로라도 광역교통계획 부장을 교통설계 그룹의 위원으로 임명한다. 이들은 교통복합 용도 T-MU-30라는 혁신적인 조례를 제정하고 건폐율을 올림으로써 밀도 있는 복합 용도의 구축을 가능하게 만들었다. 프로젝트 부지 안으로 이미 계획된 경전철 역사를 이동시킴으로써, 주차공간의 요구량을 감소시키고, 그 부지가 교통중심의 역할을 이행할 수 있도록 발전시킨다. 이러한 접근은 고속도로와 산업단지에 의해 단절되었던 프로젝트 부지와 인근 주거단지를 다시 연결시킨다.

전체 프로젝트 부지는 북서쪽의 상업 및 업무지구, 남쪽의 주거개발 지역, 북쪽의 복합용도 지구로 이루어진다. 또한 도시의 오픈 스페이스 시스템을 보행자 네트워크와 연결시켜, 일련의 동적 공공공간을 창조하고, 철도에 의해 단절된 부지를 재연결시킨다. 10년에서 20년 후, 계획된 모든 요소들이 건설되면, 여기에는 4천 개의 주택, 2백만 제곱피트의 오피스, 상가, 엔터테인먼트 공간, 호텔, 공공광장 등이 약 7백만 제곱피트 규모로, 전체 빌딩의 4층에서 12층 사이에 건설될 것이다.

프로젝트의 지속가능성이라는 관점에서 전통적인 단독주택과 비교했을 때, 물 소비량을 약 70% 감소시켰으며, 대중교통을 장려하여 대기오염을 줄였고, 공원 및 공공

마스터플랜은 기존 산업단지에 밀도 있는 도시를 만든다는
비전을 수립한다.

(1)

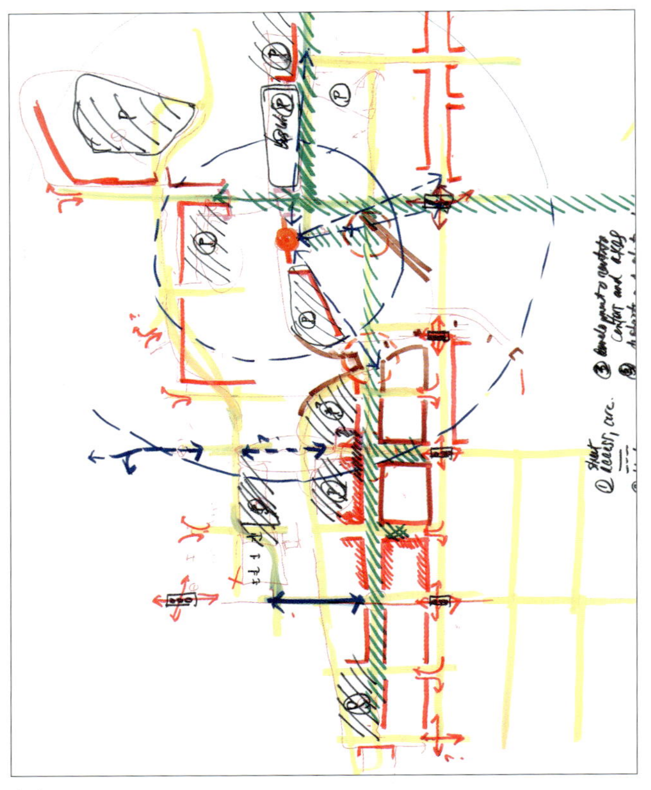

(2)

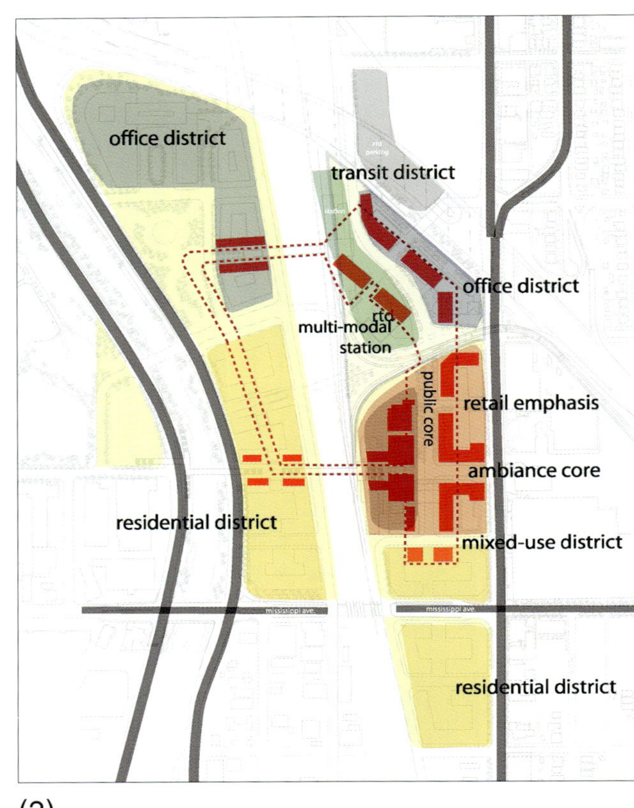

(3)

연구

(1) 적색과 황색 선은 재개발 부지를 나타낸다. 1/4마일 지름의 흰색 원은 운송센터로부터의 도보가능 거리를 나타낸다.

(2) 건물 경계선과 건물의 입구가 표시된 이 다이어그램은 보행자들의 동선을 유추한다.

(3) 재개발되는 단지는 주변 근린주구들을 서로 연결한다.

(4) 가로, 가로경관, 오픈 스페이스, 보행자 도로는 그 프로젝트를 주변의 커뮤니티 안으로 통합시킬 수 있도록 설계된다.

(5) 복합 대중교통 시스템을 도입함으로써 재개발 지역에 활력을 공급한다.

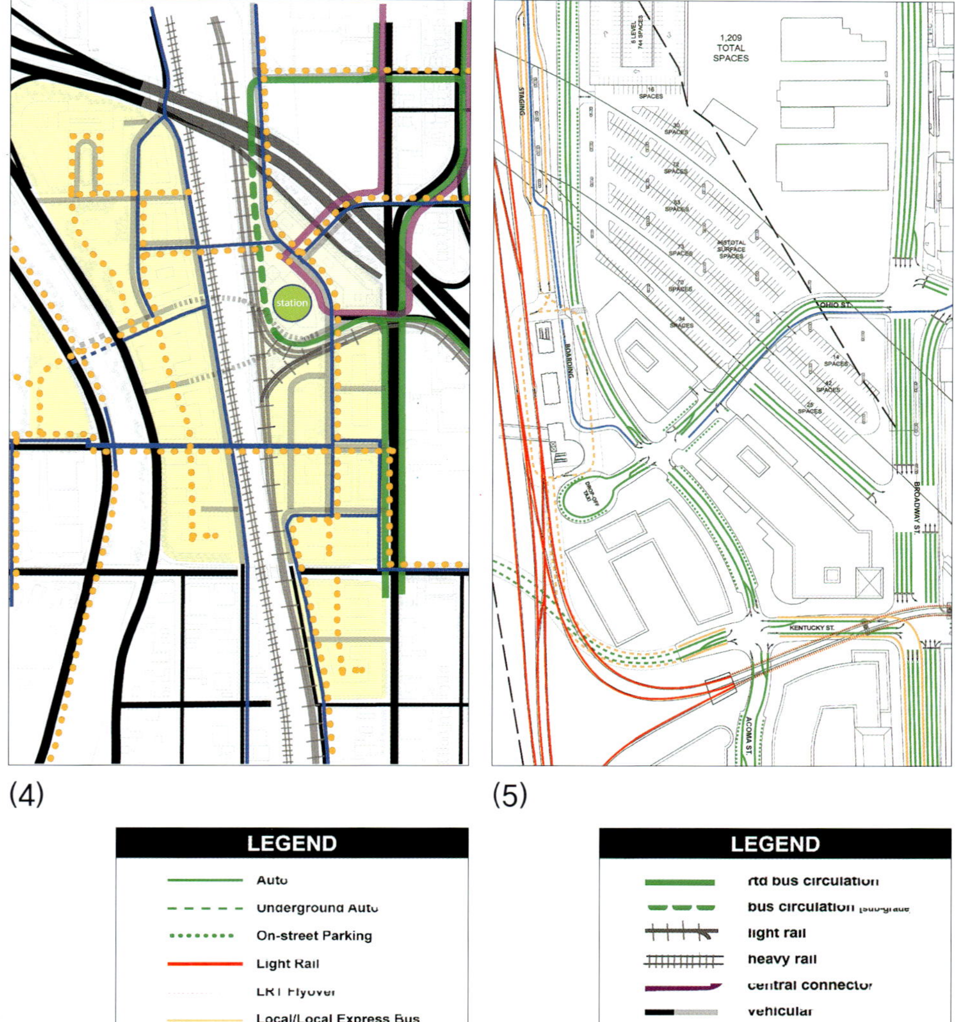

(4)

(5)

공간을 장려하여 활력적인 사회 분위기를 유도하였으며, 친환경 빌딩 인증제를 도입하여 환경적으로 자생 가능한 커뮤니티를 구체적으로 실현시킨다

프로젝트 크레딧

도시계획: Design Workshop, Inc.

총책임자: Rebecca Zimmermann

계획가: Kurt Culbertson, Todd Johnson, Todd Wenskoski, Geoff Gerring, Michael Hoffman, Dan Ford, Jeremy Alden, Paula Espinosa

발주기관: Cherokee Investment Partners, LLC

공공행정: CRL Associates

엔지니어: Nolte Associates

토지이용 법률가: Brownstein Farber Hyatt

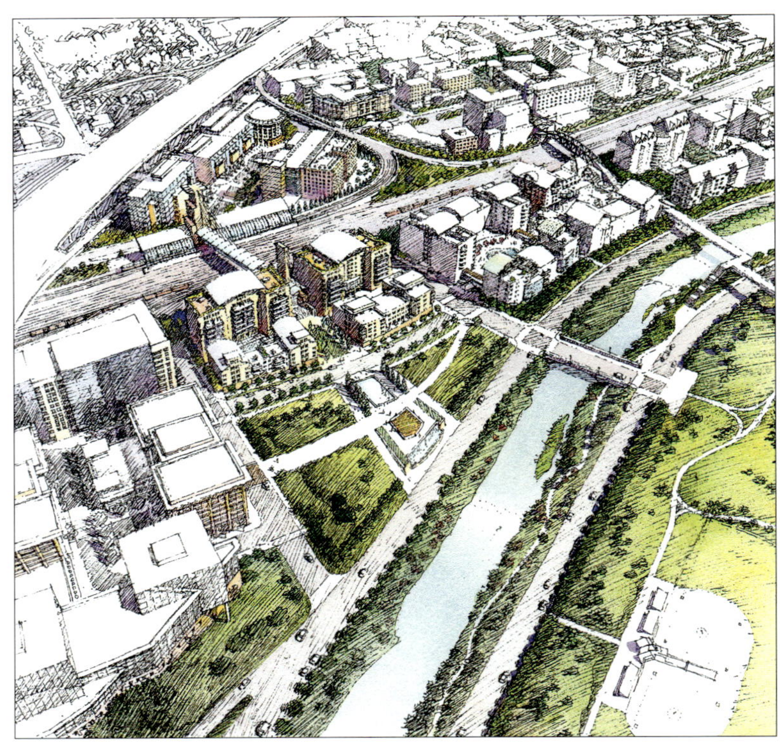

이 그림은 덴버 도심중앙과 플라테 강 산책로 사이의 상관관계
를 나타낸다. 이 재생계획은 유기적으로 제안된 광장 및 공공
공간의 체계와 함께, 고밀도의 도시환경을 구축한다. 도시를
동서로 분단시키는 철로 위에 놓인 보행자 육교는 분단된 도시
를 다시 연결시킨다.

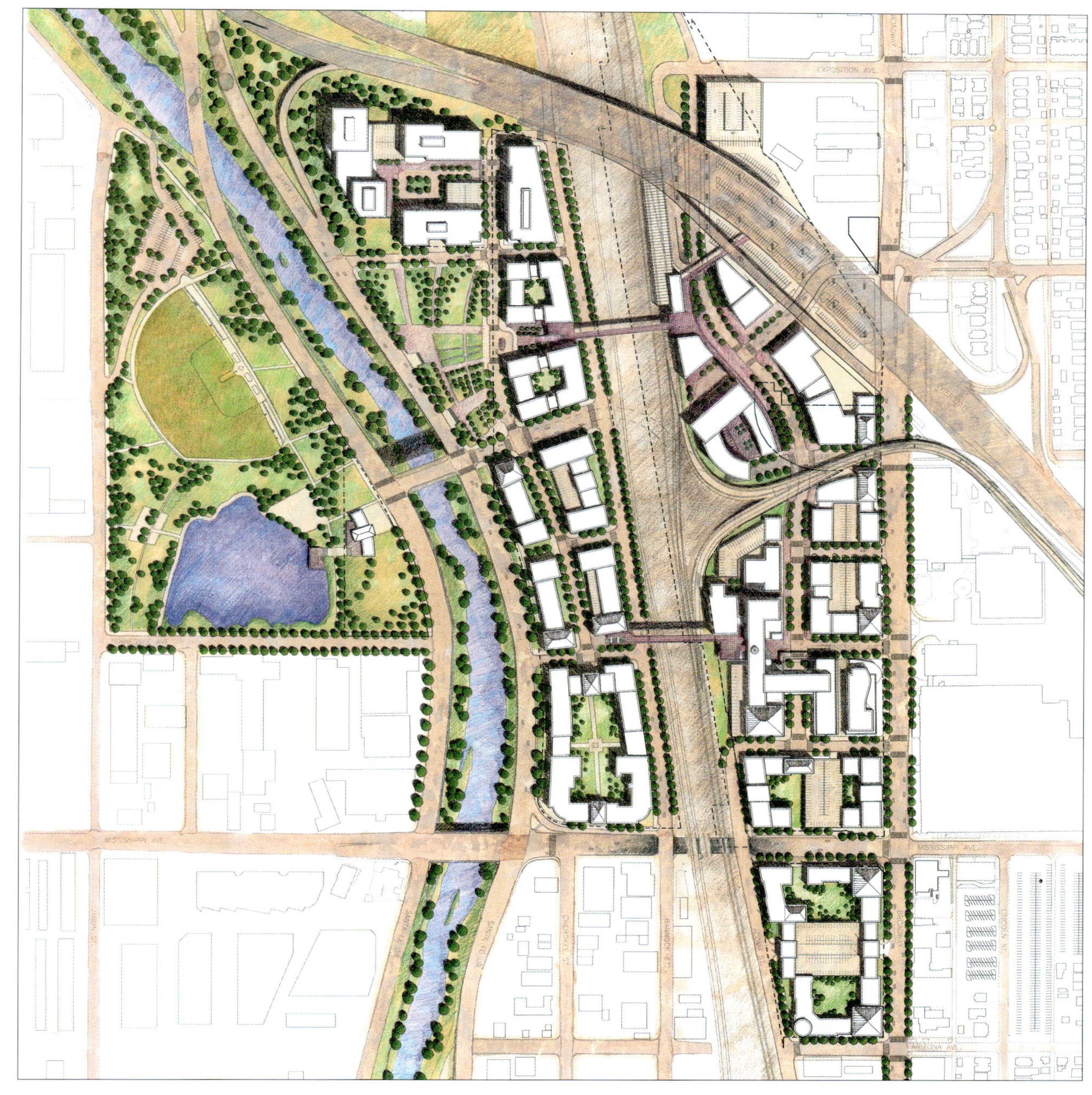

최종 마스터플랜은 두 개로 분단된 지역을 서로 연결시키고, 새로 형성된 도시구획과 강, 그리고 산책로를, 동쪽의 근린주거단지와 도시의 외곽지역으로 연결시킨다.

딜레마   유니언 퍼시픽은 철도기지를 이전하기로 결정한다. 하지만, 덴버를 관통하는 철로는 여전히 산업역사의 흔적으로 남겨져 도시를 단절시켰으며, 다운타운의 서쪽 끝에 위치한 철도기지 또한, 공터로 남겨진다. 이 부지를 재생하기 위해 지난 몇 년 동안, 여러 계획들이 제안되었지만, 그 도시에 활력을 불어넣기에는 충분하지 않았다.

레거시 목표

커뮤니티

다운타운과 그 주변의 근린주구를 연결시킬 수 있는 새로운 복합용도 단지를 개발함으로써 방문객들을 유치하고, 산책로 시스템을 개발부지와 연결시킴으로써 그 지역에 활력을 불러일으킨다.

환경

주거, 업무, 상업, 공원 등의 이용률을 정확히 분석하여, 개발밀도를 도시척도 안에서 최적화시킴으로써, 고밀도의 도시환경을 구축한다. 그럼으로써, 불필요한 대지의 소모를 최소화하고, 도시 내의 자연적 오픈 스페이스를 최대화한다. 또한 경전철을 도입하여 대중교통을 활성화시킴으로써 자연자원을 보존한다.

경제

정부가 그 지역의 도시기반시설을 지원하도록 만들어서 중심가 주변의 복합용도 기능을 강화하고, 플라테 강과 록키 마운틴의 조망을 바탕으로 한 어메니티들을 연결시켜, 지역경제의 활성화를 유도한다.

예술

랜드마크를 도시의 교통중심 지역에 건설함으로써 방문객들을 유도하고, 오픈 스페이스와 공공광장을 체계적으로 연결시켜 도시생활 속의 어메니티를 향상시킨다.

주제   경전철과 전통적인 다운타운의 그리드 패턴, 역사적 근린주구, 창고단지 주변의 복합용도 건물들을 효율적으로 연결시키고, 그 연결부를 재생시킴으로써, 도시에 활력을 불어넣어 주고, 도시의 기능을 활성화한다.

리버프론트 파크
Riverfront Park
Denver, Colorado

철도기지는 도시의 중심부로 다시 태어난다.

개요

　리버프론트 파크의 계획은 도시재생을 위한 시행착오를 여러 번 겪으면서, 1990년대 초반부터 시작되었다. 인구증가에 따른 도시확산과 교통체증 등의 문제들이 야기됨에 따라서, 정부는 대중교통 시스템을 개선하고, 도시중앙에 일련의 투자를 유치함으로써, 도시를 재생시키기로 결정한다. 이러한 결정은 64에이커의 철도기지를, 복합운송센터[4]를 바탕으로 한, 복합용도 도심부로 재생시키기 위한 비전을 공급해 주었다. 이러한 도시의 역동성과 도시중심에 새로운 단지를 계획한다는 그들의 비전은 개인 투자자들을 유치시키는 데, 중요한 역할을 하였다.

역사/배경

　우투Ute와 아라파호Arapaho 부족들에게 신성시되던 덴버의 플라테Platte와 체리Cherry 강의 합류지역은 1858년, 금광이 발견되면서, 급속히 성장하여 도시적인 면모를 갖추게 된다. 캘리포니아와 마찬가지로, 콜로라도의 광산 붐은 1870년, 덴버에 첫번째 증기기관차를 도입시켰으며, 기관차에 물을 공급하기 위해 철도는 강을 따라 건설되었다. 이렇게 시작한 철도회사는 80여 대의 열차를 운행하게 되었고, 그 많은 수의 열차를 유지하기 위해서 철도기지를 건설하는 것은 불가피하게

---

4) Multi Modal Transit Center. 철도와 버스, 택시 등 다양한 대중교통 수단이 연결되는 복합 대중교통 터미널.

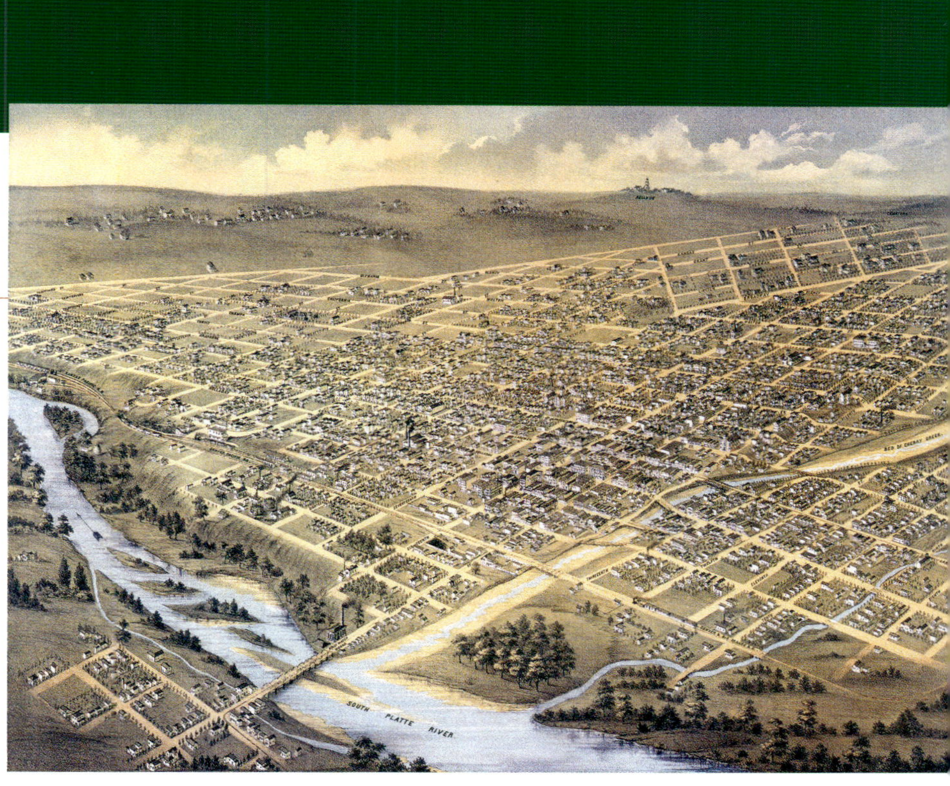

덴버의 초기모습을 담은 조감도 렌더링 ─ 체리 강과 남부 플라테 강의 합류점에 형성되었던 근린주구는 철로가 생기면서, 다른 곳으로 이전되거나 소멸된다.

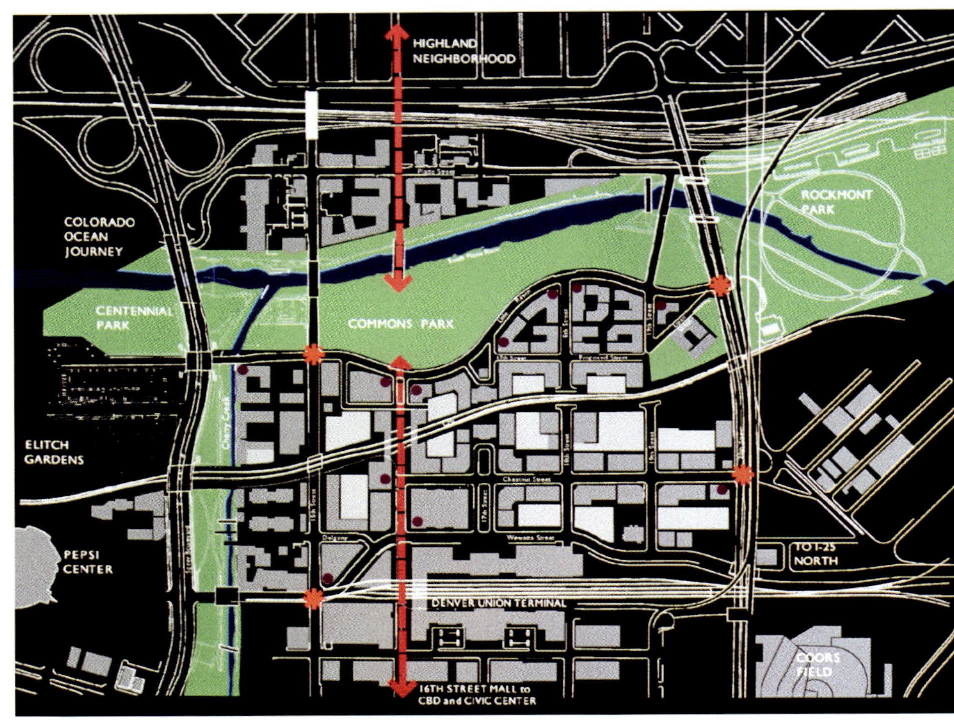

16번가 스트리트 몰(Street Mall)의 확장과 강을 가로지르는
육교의 건설은 새로 형성된 주거단지와 도시의 자산을 연결시
키는 매우 중요한 요소가 된다.

되었다. 결과적으로, 그 철도기지는 덴버 강
들의 합류지역 주변에 건설되었다.

20세기 중반까지, 도시의 상업중심부는
철도기지 주변에서 약 1마일 떨어진 네오클
래식 시민회관Neoclassic Civic Center 쪽으로
서서히 옮겨졌고, 점차적으로 철도기지 주
변부지는 아무도 사용하지 않는 공간으로
전락하였다. 이러한 빈 공간들이 많아지면
서, 도시재생의 움직임 또한 일어나기 시작
했다.

이 철도기지 주변부는 점차 폐허가 되
고, 위험한 지역으로 전락하여, 사회에서 격
리되었는데, 1965년, 개발업자인 다나 크라
우포드Dana Crawford는 그 지역의 빌딩들을
개조하고, 레스토랑, 오락시설, 주거시설 등
을 공급하여, 그 지역이 다시 상업지구로 재
생될 수 있도록 투자하였다. 이러한 노력은
결과적으로 정부의 공공투자를 유치하여,
덴버 시에서 댐을 건설하여, 홍수로 인한 강
의 범람을 막고, 시민들에게 스포츠 경기장
등의 사회복지 시설을 공급하도록 만들었
다. 하지만, 이러한 도시재생 프로젝트들의
중심에는 항상 철도기지가 놓여있었는데,
1990년대 초, 유니언 퍼시픽Union Pacific이
철로를 합병·정리하면서, 철도기지 또한
재생될 수 있는 기회를 맞이한다. 여러 투자
자들은 정부가 그 부지의 재생에 큰 힘을
보탤 수 있도록 설득하였다.

철로 위를 가로지르는 노화된 육교를
헐어버림으로써, 그 부지는 완벽한 재생의
기회를 얻게 되었다. 하지만, 재생을 위한
가장 큰 문제점은 이 지역에 하수도, 전기시
설, 도로 등의 도시 인프라가 결여되었다는
것이다. 그로부터 약 7년 동안, 스타디움, 컨
벤션 센터, 오피스 공원 등, 여러 계획들이
제안되었지만, 그 어떤 것도 채택되지 않았
다. 1995년, 디자인 워크샵은 사업가, 경제학
자, 부동산 전문가, 교통 공학자, 엔지니어,
법률가 등을 설계과정에 합류시켰으며, 최
종적으로 이 부지를 위한 도시재생 마스터
플랜을 수립했다.

경과

이 디자인은 부지의 위치 및 속성에 대
한 이해와 함께 시작된다. 주간고속도로, 고
가도로, 간선철도 등과 같은 체계적인 광역
교통 시스템과 유니언 철도역과 같은 역사
적인 요소들, 그리고 부지를 둘러싸고 형성
되어있는 오픈 스페이스 등은 이 부지의 훌
륭한 '연계'적 요소로서 충분한 가능성이
있었다. 그래서 설계팀은 어떻게 이 지역이
역사적, 물리적, 그리고 상징적으로, 다른 도
시들과 연결될 수 있는가를 연구하는 데 중
점을 두었다. 그 결과, 격자형 도로체계, 강,
개조된 창고구획 등의 물리적 속성들이 도
시의 경제, 문화 등의 요소를 재생시킬 수

덴버 다운타운과 그 주변(항공지도) — 플라테 강을 따라 들어선
철도기지와 산업단지들은 덴버의 다운타운을 외부로부터 단절
시킨다.

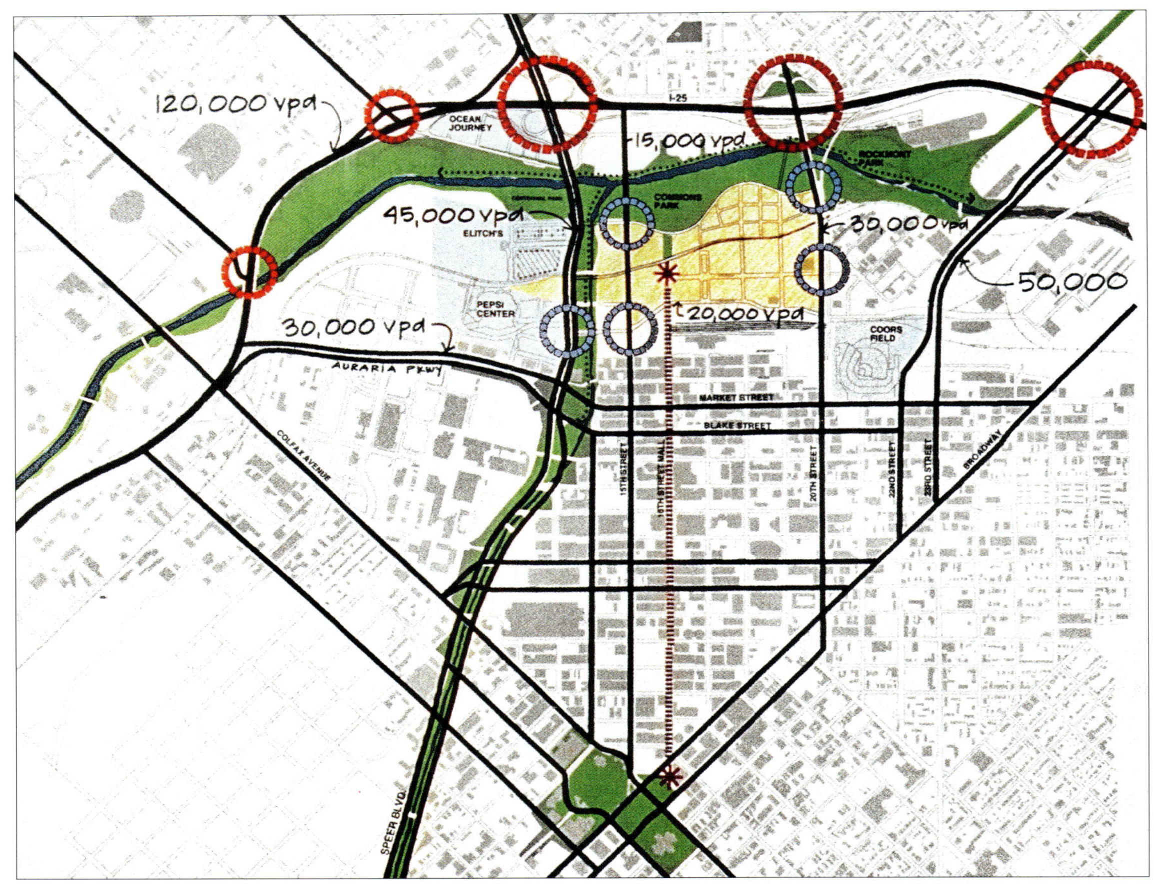

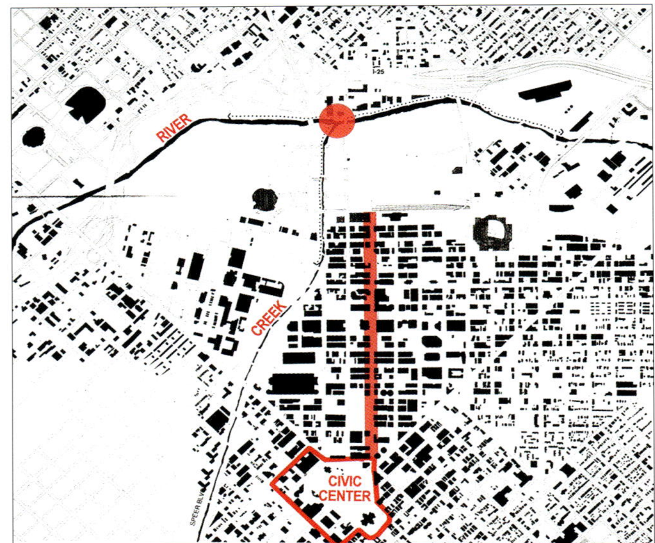

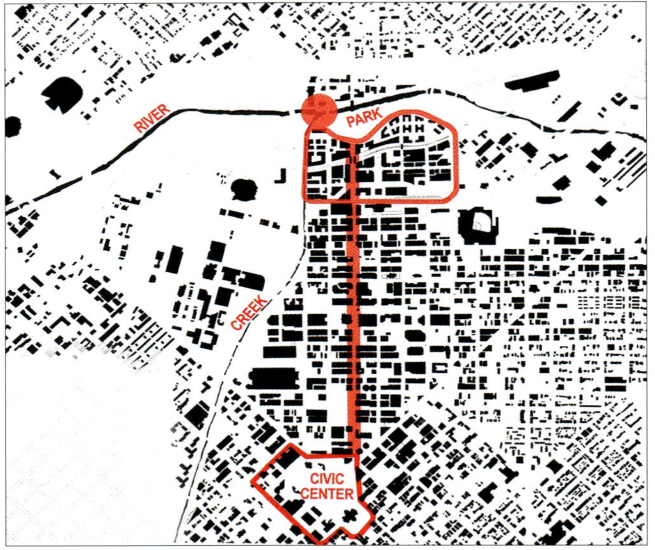

(그림): 위 다이어그램은 새로 재생될 도시단지 내부로, 기존의 교통체계를 연결시킨다는 개념을 보여준다. 적색 별표는 16번가 스트리트 몰의 시작과 끝을 나타내고, 적색 원형고리는 주요 교통 연결점을, 그리고 검은색 선은 주요 간선도로를 나타낸다.

(오른쪽 위): 현재 단절된 부지의 연결상태를 보여준다.
(오른쪽 아래): 적색 원으로 표기된 강의 합류점을 바탕으로, 이전 철도기지를 재생하여 도시 중앙부와 다시 연결시킨다.

있다는 것을 알아냈으며, 이 지역을 그 주변의 다른 근린주거 단지들과 연결시키는 것이 새로운 중심단지 재생에 중요한 열쇠라고 생각했다.

새로운 단지를 계획하기 위한 일련의 디자인 원리와 지침들은 관계된 시민들, 정부기관, 사업가들이 참여한 공청회의 결과에 의해 만들어졌다.

이러한 설계원리들은 설계팀이 도시 중심부의 자산을 만들며, 새 단지에 활기를 불어넣을 수 있는 근본으로 작용한다. 설계의 주요 골자는 덴버의 급성장에 의해 단절된 도시 중앙부와 강 건너편 북서쪽에 위치한 근린주거 부지를 재연결시킨다는 것이다.

기존의 다운타운을 새로 개발되는 단지와 연결시키기 위해서, 철로 위를 지나는 다리를 건설하였으며, 이는 그 지역의 랜드마크가 되었다. 이러한 도시중심으로부터의 연계는 다리를 지나 모임의 장소, 새로운 주거공간, 25에이커 규모의 시민공원, 오픈 스페이스 등으로 연결된다. 도로의 네트워크와 부채꼴로 펼쳐진 21개 단지의 공공공간들은 사람들에게 용이한 접근성을 부여한다. 또한 설계팀은 교통관련 공무원들을 설득하여, 이 개발부지와 다른 대도심 지역을 연결하는 경전철 시스템을 도입시켰다. 이러한 노력은 이 지역을 대중버스, 쇼핑몰 셔틀버스, 자전거 거치시설, 공항전용 열차, 통근전차 등을 연결시키는 복합운송의 허브로 재탄생시켰다.

계획

시 관계자들과 지역 건축가 및 공학자들은 설계팀이 수직·수평공간 용도연구, 평면분석, 입체적 도시분석 등의 다양한 연구를 이행하는 데 큰 도움을 주었으며, 이를 바탕으로, 설계팀은 계획단위 개발5)을 완성하여 시정부에 제출할 수 있었고, 1997년, 시의 승인을 받게 되었다. 디자인 워크샵의 도시계획표준과 지침들은 보행자를 위한 공간과 척도, 경제적 연계성 등을 고찰하여, 지속 가능한 도시성장을 유도하고, 시각적 응집성과 미관적 자극을 연출하는 데 중요한 역할을 한다.

이행계획의 주요 내용으로는 아래와 같다:

- 4백만 제곱피트의 상업지구 및 업무공간
- 5십만 제곱피트의 상가
- 1,500개의 호텔방
- 2,500에서 3,500개의 주택이중 10%는 저렴주택으로 지정됨
- 학교
- 우체국

설계

마스터플랜과 건축지침들은 개발부지에 예술적 가치를 부여하였다. 예를 들면, 리버프론트 광장Riverfront Plaza과 커먼스 공원Commons Park의 중간에 위치한, 리틀 레이븐 스트리트Little Raven Street의 곡선적 요소들이라든지, 로프트 리빙Loft-Living 스타일의 주택, 그리고 주변부의 고풍스런 분위기와 함께 연출되는 콘서트나 축제 같은 다양한 이벤트들에서 이러한 미적 요소들을 찾아볼 수 있다.

이러한 건축지침들은 1층에 위치한 상가와 빌딩의 입구, 공공공간을 적절히 배치하는 것에 의해 사람들의 이용을 최대화한다. 또한 상징적인 다리를 설치하는 것은 도시의 스카이라인과 조화를 이루며, 도시의 이미지를 구현하는 데 필수적인 요소로 요구된다.

리버프론트 광장과 가로경관의 디자인은 섬세하고도 우아한 미를 살리기 위해 검은색과 장미색의 화강석을 포장에 도입하였고, 보도에는 흑요석 사암 콘크리트

---

5) Planned Unit Development(PUD). 1962년 미국의 샌프란시스코 조례 제정을 바탕으로 시행된 제도로서, 토지이용 규제대상의 단위를 개별필지나 기존지구로 하지 않고, 사업지가 하나의 단위로 계획·설계할 수 있도록 해서 개발시키는 제도.

Obsidian Sand Concrete를 사용하여 리듬감을 살렸다. 또한 16번가 보행자 도로에는 나무벤치를 배치시켰고, 리버프론트 광장에는 석재벤치를 배치시켜, 주변환경과의 조화를 꾀하였으며, 그 주변에 부정형의 식재대를 설치하여 계절감이 반영될 수 있도록 유도하였다.

결과

이 개발에 의해서 새로 건설된 도로들의 이름은 체스너트Chestnut, 웨와타Wewatta, 리틀 레이븐Little Raven 등, 백 년 전의 지명을 따서 만들었으며, 밀레니엄 다리는 2002년에 완성되어, 이 도시의 랜드마크로 자리잡는다. 1993년에 한 평당 2만 7천원이었던 땅이 현재 540만원으로, 그 땅의 가치는 지난 10여 년 동안, 약 200배 이상 증가했다. 또한 이 프로젝트는 도시 중심부의 여러 재개발과 플라테 강 건너편의 개발을 촉진시킴으로써, 그 지역의 시장경제 활성화에 이바지하였다.

프로젝트 크레딧

도시계획/마스터플랜: Design Workshop, Inc.

설계 책임자: Todd Johnson

승인: Gregory Ochis, Sue Oberliesen

조경설계: Kim Swanson

가로경관 설계: Design Workshop, Inc.

발주기관: Trillium Development, East West Partners

건축가: Urban Design Group

육교설계: Architecture Denver

공원설계: Civitas

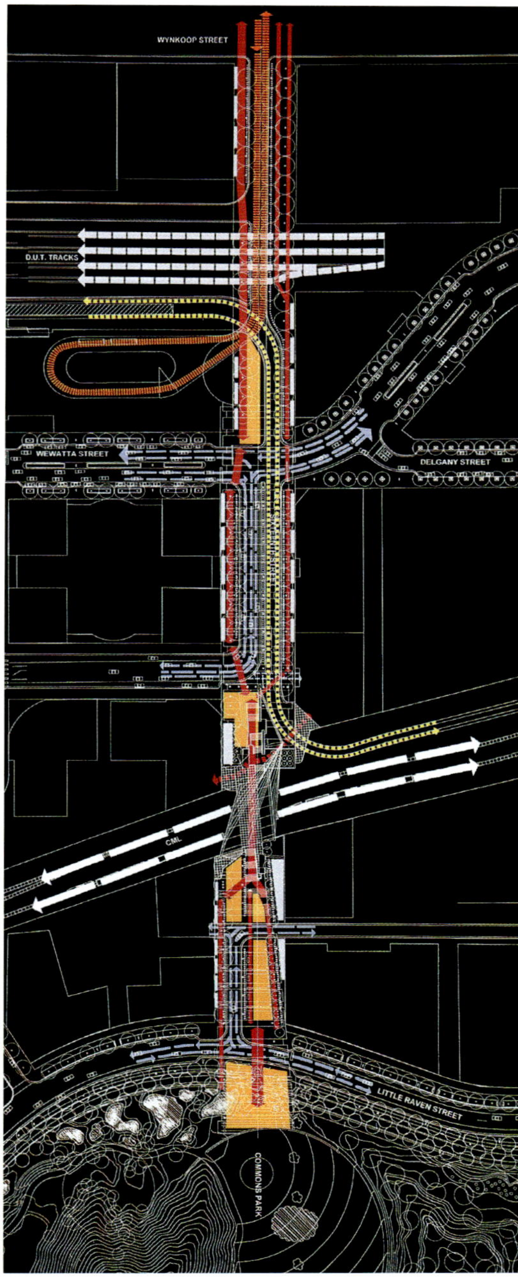

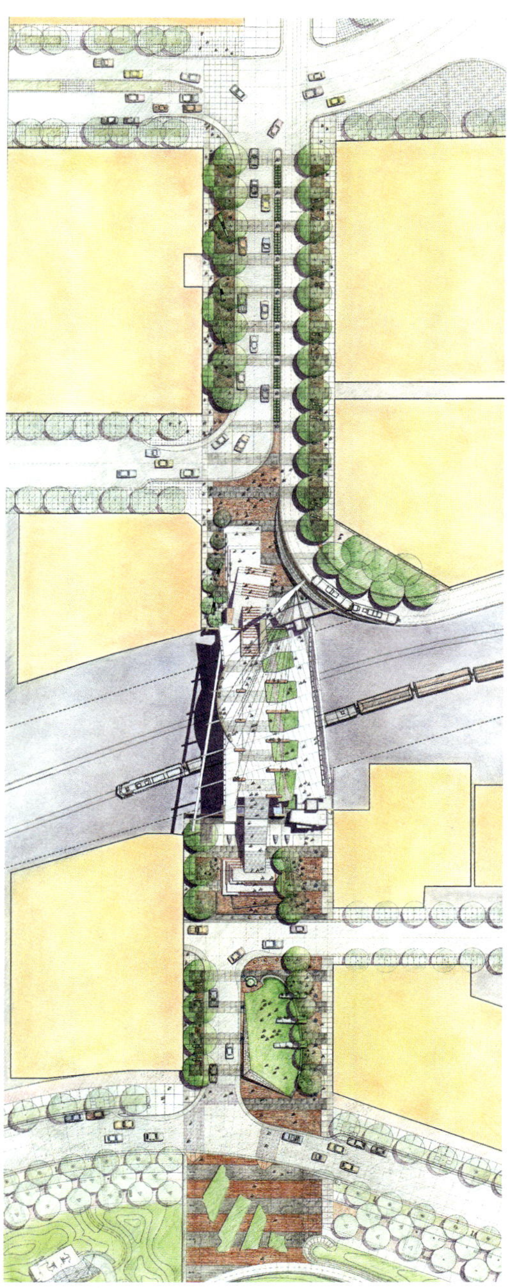

(왼쪽): 주요 교통동선 다이어그램 – 흰색 : 주요 교통동선, 청색 : 도로(위쪽 : 승객용, 아래쪽 : 화물용), 적색 : 보행자 동선, 밝은 황색 : 쇼핑몰 셔틀버스 노선, 어두운 황색 : 주요 공공공간

(가까운 왼쪽): 위 다이어그램은 가로경관과 광장 디자인의 개념을 보여준다. 모임의 장소와 보행자 도로에 접근성을 부여하고, 친밀감과 세련됨을 제공한다. 다리는 주요 철도운송 노선의 바로 위에 위치하며, 도심과 커먼스 공원(Commons Park)을 연결시킨다.

(위쪽): 리버프론트 단지 내에 경전철을 도입시키는 것은 이 프로젝트에 있어서, 성공의 열쇠라 할 수 있다. 첫번째 주거용 빌딩은 유니언 역사 근처의 경전철 노선 바로 뒤에 위치한다. 밀레니엄 다리에 공학적으로 계산된 계단과 구조물은 경전철 노선과 다리가 절묘하게 조화를 이룰 수 있도록 만든다.

(현재 페이지): 리버프론트 재개발 부지는 덴버 시에서 가장 밀도가 높은 지역에 위치하며, 그 밀도는 유니언 역사지구에서부터 시민공원 쪽으로 전이된다. 또한 이 프로젝트는 다른 개발들을 유도시켜, 북서쪽에 위치한 쿠어스 필드(Coors Field). 1995년 4월 26일에 문을 연 경기장으로 미국 메이저리그, 내셔널리그에 소속된 프로야구팀인 콜로라도 로키스의 홈구장과 동부에 위치한 펩시 센터 등과 같은 어메니티를 제공한다.

(반대쪽): 본 마스터플랜은 덴버 시의 전통적 그리드 방식을 단지 내부로 확장시키고, 공공공간과 공공광장의 배치에 의해 건축물의 형상이 만들어지도록 하였다. 이 부지의 남쪽과 북쪽 경계에 주요 간선도로를 배치하여, 시 외곽부에서 다운타운으로의 접근성을 향상시킨다.

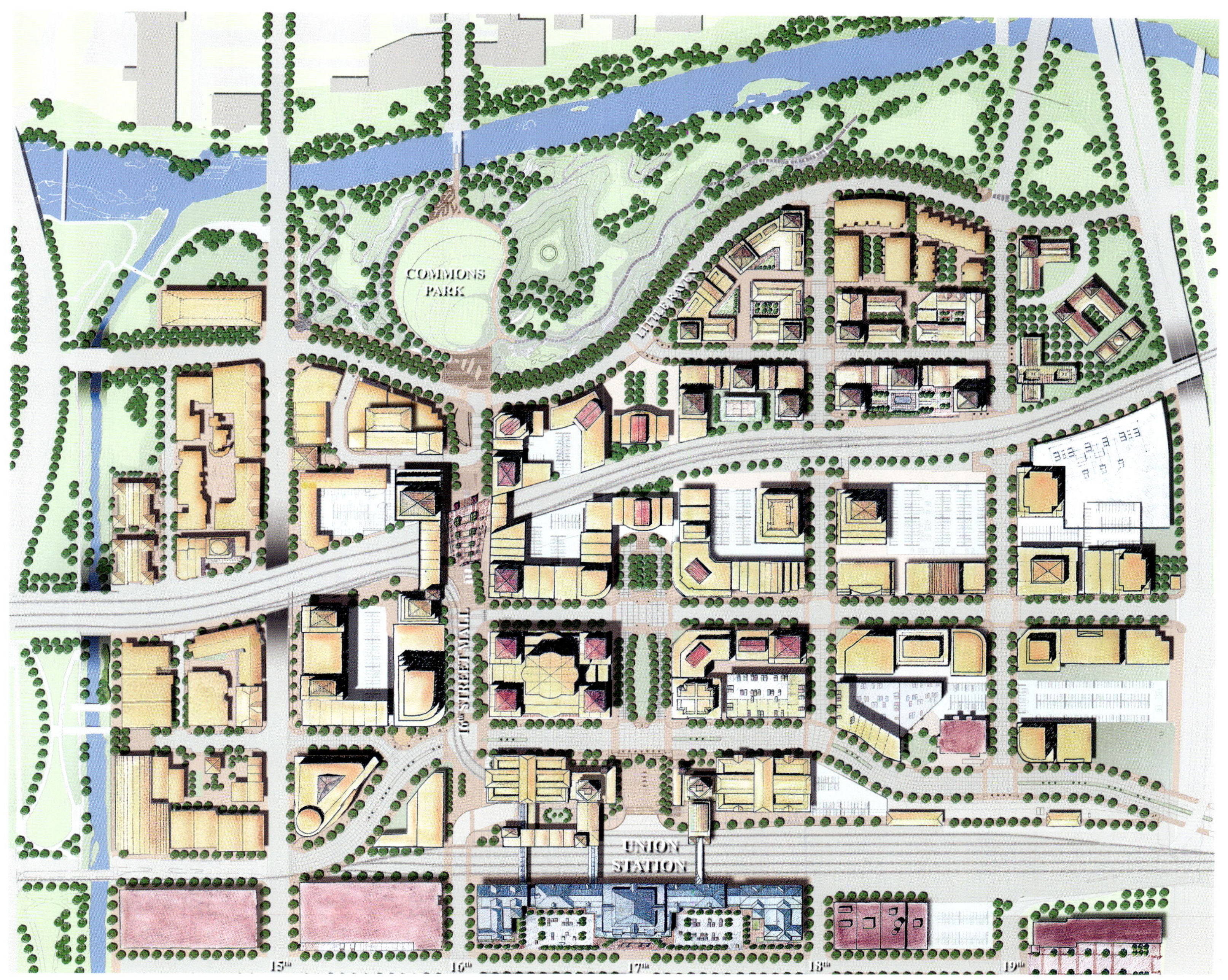
COMMONS
PARK
LITTLE RAVEN
16TH STREET MALL
UNION
STATION
15TH
16TH
17TH
18TH
19TH

(현재 페이지): 시작부터 리버프론트 프로젝트는 주상복합 건물, 복합용도 개념의 도입 등, 강도 있는 도시 비전을 형성시키기 위해 노력했다. 오른쪽 그림은 16번가 도로에서부터 밀레니엄 다리를 가로질러, 공원과 강으로 향하는 조망을 보여준다.

(반대쪽): 리버프론트 광장은 이 프로젝트의 심장이라 해도 과언이 아니다. 시의 랜드마크로 자리잡은 보행육교와 주상복합 용도의 건물들로 둘러싸인 이 광장은 플라테 강을 따라 형성된 산책로 시스템과 연결됨으로써, 일상의 시민들이 자전거를 타고 산책하며, 휴식을 취하는 장소로, 또한 각종 특별행사 및 축제를 위한 인기 있는 장소로서 그 역할을 다한다.

이 광장은 공식적 혹은 비공식적인 행사들이 자주 개최되는 인
기 있는 장소로 발전한다. 이곳은 주로 특별한 행사를 위해 쓰
이지만, 자전거 타는 사람들이나 강을 따라 형성된 산책로에서
조깅하거나 산책하는 사람들에게 휴식공간을 제공한다.

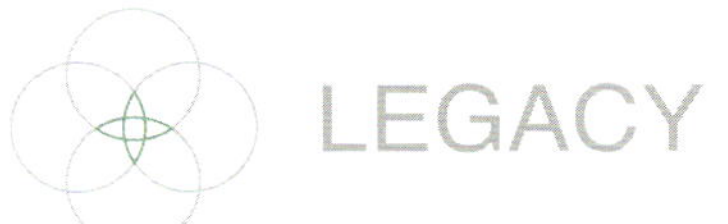

LEGACY

5 변화의 선도 *Leading Change*

사람들과 함께 미래를 위한 비전을 창조하는 것은, 커뮤니티가 성공적으로 변화되도록
인도하는 단 한 가지의 방법이다.

– 디자인 워크샵

어떤 커뮤니티든 간에 변화는 우리가 직면할 수 있는 가장 큰 도전 중 하나다. 하지만 그 변화는 우리에게 가장 큰 선물이 될 수도 있다. 변화는 큰 기회가 될 수도 있지만, 길들여질 수 있으며, 커뮤니티 안에서 살아가는 사람들의 욕구를 충족시키고, 긍정적인 미래를 제시해준다. 어떻게 변화할 것인가를 관리하는 것은 어떻게 커뮤니티가 진화될 것인가를 결정해준다. 가장 성공적이고 만족스러운 변화는 사회, 경제, 환경, 예술의 요소들이 통합적으로 고려되어, 커뮤니티의 공동의지를 형성하는 것에서부터 드러난다.

변화는 이주자의 유입, 경제불황, 환경위험 등과 함께 나타날 수 있다. 농업이나 광업에서 관광업으로 도시경제의 근간을 바꾸는 것과 같이, 커뮤니티가 그들의 정책을 선택하는 것을 도울 수 있다는 것이다.

커뮤니티의 번영을 위해 변화를 실현하는 과정에는 현지 사람들의 통찰력 있는 참여와 도움이 필요하다. 물론 이는 좀처럼 쉬운 것만은 아니다. 하지만 변화를 관리하도록 그 커뮤니티를 돕는 것은 경관을 변화시키는 것에 국한된 것이라기보다는 미래를 창조하기 위해 사람들을 참여시키는 것이라 볼 수 있다. 왜냐하면, 변화의 진행은 근본적으로 인간의 마음 깊숙한 곳에서부터 시작되기 때문이다.

비전의 중요성

커뮤니티가 변화를 주도하는 과정에서 그 변화는 모두에게 어떤 식으로든 간에 영향을 미칠 것이다. 어떤 이들에게는 긍정적으로, 또 어떤 이들에게는 부정적으로……. 그리고 어떤 이들에게는 과감하게, 또 어떤 이들에게는 아주 조금씩……. 또한 변화는 동시에 여러 시스템에 의해서 발생되거나 요구될 수 있다. 예를 들어, 커뮤니티의 환경적 목표가 그들의 사회 혹은 경제상태에 적합하지 않는다고 생각해보자. 그 변화를 위한 응답은 다양하게 나타날 것이다. 정부는 행정적인 지원을 거부할 수 있을 것이고, 주민들이 동의하지 않을 수도 있으며, 개발자들은 투자금을 회수할 수도 있을 것이다.

그 변화들을 능동적으로 관리하고, 그 미래의 요구에 부흥하기 위해서는 필연적으로 신뢰성을 구축해 나가야 할 것이다. 이는 상호관계가 형성되는 과정에서 복잡하게 뒤엉켜진 거대한 실타래를 풀어나가는 과정과도 같다. 그래서 우리는 반드시 이러한 것들, 즉 그 현재의 상태를 보존하고, 그 존재의 당위성을 보강하는 내용들이 무엇인지를 고찰해 보아야 할 것이다.

개발에 참여하는 모든 관계자들은 반드시, 그들의 자세, 그들이 두려워하는 것, 그리고 변화를 이행하는 것과 전혀 관계가 없는 요소들까지도 경청하고, 이해할 수 있어야 한다. 이러한 것들은 그 문제들을 풀어나가는 과정에서 드러날 것이므로,

(위쪽) 도시계획의 대가인 로버트 모세스(Robert Moses)가 1959년 6월 4일, 루즈벨트 아일랜드의 이스트(East)를 배경으로 삽입된 I—자형 구조물 그림 위에 서 있다.

(반대편) 미국 집필가인 제이콥스(오른쪽에서 세번째)와 건축가인 필립 존슨(Philip Johnson, 오른쪽 첫번째)은 1963년에 빌딩 해체를 반대하기 위해 뉴욕 시의 펜 스테이션 외곽에 피켓을 들고 있는 군중들과 함께 서 있다. 제이콥스는 모세스가 추진하는 몇 가지 프로젝트를 성공적으로 제지하기도 하였다.

변화는 기회로 가득 채워진 거대하고 활기찬 시간이다.

- 존 나이스빗(John Naisbitt), 『Megatrends』

당신은 가끔, 그 여정이 괴상하고 모험적이라 느낄지도 모른다. 또 모든 소망이 한순간에 사라져버릴 수 있다고 생각할지도 모른다. 혹은 당신이 찾고 있는 것을 어떻게 표현해야 할지 모를 수도 있다. 그리고 당신은 현재의 안전함과 편안함을 보장받을 수 없을지도 모른다. 하지만, 당신은 새로운 대지를 만드는 신선함과 유쾌함에서 우러나오는 진정한 기쁨을 느낄 것이다.

- 폴 레이(Paul Ray) · 셰리 R. 앤더슨(Sherry R. Anderson),
『The Cultural Creatives』

시민들의 효율적인 참여가 없는 도시의 성장은 토지를 단지 소모품으로 만들 수 있다. 왼쪽의 신도시 개발이 캘리포니아의 카스트로 밸리 인근 산등성이를 따라 진행되고 있다.

이러한 모든 것들이 진지하게 다루어져야 한다는 것이다.

변화에 대한 시민들의 다양한 반응을 중재하기 위한 가장 효율적인 방법은 그들과 함께 미래의 비전을 형상화시키는 것이다. 모든 것들이 불확실할 때, 비전은 지침으로서, 그 힘을 발휘한다. 성공적인 비전은 단지 더 나은 장소를 만드는 것뿐만이 아니라, 그 장소가 어떻게 진화하고, 앞으로 어떤 식으로 성장할지에 대한 것들을 이미지화함으로써, 잠재적으로 야기될 수 있는 문제들을 포용한다는 것이다. 그 비전은 어떻게 현재의 악재가 내일의 호재로 작용될 수 있는가, 그로 인하여 커뮤니티에는 어떤 이익이 창출되는가, 그리고 어떻게 반대견해에 영향을 주는가라는 질문에 대한 해법을 제시해준다. 거시적인 관점에서의 비전은 커뮤니티를 변화시키는 가장 중요한 열쇠라 말할 수 있다. 하지만, 근시적 비전은 우리의 예측을 단기적으로 한정하여, 제한된 결과를 야기시킬 수 있다. 그러므로 거시적인 관점에서 우리는 시민들과 함께, 현재 우리가 살아가는 장소, 사회, 경제구조, 환경 등이 미래에 어떤 모습으로 나타날지에 대해서, 스스로 찾아볼 수 있는 기회의 장을 만들어주어야 할 것이다.

이를 행함에 있어 가장 어려운 점은, 관계된 모든 사람들을 그 과정에 참여시키며 동의를 구하는 것이다. 이는 마치 서로 꼬여 있는 나선형 유전자와도 같아서, 서로 얽혀있는 커뮤니티의 요소들을 잘 짜집는 과정이라고 볼 수 있으며, 변화의 가장 중요한 성과라고 말할 수 있다. 이는 재개발 후에 나타날 수 있는 물리적인 도시의 형상을 예측하는 것이 아니라, 그 과정 안에서 형성되는 새로운 연계와 시민들의 내부적 변화를 말하는 것이다. 투자자들은 시민들과 긴밀하게 연계되어야 하며, 공공의 이익을 위해 고용안정과 커뮤니티의 질적 성장을 제고하며, 단기적 경제성장 이상의 것들을 내다볼 수 있는 자세를 가져야 한다. 정부는 이 변화의 선도자들에게 도시기반설의 확충이나 행정적 지원 등을 통해서, 그들이 떠맡을 수 있는 위험부담을 최소화시키며, 적극적으로 도와주어야 할 것이다.

비전, 계획, 그리고 함정

　　미래를 위한 계획은 그 계획이 실행될 수 있느냐, 혹은 없느냐에 생사를 함께 한다. 그러므로 비전이 아무리 훌륭하더라도 계획 그 자체의 성공을 보장할 수는 없다.

　　계획은 상세하게 이해될 수 있어야 하며, 실행 가능한 것이어야 한다. 사람들은 계획의 의미가 무엇인지, 또 이것이 어떻게 그들에게 영향을 미칠 수 있는지를 알고 있기 때문에, 일반적으로 수용될 수 있어야 한다는 것이다. 이행전략은 계획에 있어서 필수요소다. 이해관계자는 물론, 정부의 방침과도 함께 조율되어야 하며, 미래계획들의 상위계획으로써 지침원리가 제공될 수 있어야 한다. 만약 그렇지 않다면, 그 계획은 점차 그 빛을 잃어갈 것이다.

　　이러한 프로젝트가 어렵고, 실패할 확률이 많은 이유는 어떤 작은 한 가지 요인이 전체 개발계획 과정을 망쳐놓을 수 있기 때문이다. 그러므로 계획가와 설계자는 그 비전을 유지시키는 데 힘을 기울여야 할 것이며, 전반적인 진행과정을 함께 할 개발자를 찾는 데도 노력을 아끼지 않아야 할 것이다.

　　계획하는 데 있어서는 설득력 있는 스토리가 필요하다. 만약 그 계획을 뒷받침해 줄 이야기가 없다면 진행은 반대파들에 의해 저지될 것이다. 권력가나 카리스마의 캐릭터 또한 이러한 변화를 진행하는 데 중요한 역할을 한다. 주지사, 시장, 대기업의 사장과 같이 사회적 혹은 경제적으로 영향력을 행사할 수 있는 사람들은 더 많은 대중 속에서 연설하고, 사람들을 설득하면서, 변화에 큰 힘을 실어줄 수 있다는 것이다. 또한 하버드 대학교수이자 교육의 혁명가로 명성이 높은 가드너의 저서 『*Changing Minds*』에서 언급된 '공명Resonance'과 말콤 글래드웰의 저서 『*The Tipping Point*』에서 사용된 '점착성Stickiness' 등에서는 공공의 희생을 강조하며, 큰 미래에 대한 비전을 지속적으로 설파한다. 설계가들은 프리젠테이션, 시각매체, 글 등을 통해서, 그들의 스토리를 전개하며, 이러한 노력들을 돕는다. 그리고 이러한 스토리는 강한 힘을 실어주기 위해서 때로는 복잡해야 하지만, 시민들의 이해를 도모하기 위해서 때로는 직설적이어야 한다.

마지막으로, 정부는 시민들과 정보를 공유함으로써, 모든 이들이 교육과 사회적 서비스를 공평하게 제공받도록 하는 것이야말로, 그들 스스로 평화와 질서를 자발적으로 유지시킬 수 있는 힘을 키워나가는 방법이며, 이는 평화를 유지시키는 가장 신뢰할 만한 방법이라 할 수 있다.

- 토머스 제퍼슨(Thomas Jefferson)이 제임스 매디슨(James Madison)에게
보낸 편지 중(1787)

마지막으로, 리더가 군중들의 목소리를 반영하지 않는다면, **효과적인 결과를 만들어낼 수 없으며, 공공의 희생 또한 강요할 수 없다.**

- 가드너, 『*Changing Minds*』

……앞을 보라. 그리고 불확실한 것들을 보기 위해 기꺼이 노력하라. 이러한 노력보다는, 너무 많은 사람들이 불확실한 것들에 대해서 막연히 두려워한다. 그래서 그들은 사려 깊게 생각해 보지도 않고, 무의식 중에 판단하는 성향을 보인다.

- 피터 슈워츠(Peter Schwartz), 『The Art of the Long View』

위의 그림은 이 책의 3장에서 논의되었던 체로키 재개발 계획의 조감도로써, 기존 산업구획을 복합용도 지구로 변화시키기 위해서는 정부가 새로 제안된 용도계획을 수용해야 한다는 개념을 강조한다.

변화의 성공은 리더십에 달려있다. '변화를 위한 리더십' 이라는 의미는 그들의 독단적 견해에 좌지우지됨 없이, 대안적 미래가 분명히 나타나고, 도식화될 수 있어야 한다는 것이다.

변화를 위해서는 전문가라는 오만함을 멀리해야 하며, 겸손하게 군중들의 지혜를 받아들일 수 있어야 한다. '변화를 위한 리더십' 은 위험을 분산하고, 자원, 인원 등을 적절하게 배치할 수 있으며, 세계경제의 추이를 읽을 줄 알아야 한다. 이와 더불어 가장 중요한 요소는 불가피하게 마주치는 저항에 맞서 싸울, 인내가 요구된다는 것이다.

만약 커뮤니티가 변화를 능동적으로 다루어간다면, 그들의 경제와 사회환경은 효율적으로 개혁될 수 있을 것이다. 하지만 여기에는 많은 시간과 지속적인 노력이 요구된다. 혹자는 이러한 변화의 속성을 빗대어, '어머니의 헌신' 혹은 '성인의 인내' 라고도 말한다. 반대하는 사람들이 많을 수도 있으며, 그에 따른 저항도 예상했던 것보다 클 수 있으나, 가장 큰 장애물은 시간 그 자체일지도 모른다. 왜냐하면, 이러한 프로젝트들은 보통 대단히 복잡하고, 완성되는 데도 긴 시간이 걸리기 때문이다.

자원, 기술, 그리고 도전

최근 몇 년 동안, 가드너, 글래드웰, 대니얼 안켈로비치^{Daniel Yankelovich} 같은 저명한 학자들에 의해서, 변화의 이행에 대한 세부적인 내용들이 구체적으로 밝혀지고 있다. 이는 변화에 노출될 사람들에게 그 이해를 제공할 것이며, 그 변화에는 시간이 필요하다는 것을 우리에게 환기시킬 것이다.

만약 한쪽이 또 다른 한쪽을 공유하지 않는다면, 변화를 통해 또 다른 것을 도출해 낸다는 것은 불가능하다. 기본적으로, 그들이 가지고 있는 신념에 대한 끊임없는 질문 없이, 기존에 얻은 경험과 지식들을 반복하는 것은 성공적인 결과를 유도할 수 없다. 양질이라는 것은 확신과 개방이라는 속성을 모두 포함하며, 변화를 선도하는 데 있어서 필수적인 요소로 작용한다. 하지만 이는 동시에 비평에 민감하며, 개방과 용기라는 요소 또한 필요로 한다. 물론 이 균형을 유지하는 것은 결코 쉬운 일이 아니다. 하지만 성공적인 결과를 도출하기 위해서 우리는 이러한 개념과 요소들이 근본적으로 유지될 수 있도록 노력을 아끼지 않아야 할 것이다.

변화를 관리하는 자는 혼동과 모호함이라는 요소를 적절하게 다룰 수 있어야 하며, 사회, 환경, 디자인과 환경적 요소들을 응집시킬 수 있는 다각적 측면의 정보를 분석할 수 있어야 한다.

또한 그들은 다른 이들의 문제를 도와줄 수 있어야 하며, 불확실한 결과를 관리할 수 있어야 한다. 여기에는 완벽한 정보가 제공되지 않을 수도 있으며, 예상 밖의 결과가 도출될 수도 있다. 보다 많고 확실한 정보들이 제공될수록 이러한 위험이 상쇄될 수 있는 것은 사실이지만, 전반적인 초기작업은 보증 없는 신념들의 도약이라 말할 수 있다.

우리는 휴양도시에서 이러한 예를 찾아볼 수 있다. 경제적 또는 도시기반 구조상의 지원을 충분히 받지 못함으로써, 인구는 감소하고, 경제 및 자연적 관리의 부재라는 악순환이 반복된다. 삶의 질은 저하되고, 도시의 문제는 더욱 더 복잡해진다. 정부는 이러한 문제를 정비하기 위해, 막대한 자금이 투입되어야만 한다는 것과 이러한 시도가 물거품이 될 수도 있다는 사실을 두려워한다. 또한 구조적으로 미국 대부분의 토지이용 계획은 지방정부의 정책에 그 기본을 둔다. 바꿔 말하면, 지방정부는 혁신적인 디자인이나 새로운 아이디어를 쉽게 무시할 수 있다는 것이다.

변화는 미래다

우리는 변화를 피할 수 없다. 우리는 삶의 모든 척도에서 변화와 투쟁한다. 이를 효율적으로 관리하기 위해서는 변화의 도구 및 단어들과 친숙해져야 하며, 변화가 어렵다는 것을 이해해야만 한다. 두드러진 변화가 진행된 지난 35년 동안, 우리는 그 변화의 성공에 놀라면서, 또 한편으로는 그 변화를 이루어가는 과정을 배워왔다. 레거시 철학Legacy philosophy이 바로 이것이다. 레거시의 의미는 과거와 미래의 정신을 모두 포용하는 조경, 도시설계를 한다는 것에서부터 나온다. 이러한 철학은 우리가 세계의 변화에 부흥하면서, 인간의 삶에 의미를 부여하도록 만든다.

우리는 탐험을 멈추지 말아야 하고,
우리의 모든 탐험의 끝에는
우리가 시작한 장소에 도착해 있을 것이며,
처음으로 그 장소를 알게 될 것이다.
　- T. S. 엘리엇(T. S. Eliot)의 『사중주(Four Quartets)』 중에서

글레이셔 국립공원 프로젝트에서 가장 아이러니한 부분은
주민들이 계획에 강하게 반대한다는 것이었다.
그러나 인구의 폭발적인 증가는
결국, 주민들을 단결시키고 문제를 해결하도록 유도해준다.

플랫헤드 카운티 마스터플랜
Flathead County Master Plan
Flathead County, Montana

훌륭한 경관으로 유명했던 이 도시는 현재, 성장통을 겪으면서 그 변화에 맞서 투쟁한다.

플랫헤드 카운티의 면적은 약 3백 8십만 에이커로, 미국과 캐나다의 국경에 위치한다. 글레이셔 국립공원의 절반이 플랫헤드 카운티에 속해있으며, 서부 미시시피에서 가장 크고 깨끗한 플랫헤드 호수가 위치한다. 벌목지였던 이곳은 낚시꾼들에게는 지상낙원이었다. 이곳은 1980년대, 전원의 삶을 꿈꿔오던 사람들의 이주와 자연 관광객들에 의해서 점차 유명해지기 시작하였으며, 1970년부터 2000년 사이에 약 6만 5천명의 인구가 카운티로 유입되어, 로드 아일랜드 규모의 도시로 성장하게 되었다. 이 도시는 지속적으로 성장하여, 한해 2백만 명의 관광객을 맞이하며, 20에이커 규모의 대규모 전원주택 건설의 붐을 이루었다.

이렇게 빠른 도시성장 때문에, 1993년 플랫헤드 카운티는 부동산 시장의 전성기를 맞이하였고, 카운티 정부는 15년 전에 만들어진 오래된 마스터플랜이 무용지물이 되었다는 것을 인지한다. 그로부터 10년 후, 심각한 교통체증과 교육시설의 부족으로 개발압력이 거세지자 그 도시의 경관가치도 함께 위협받게 되었으며, 농업용지나 자연녹지로 사용되었던 토지들은 점차 주택지로 변경되기 시작하였다. 첫 해에는 15%의 토지가 변경되었고, 그 다음해에는 30%의 토지가 주택지로 그 용도가 변경되었다. 그 결과, 1973년에서 1992년 사이에, 무려 94%의 토지, 즉 13만 5천 에이커가 전원 주택지로 소모되었다. 정부는 이러한 변화에 대한 공청회를 종종 시행하였으나, 개발자들의 압력으로 대부분 무산되었으며, 재정악화로 인해, 이러한 급성장에 발빠르게 대처하지 못한 것도 사실이다. 그러나 가장 큰 방해물은 몬태나 주민들의 재산권에 관계된 민감한 사항들과 민관의 수직 구조상에서 오는 문제들이었다.

플랫헤드 호수와 카운티의 인공위성 사진-이 지역의 수려한 경관은 지난 10년간, 도시의 급성장을 유도하였으며, 그로 인해 도시기반 시설의 결핍이 야기되었다.

(위쪽): 도시성장으로 인한 개발압력은 카운티 주변에 무계획적인 도로와 상가들의 확산을 야기하였다.

(아래쪽): 인구의 급성장과 계획의 부재는 이주민들과 토착민들이 서로 호수주변 및 수역권의 조망과 위치를 확보하려는 경쟁을 조장하였으며, 이는 기존 농업용지가 난개발에 의해 점점 줄어드는 현상을 야기했다.

마스터플랜이 만들어질 당시, 몬태나 주에는 카운티 규모의 권역별 도시계획이 없었다. 플랫헤드 카운티의 인구분포는 사회·경제적으로 매우 다양했다. 개방적인 사람, 보수적인 사람, 매우 부유한 사람, 근로자, 환경론자, 벌목산업을 옹호하는 자, 카우보이 등, 여러 종류의 사람들이 있다. 이렇게 다양한 사람들이 함께 살아가는 그 도시에서 우리가 공통으로 배운 점은 시민들이 공공계획을 매우 싫어한다는 것이다. 그 이유는 정부의 간섭에 대해 적의를 가진 사람들이 너무 많았기 때문에 정부가 시민들에게 정책상의 동의를 구하는 것은 매우 어려웠다. 그러므로 플랫헤드 카운티는 시민들을 계획에 참여시키고, 정책결정 단계부터 시민들이 참여할 수 있는 구조를 만드는 것을 필요로 했다.

1992년 개발압력이 최고조에 올랐을 때, 벌목, 농업, 환경, 개발, 정치, 부동산 등에 종사하는 반대자들이 협력계획연합Cooperative Planning Coalition이라는 협의체를 구성하여 활동하였다. 그들의 목표는 지속 가능한 방법 안에서 도시성장에 대한 적절한 마스터플랜을 수립하는 데 있었다. 시민들의 참여는 성공적이었으며, 약 3억 원의 기부금을 모을 수 있었다. 이는 미국에서 개인펀드로 수행된 공공 마스터플랜 수립과정 중, 가장 큰 축에 속했다. 그러나 1993년 말, 그 과정은 협력계획 연합의 능력을 넘어섰으며, 이때 디자인 워크샵이 참여하게 된다.

새로운 포괄적 마스터플랜 계획의 수립은 자영업자에서 자연과학자들까지, 다양한 사람들을 참여시키는 것에서부터 시작되었다. 그 목표는 자연자원, 지역의 문화적 특성, 농촌의 캐릭터 등을 비용 효율적인 측면에서 보호하는 것이었고, 최종적으로는, 그 개발원리에 맞추어 지역의 토지이용이 승인되도록 하는 것이었다. 처음 한 달 동안은, 시민들이 큰 비전을 정립할 수 있도록 도와주는 전략가로서, 그리고 세부적인 항목들을 관리하는 중재자로서, 설계팀은 그 역할을 수행하였고, 텔레비전과 라디오 등의 대중매체에 광고를 내어, 165개의 관련 조직들과 함께 회의를 진행하였으며, 약 80회의 공공회의를 이행하였다. 또한 인구 및 시설이용을 분석하여, 그 도시의 주거, 상업, 산업개발에 대한 틀을 마련하였고, 그 과정에서 시민들이 그들의 미래도시에 대한 윤곽을 잡도록 유도하였다.

시민들의 자발적 참여는 매우 중요한 역할을 하였다. 최종계획을 함께 그렸던 300여명의 시민들은 소규모 그룹 26개로 나뉘어져서 활동하였다. 이는 플랫헤드 전체 인구의 20%가 그 계획에 참여하였다는 것으로 특징지어진다.

그 도시의 8%가 정부소유의 공공용지로

서머스/로워 밸리 – 공공 서비스 접근성 분석

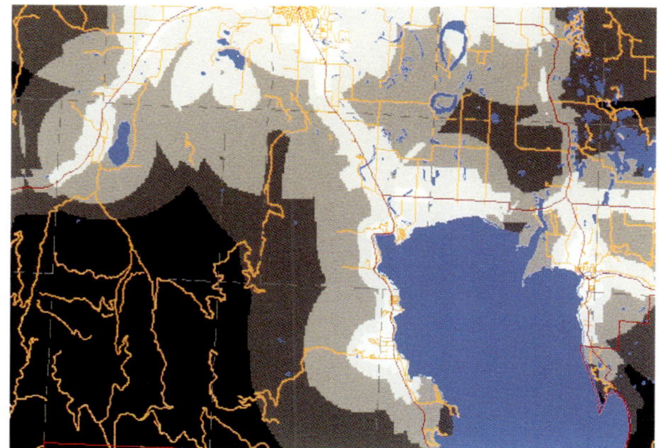

크레스턴 지역 자원 – 토지이용 분석

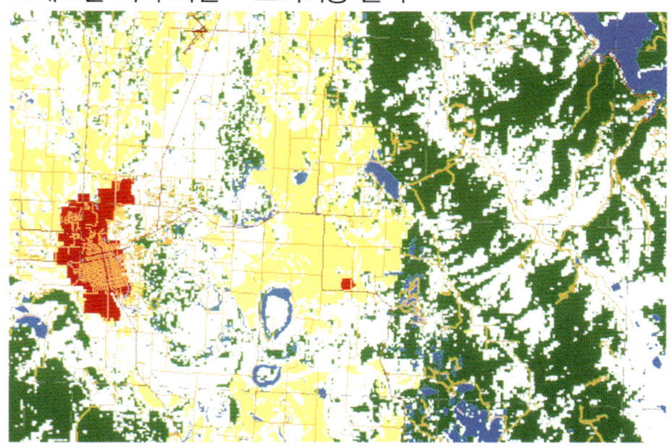

칼리스펠 – 주요 토지이용 계획

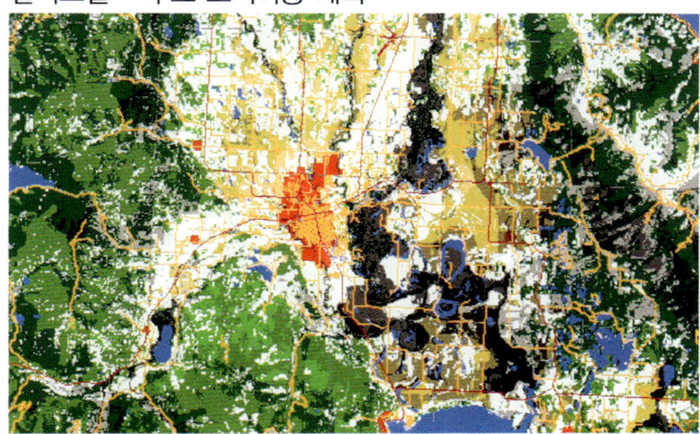

최종 토지이용 계획

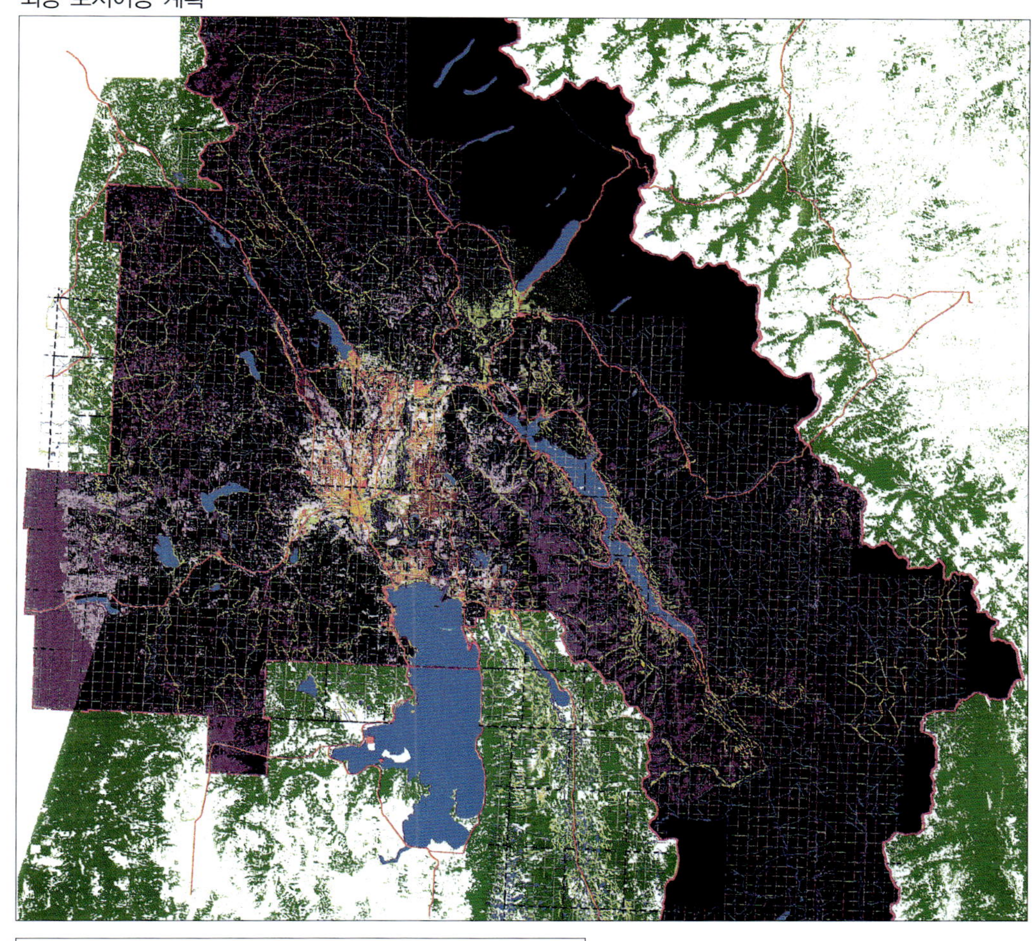

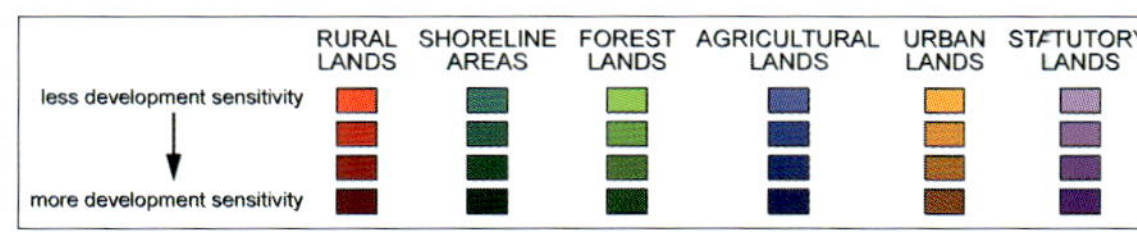

(왼쪽) 설계팀은 도시성장에 따른 영향 및 계획을 관리할 방법을 강구하기 위해서 시민들의 활발한 참여와 함께 물리적 특성들, 인구, 시장 트렌드 등을 분석한다.

(위쪽) 최종계획은 공공의 권리와 개인적 권리라는 민감한 균형을 맞추기 위해서, 협상 가능한 지역, 개발이 제한될 지역 등에 대한 분석을 그 내용에 담는다.

서, 지역경제에 매우 중요한 작용을 하였다. 지역 생태계를 지속적으로 잘 관리기 위해서는 공공용지와 개인용지의 조화가 매우 중요했다. 33,000명의 주민들이 참여한 설문조사와 정부기관의 자료들을 바탕으로, 지리정보 시스템Geographic Information System; GIS 분석을 하였는데, 가장 먼저 분석된 것은 농업용지, 벌목지, 범람원, 습지 등과 같이, 개발에 가장 민감한 지역을 찾아주는 것이었다. 미국 국립공원 관리국, 산림청 등의 여러 정부기관들이 제공한 자료들을 바탕으로, 약 100여 개의 분석지도를 만들었는데, 이는 초지, 습지, 야생동물의 통로, 도시기반 시설, 문화 및 역사적 부지 등, 자연적인 유산과 인공적인 산물이라는 다양성이 어떻게 조화를 이루는가를 보여주는 이정표로서의 역할을 하였다.

최종계획의 중심은 수행표준 검토시스템Performance Standard Review System이다. 이 시스템은 지역에 부정적인 영향을 끼치지 않는 한, 그들의 토지에서 주민들이 원하는 것을 할 수 있도록 해주는 것이었다. 이는 지역개발이 활성화될 수 있도록 경제적 인센티브를 제공하며, 삼림과 농업지를 보호할 수 있도록 부동산 특별세를 제정하고, 토지신탁의 사용권한을 높임으로써, 그 지역의 비전에 적합한 현행법과 관리제도 등을 유연하게 관리하는 기능을 하였다.

재산소유권에 관한 문제는 보통 복잡하며 실행하기 어렵다. 사실 본 프로젝트에서도 마찬가지였다. 이 일을 시작하기 일주일 전, 플랫헤드 카운티에서는 브래디 총기통제 수정조항이 통과되었으며, 이를 위한 도시계획 수정의 필요성이 제기되었다. 이러한 이유에서 카운티 의회에서도 마스터플랜 수정계획을 만장일치로 통과시켰으나, 바로 시행되지 않았고, 1996년 의제에 다시 등장하게 된 것이다. 다시 말하면, 플랫헤드 카운티에서 그 동안 다양한 관점에서의 조사와 회의가 진행되어 왔으나, 계획 그 자체가 이행된 적은 없다는 것이다. 2005년, 사회적 여건이 변화되면서 개발압력에 의해 확장되어가는 도시를 지속적으로 관리하기 위해서 공무원들과 시민들은 새로운 마스터플랜의 필요성을 그 어느 때보다 실감하고, 그 지역의 오랜 숙원사업을 착수하게 된 것이다.

프로젝트 크레딧 ─────────

마스터플랜: Design Workshop, Inc.

마스터플랜 총책임자: Kurt Culbertson

프로젝트 매니저: Deanna Weber

GIS 전문가: Steve Mullen

프로젝트 계획가: Bill Kane, Marty Zeller, Tomas Gal

발주기관: Cooperative Planning Coalition

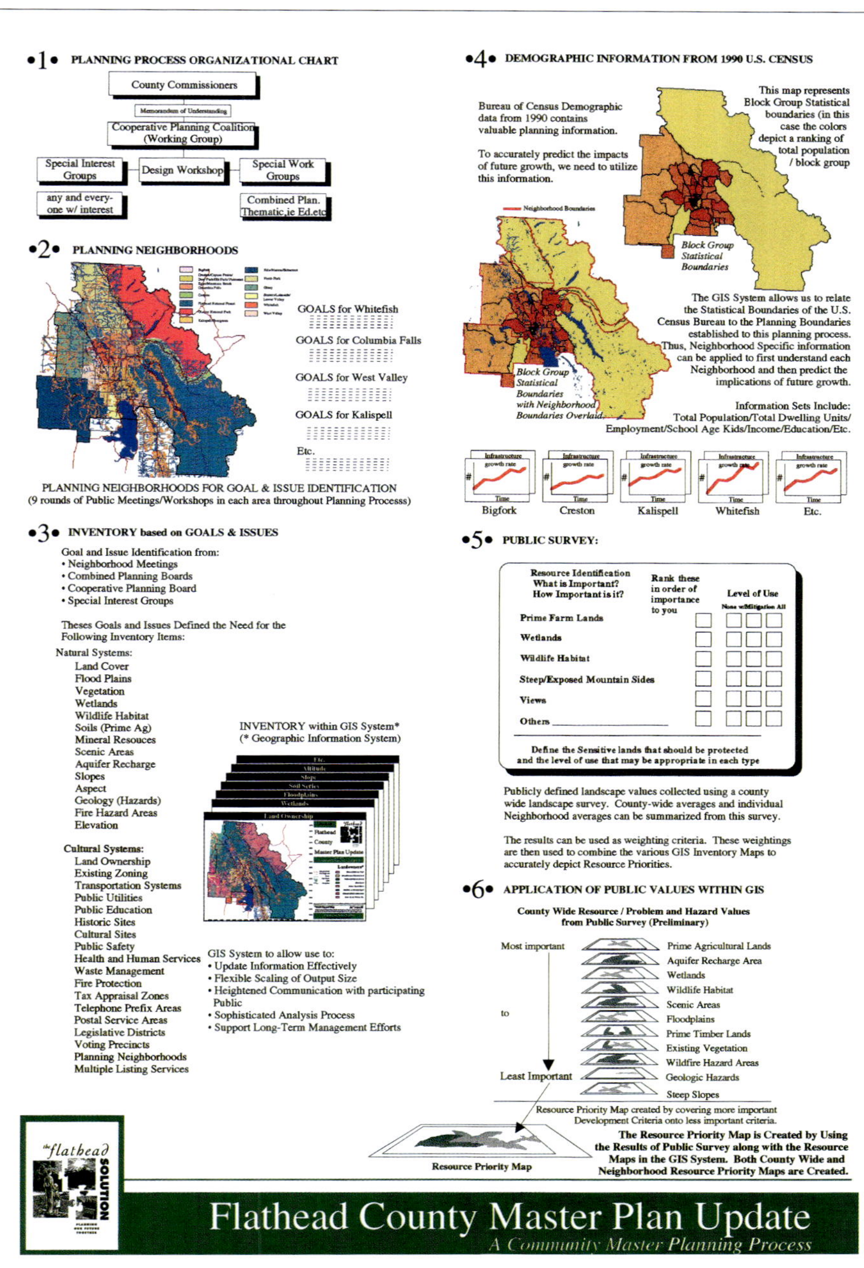

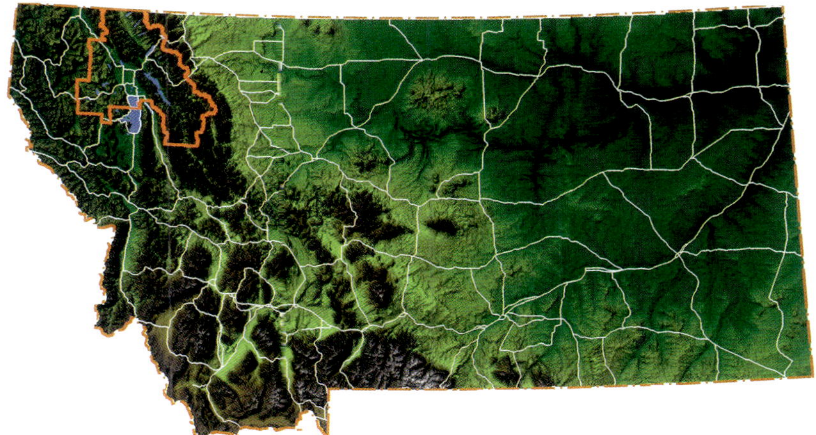

(왼쪽): 초창기 다이어그램은 토지분석이 공공의 자산가치와 어떻게 연계되는지를 보여준다.

(위쪽): 이 지역계획의 규모는 로드 아일랜드 크기로, 이해관계자들의 다양한 스펙트럼을 고려한다.

북부 레이크 타호 해안을 따라 형성된 소도시들은
관광업의 침체로 심각한 경제위기를 맞이한다.
그들은 변화를 필요로 했지만, 정부의 정치적 · 행정적 지원조차 없었다.
그러나 일련의 전략계획은 그 지역의 잠재적인 투자자들을 유치하였고,
그들에게 필요한 실질적 재투자를 성사시킨다.

북부 레이크 타호
North Lake Tahoe
Lake Tahoe, California

분산된 이권을 합치는 것은 그 지역의 관광경제를 활성화시키고, 그들에게 새로운 미래를 부여한다.

1990년대 중반까지, 관광도시로 유명했던 북부 레이크 타호의 성장을 지원해 줄 도시시설은 점차 부족해지고, 그 지역 관광산업을 지원해 주는 훌륭한 경관의 질은 지속적으로 저하되어 스키를 즐기는 관광객들마저 줄어드는 경향을 보였다. 2차 세계대전 직후, 스쿼밸리Squaw Valley 지역에 몇 개의 대규모 리조트가 만들어지면서, 그 지역은 관광도시로서의 면모를 갖추게 되었다. 하지만 도시의 성장을 뒷받침해 줄 도시주변부 개발이 이루어지지 않았으며, 도시 공동체가 유기적으로 조직되어 있지 않았다. 또한 세금의 지원이나 중장기 도시계획에 의해서 그 도시의 성장이 관리되는 것도 아니었다.

이 지역은 1960년대 후반에 만들어진 환경보호법에 의해 재개발이나 신개발이 허가될 수 없었기 때문에, 중심상업부와 숙박시설들은 점점 낙후되어 관광객들의 이용도 점점 줄어들었다.

용이한 접근성과 대규모의 리조트 시설로 인해, 타호는 당일여행의 천국으로 발전하였으나, 점차 악화되는 교통체증과 심각해지는 대기오염, 그리고 지방정부가 부과하는 높은 세율로 인해 관광객들의 소비는 지속적으로 감소하였다. 도시는 보행환경의 개선과 같은 기본적인 도시기반 시설을 정비할 예산도 확보하지 못했으며, 이에 관심을 갖는 사람조차 없었다. 각 지역별로 다방면에 걸친 연구를 진행한 적은 있었지만, 정부의 제한적 정책에 발이 묶여 개발이 제대로 이행되지 못했다.

1995년 플레이셔 카운티는 디자인 워크샵을 고용하여, 관광개발 마스터플랜을 계획하도록 하였으며, 약 8년간에 걸쳐 수행된 이 작업은 최종적으로 도시의 복잡한 문제들을 해결할 수 있는 3가지 계획안을 제안한다.

마스터플랜 수립과정에는 개인투자를 유치

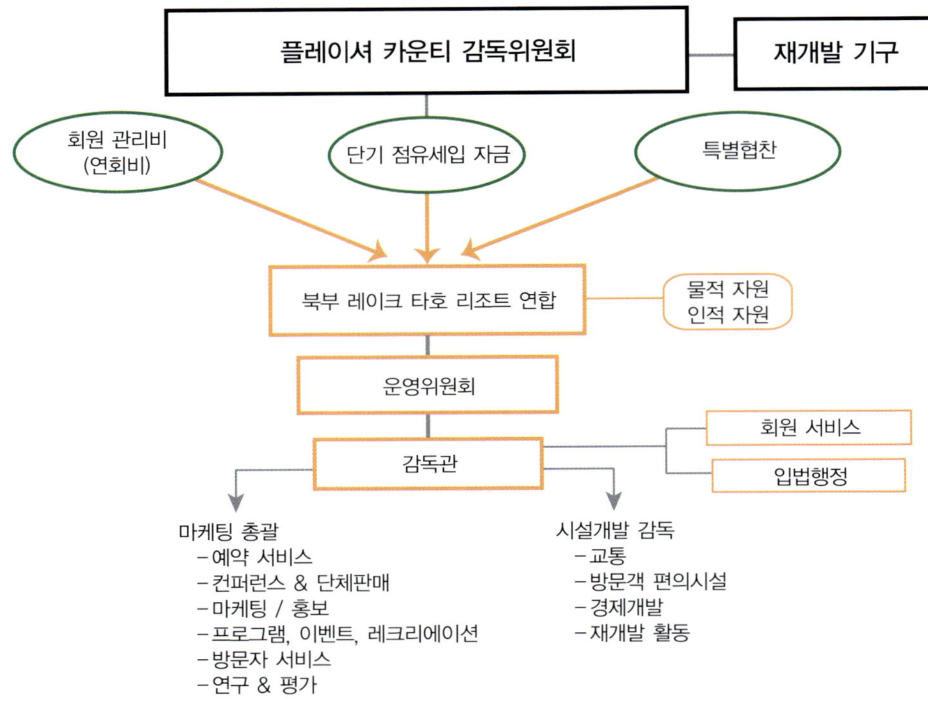

(왼쪽 위): 세금 및 관광업에 관한 문제를 반영한 조직표
(오른쪽 위): 관광산업을 활성화시키기 위한 투자는 그 도시의
변화를 유도한다.

하기 위하여, 공공투자를 장려하였으며, 각각의 계획가는 시민 자문위원단을 구성하고 공청회를 개최하여, 객관적인 장단점을 파악하였으며, 우선순위와 각종 제안들을 만들어갔다.

초기 마스터플랜에는 지방정부 공무원들과 함께 그 지역의 문제점을 반영하는 데 주안점을 두었다. 설계팀은 이를 진행하면서, 북부 레이크 타호에는 공공투자 비율이 매우 낮다는 것과 관광도시를 운영하는 데 필요한 최소예산조차 충당되지 않는다는 사실을 발견한다. 그래서 계획가들은 총 7개의 소도시를 유기적으로 연계시키고, 공공예산을 확보함으로써, 개인투자를 유치시키는 구조를 마련하는 데 주력하였다.

먼저, 약 500여 개로 분산된 지역 소규모 상업지회와 관광청을 통합하는 것을 시작으로, 다방면에 걸친 인사들로 구성된 재개발조직위원회를 구성하였다. 이 위원회는 지역변화를 선도할 수 있을 만한 힘을 가졌으며, 단기점유 세율Transient Occupancy Tax을 높임으로써, 관광기반 하부구조와 지역 세입 창출을 위한 메커니즘을 구현하였고, 1997년 시민투표에 의해 세율증가가 승인되었다. 또한 이 계획은 계절별 교통체증, 친환경적 대중교통 시스템 등, 북부 레이크 타호가 가지고 있던 가장 시급한 문제들에 중점을 맞추었다. 초기계획이 완성된지 3년

후, 리조트 연합은 방문객 유치를 위한 중장기 계획의 일환으로, 단기점유 세율의 예산에 대한 우선순위를 정해달라고 의뢰한다. 그러나 사실 그 리조트 연합은 그들 자신의 성공을 위한 희생양이 된다. 시민들과 정부는 근로자 주택, 어린이 집 등의 도시복지 시설까지, 즉 연합의 초기목적과 능력을 벗어난 것들까지도 해결하라고 압력을 넣어왔던 것이다. 이러한 맥락에서 연합은 새로운 단기점유 세율 관광계획을 내부적으로 계획하고 사용해 왔지만, 일반에 공표하지는 않았다. 최종적으로, 2004년도에 새로운 법안이 통과되면서, 커뮤니티를 위한 투자에 대한 내용들이 다시 주목받기 시작했다. 우리는 방문객들에게 향상된 경험을 제공할 수 있고, 시민들의 삶의 질을 높이기 위해, 레크리에이션 센터의 건설, 근로자 복지 시설 등을 제안하였다. 또한 건강한 생태계와 경제 활성화를 조화시키는 데 초점이 맞추어지도록 노력하여, 환경 그 자체가 도시 산업경제의 기반으로 관리될 수 있도록 피력하였다. 하지만 이러한 것들은 정부기관이나 전문가들에 의해 계획된 것이 아니라, 그 지역의 리조트 연합이 그들 커뮤니티의 문제를 풀기 위해서 자발적으로 진행하였다는 데 그 의의를 둘 수 있다.

3년에 걸쳐 계획된 북부 레이크 타호의 관광 마스터플랜은 매우 긍정적인 영향을

불러왔다. 거시적인 측면에서는 리조트 연합과 단기점유 세율법안을 가결하여, 수백억 원의 개발자금을 유치하였으며, 근시적인 측면에서도 상당한 파급효과를 일으키기는 마찬가지였다. 단기점유 세율세입의 대부분은 중심상권 재개발에 쓰였으며, 보행환경 개선사업 및 도로정비 사업으로 인한 공공용지의 향상은 개인용지 및 개인상권 환경의 개선을 유도하였다. 그로부터 1년 후, 최종 마스터플랜이 완성되었고, 타호 시는 연방정부의 도움 없이 그들의 도시 인프라를 재구축하기에 충분한 자금을 자체적으로 조달할 수 있었다.

프로젝트 크레딧 ─────────

마스터플랜: Design Workshop, Inc.
총책임자: Richard Shaw (개발 제 1, 2단계),
　　　　 Rebecca Zimmermann (개발 3단계)
프로젝트 매니저: Rebecca Zimmermann (개발 제
　　　1, 2단계)
계획가: Sarah Chase, Amy Capron, Kristen White
발주기관: Placer County, California, North Lake
　　　Tahoe Resort Association
관광정보: BBC Research (개발 제 1단계)
교통자문: LSC Transportation Consultants, Inc. (개
　　　발 제 1, 3단계)
측량회사: RRC Associates (가발 제 1, 3단계)

세계적인 관광명소로 유명한 이 도시는 매년 수많은 관광객들을 맞이한다.
급증하는 방문객들은 지역경관의 질을 저하시키기에 이른다.
하지만, 여러 방면의 이해관계자들이 함께 그들 도시의 관문을 디자인함으로써,
사람들의 흥미를 유발시키고, 환경적인 문제를 동시에 해결한다.

캐니언 포레스트 빌리지
Canyon Forest Village
Grand Canyon, Arizona

그랜드캐니언의 관문도시는 개발압력을 완화시키기 위해 고군분투한다.

대부분의 국립공원과 같이, 그랜드캐니언의 사우스 림South Rim은 세계적으로 장대하고 웅장한 경관을 제공하며, 연간 5백만 명의 방문객을 맞이한다. 그러므로 이 지역의 생태계는 수많은 방문자들에 의해 점점 훼손되어 갔으며, 한편으로, 이 지역을 찾는 방문자들에게 제공될 기반시설의 부족으로 몸살을 앓아왔다. 공무원들은 개인 자동차의 유입을 통제하고, 대중교통을 활성화함으로써, 이러한 문제를 동시에 해결하려 하였으나, 이 방법 하나만으로는 그리 큰 효과를 거두지 못했다.

1989년 디자이너들은 그랜드캐니언 사우스 림에서 7마일 떨어진, 투사얀Tusayan에 복합용도 개발을 제안하여 관광객들을 위한 관문도시로서의 기능을 부여하고자 했다. 여기에는 근로자 주거와 사회보장 시설, 경전철의 도입도 포함된다. 이렇게 계획된 커뮤니티는 호텔과 상가 등

에서의 수익으로 기존 투사얀에 없었던 소방, 응급시설, 의료, 재정, 종교, 교육시설 등, 주거와 사회복지에 필수적인 요소를 지원하였다. 장기적 관광세입을 유지하기 위해서는 국립공원의 환경을 보호하고, 인근 커뮤니티의 경제와 사회적 필요성이 조화되어야만 했다. 개발자는 투사얀 인근에 개발될 수 있는 270에이커와 남부 카이바브Kaibab 국립공원에 속한 개인토지 중, 약 2,100에이커를 교환하여 사업에 착수하였다. 하지만, 이 지역의 급한 경사도 때문에 우리는 법률, 계획, 친환경 건축 전문가들을 포함한 다학제적 설계팀을 구성하였고, 국제적 교육 모델을 제정하려고 노력하였다.

이 프로젝트는 환경단체, 인디언 부족, 근로자, 방문객들을 포함한 다양한 이해관계자를 섭외하는 것에서부터 시작되었다. 설계에는 국립공원과 투사얀의 근로자들을 위한 주거시설, 방

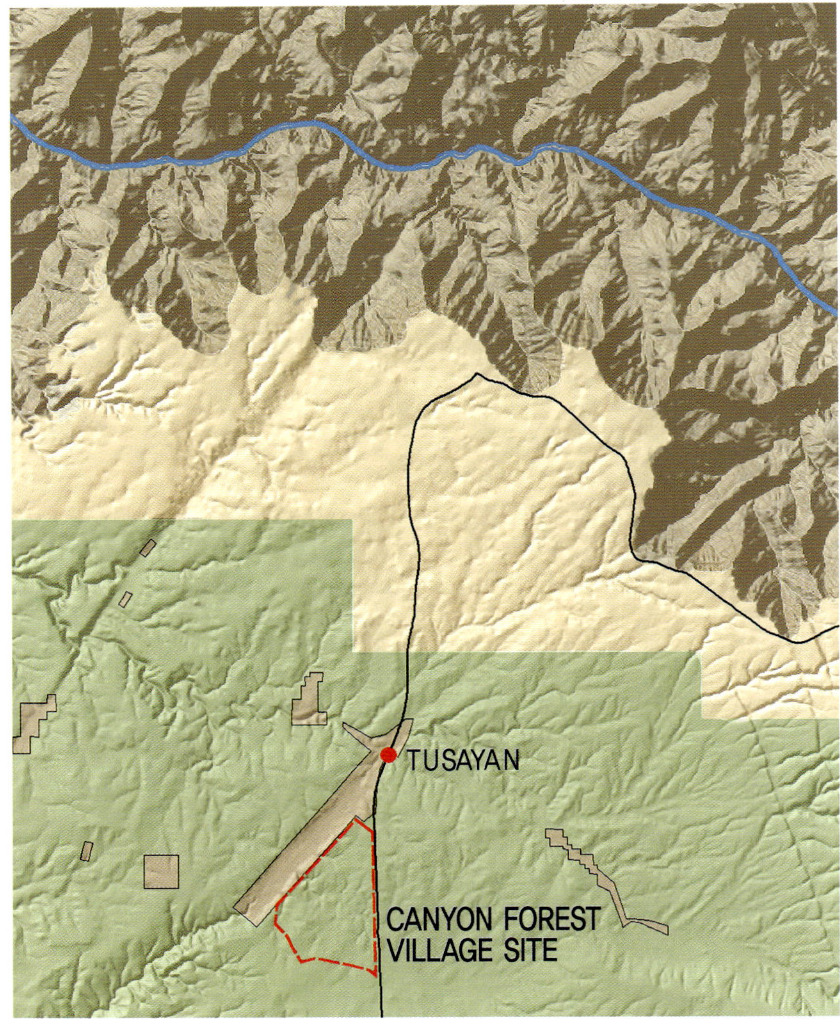

(위쪽): 개발지역은 그랜드캐니언 방문객들이 주로 찾는 경관지의 남부에 위치했으며, 그 지역의 용도를 전환시켜, 경관훼손을 보호하는 데 충분한 거리를 두었다. 투사얀 비행장은 캐니언의 서북부에 위치하며, 청색 선은 콜로라도 강을 나타낸다.
(반대편): 투사얀의 기존마을은 어떠한 정책적 지침도 없이 성장하였고, 이는 이 지역이 그랜드캐니언의 관문으로 성장되는 데 도움을 주었다. 또한 그 마을은 관광객들과 근로자들을 위한 사회적 서비스와 편의시설을 제공한다.

문객들을 위한 숙박시설, 인디언 수공예 시장, 연구시설, 종교 및 커뮤니티 편의시설, 북부 애리조나 미술관 등이 포함되었으며, 이는 문화와 교육이라는 세부적 요소를 관광이라는 상위개념과 조화될 수 있도록 만들어 주었다. 상가와 호텔은 지역 내의 경쟁을 경감시킬 수 있도록 배치되었으며, 건축지침은 친환경성을 바탕으로, 전통 스타일과 문화가 고려될 수 있도록 구성되었다.

프로젝트에서 가장 설득력 있는 측면은 지속가능성에 있다. 시민들의 주요 관심사가 환경이든 경제든, 혹은 사회적 문제든간에, 이는 사람들의 관심을 유도하였다. 마을 전체는 친환경에너지빌딩 인증[1]에 맞추어 설계되어, 광전지, 자연형 태양열판 등을 도입하였다. 환경 과학자들은 지하 대수층 고갈의 원인이 된 지하수 우물의 사용을 반대하였으며, 그 지방의 토착 인디언 부족도, 그들이 신성하다고 여기는 캐니언 온천에 영향을 미칠 수 있다고 판단하여, 과학자들의 견해에 힘을 실어주었다. 또한 설계팀은 빗물을 저장하여 사용하는 우수저장 시스템, 저유속 배관설비, 중수도 및 태양열 하수정화 설비 등을 도입함으로써, 지하수 보존을 적극 지원하였고, 정부의 인증까지 획득할 수 있었다.

그 계획은 연방정부, 주정부, 카운티 공무원들에 의해서 일괄 승인되었다. 호피 Hopi, 나바호Navajo, 하바수파이Havasupai 인디언 부족들, 환경보호 단체들, 그랜드캐니언 신탁, 시에라 클럽 등을 포함한 각종단체들도 이 계획이 승인되기까지 적극적으로 지원해 주었다. 하지만 투사얀 지역의 지주들과 상인들은 이 계획에 대한 강한 반대와 유감을 표하였는데, 그들은 서부개척 당시부터 지금까지, 관광산업에 대한 독점권을 주장하고, 이득을 보았기 때문이었다. 그래서 플래그스태프Flagstaff와 윌리엄스Williams의 사람들은 이 프로젝트가 그들에게 이익이 된다고 믿는 사람들과 잠재적인 경쟁을 불러일으킬 수 있다고 믿는 사람들로 나뉘어졌다.

이러한 찬반양론에 대해서 카운티의 계획위원회는 7번의 전체투표를 집행하고, 최종적으로 한 번의 만장일치 찬성표를 얻어, 결국 그 계획은 승인된다.

그러나 토지용도 자체를 변경하기 위해서는 지역 유권자의 투표결과가 있어야 한다는 주정부의 법 때문에, 관광산업에서 이익을 얻고자 하는 상인들과 환경보호를 위해 주기적으로 탄원서를 제출하는 환경보호해 주기적으로 탄원서를 제출하는 환경보

---

1) Leadership in Energy and Environmental Design(LEED). 미국 그린빌딩협의회(U.S. Green Building Council)가 만들어 친환경건물의 디자인, 건축, 운영의 척도로 사용되는 친환경건물 인증 시스템.

CAMPER
VILLAGE
RV
PARK
PIZZA
WE COOK
PIZZA
AND PASTA
Carvel
GENERAL
STORE
U.S.
POST
OFFICE
CAMPER
VILLAGE
YIPPEE-EI-O!
STEAKHOUSE

GIFT
SHOP
conoco
Food Mart
conoco
1 HOUR
PHOTO
HELICOPTER
& AIRPLANE
TOURS
TOURIST
INFORMATION
ATV TOURS

IMAX
Wendy's

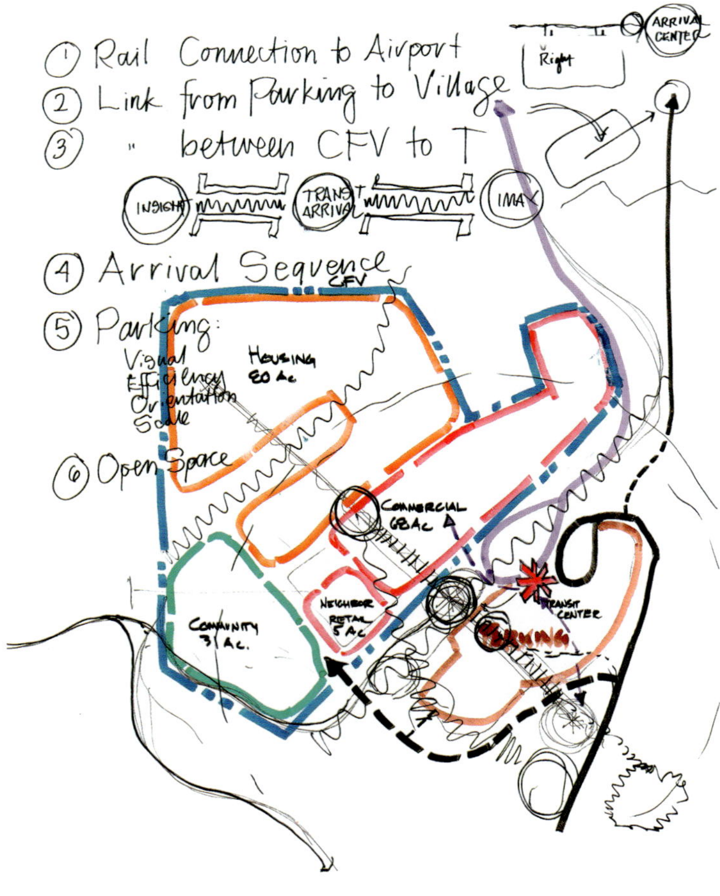

호 단체들의 대립은 점점 심화되었고, 결국, 코코니노Coconino 카운티 주민들은 이 프로젝트의 건설을 거부하기에 이른다. 하지만, 2000년 11월, 그 프로젝트가 거부된 바로 다음날부터 지역상인들은 그들의 개인부지에 산발적으로 상가를 건설하기 시작했고, 이로 인해 부분적인 성과를 거둘 수 있었다. 그러나 개발제한이 있는 몇몇 마을에는 아직도 교육시설이 턱없이 부족한 상태며, 열악한 근로자 주거시설, 사회복지 시설의 부재라는 열병을 앓고 있다. 투사얀의 개발제한 지침들이 적절하게 수정되어, 주민들이 적절한 의료, 소방, 상업, 사회복지 시설을 제공받을 날이 조속히 오길 기원한다.

프로젝트 크레딧

마스터플랜: Design Workshop, Inc.
총책임자: Kurt Culbertson
프로젝트 매니저: Deanna Weber, Sarah Chase Shaw
발주기관: Grand Canyon Exchange Limited Partnership
파트너: Tom DePaolo
건축가: Bob Berkebile, BNIM Architects
공공행정: Wayne Hyatt, Hyatt and Stubblefield

(위쪽): 그랜드캐니언 남부 외곽의 수려한 경관을 보호하는 동시에, 보행자의 접근성을 향상시킴으로써, 인근마을에 새로운 자산가치를 제공한다.
(반대편): 마스터플랜은 그 마을이 그랜드캐니언의 관문도시로서의 역할을 할 수 있도록 유도한다. 왼쪽 편, 위에서 아래로 나열된 세 개의 스케치는 산책로, 오픈 스페이스, 공공광장, 근로자 주거시설, 그리고 태양열 하수처리 시설을 보여준다.

Highway
180/64

National Park Service Housing

National Park Service
Dormitory Housing

Phase II
Storage/Parking

CFV Dormitory Housing

Bicycle & Pedestrian Paths

Insight Parking

Hotel

CFV Apartments

Insight Campus

CFV
Townhomes

NPS Transit
Center

Hotel

Church

Community Center

Cemetery

Village Core

Service Station

Neighborhood
Commmercial
Center

Hotel

Infrastructure

Church

Park

School

Long Jim
Canyon

Offices
(2nd story)

Medical Clinic/
Helipad

Walkway to
Tusayan

Fire Station/
Police Substation

IMAX Theatre

Hotel

American Legion

Highway
180/64

Tusayan

볼리비아 마디디 지방정부는 생태관광 캠프를 만들기 위해 수년간 계획을 세웠다.
하지만, 그 계획을 이행하기 위해 여러 가지 분석이 선행되어야 했으며,
무엇보다도 이 지역 생태관광 캠프의 경제성이 사회적·환경적인 맥락 하에서
자생할 수 있는지를 보증하는 것에 그 중점을 둔다.

찰라란 에코로지
Chalalan Ecolodge
Madidi National Forest, Bolivia

여러 종류의 지속가능성은 생태관광의 전초기지 역할을 제공한다.

볼리비아 북서부의 찰라란 호수에 에코로지[2]를 만든다는 생각은 1976년 라파즈La Paz의 한 여행사가 그곳에 기초적인 야영지를 만들고, 타카나–케추아Tacana-Quechua 인디언 마을 근처의 산호세San José 주민들을 사냥 안내자로 고용한 데서부터 출발한다. 이 지역의 풍부한 원숭이, 페커리남미산 멧돼지, 재규어아메리카 표범 등의 야생동물들 때문에, 여행사는 야생동물 관광여행을 상품화하고 싶어했으나, 이의 성공은 매우 미약했고, 결국 그 계획은 무산되었다. 그 후 몇 년이 지나, 이스라엘 모험가인 요시 긴스버그 Yossi Ghinsberg가 집필한 『*Heart of the Amazon*』

이라는 책이 재출판되면서 여행자들의 목적지로 널리 알려지게 되었다.

그 책에는 1982년, 볼리비아의 정글에서 길을 잃고, 3주 동안 죽음의 위기에 직면했던 작가의 실화가 상세히 기술되어 있다. 그가 산호세의 사냥꾼들에게 구조된 후, 그는 원주민들을 돕기 위해 많은 노력을 기울였다. 그 지역의 지역주민들은 풍부한 마호가니[3] 벌목을 생산하고, 사냥꾼들의 길잡이 역할을 해주면서 생계를 근근이 유지하고 있었다. 1991년, 지역주민들이 찰라란에 여행자들을 위한 숙박시설인 오두막을 만들고자 했을 때, 긴스버그는 그 부락에 국제보존협

2) Ecolodge. 친환경적 방법으로 생태관광을 하려는 사람들을 위한 숙박시설을 일컫는 말.
3) Mahogany. 열대우림 지역의 단단한 목재.
4) Conservation International. 지구상 생물종의 다양성

을 보존하기 위해 생태적으로 중요한 지역과 중요 해안지역의 보호를 지원하는 비영리 단체. 미국 워싱턴 D.C.에 그 본부가 있다.

지역주민들과 전문가들은 찰라란 호수에 생태관광 숙박시설
도입 가능성을 재고하기 위한 심화토론에 참여한다.

회4)를 소개해 주었다. 이 두번째 사업은 결과적으로, 또 한 번의 실패를 겪어야 했지만, 국제보존협회는 지속적으로 그 지역이 가지고 있는 생물의 다양성에 많은 관심을 가졌으며, 1995년, 볼리비아 정부가 찰라란에서 산호세를 가로질러 펼쳐진 정글에 약 7,000제곱마일 규모의 마디디 국립공원이 제정되는 데 매우 중요한 역할을 하였다.

과학자들은 마디디가 지구상에서 가장 많은 생물종의 다양성을 보유하고 있다고 말한다. 국제보존협회는 그들의 첫번째 생태관광 프로젝트를 착수한다. 새로운 관리시설이 만들어지는 곳은, 라파즈에서 루레나바케Rurrenabaque까지, 베니Beni와 투이치Tuichi 강을 이용하여, 카누로 약 5시간 정도 떨어진 거리다. 비록 산호세의 사람들이 경제적인 이유를 들어 에코로지를 개발하는 것을 원했지만, 국제보존협회는 새로운 국립공원에서 오일을 추출하는 것이나 불법 숙박 등을 최소화하여, 그곳의 자연을 보존하려 하였다. 그 계획과정에서, 지역주민들에게 프로젝트에 대한 주인정신을 부여함으로써, 그들의 목표를 일치시키려는 노력은 높이 평가된다. 또한 에코로지가 성공하면, 그 지역의 경제는 향상될 것이고, 지역주민들이 그 지역의 민감한 자연을 스스로 지킬 수 있도록 장려할 것이다. 이러한 메커니즘은 자연이 그 지역주민들의 생계를 향상시키고, 지역주민들이 그 국립공원의 자연을 보존하도록 한다는 데 있다.

디자인 워크샵은 이러한 친환경적인 생태관광 리조트 계획을 지지했으며, 생태관광 계획의 기반을 마련하기 위해, 여러 기본적 분석들을 실시한다. 긴스버그는 찰라란 에코로지의 건설을 돕기 위해 약 2억 원을 기부하였으며, 지역주민들을 지원하기 위해, 그들이 인터아메리칸 개발은행Inter-American Development Bank에서 약 12억 5천만 원의 자금을 대출받을 수 있도록 도와주었다.

설계팀은 프로젝트의 실행가능성을 타진하기 위해 시장성 수요분석을 시작으로, 부지설계를 수행해 나갔다. 설계가들은 업무를 수행하기 위해서 숙소를 마련하였으나, 이곳에는 수도, 전기 등이 공급되지 않았다. 또한 미국 국무성의 보안정책으로 항공지도를 획득할 수 없어서, GPS 시스템과 고도계를 사용하면서, 직접 지도를 작성했다.

국제보존협회와 코넬 대학교의 생태학자들은 설계팀과 함께 일하면서, 지역 야생생물, 토양, 그 밖의 다른 환경적 요인들에 대해 조사하고, 동물, 곤충, 폭우 등의 자연재해로부터 방문객들을 보호할 수 있는 기본적인 틀을 만들었다. 그들은 산호세 주민들 25명과 함께 일하면서, 지역적 특색을 이

설계팀은 정글에서 쉽게 구할 수 있는 재료를 사용하여, 친환경적 건축공법을 마을사람들과 함께 구사한다.

(왼쪽): 지역의 장인들은 촌타(Chonta) 야자수를 사용하여 오두막의 벽을 만들고, 자타타(Jatata) 식물의 잎으로 지붕을 만든다.

(오른쪽): 지역주민들은 식물에서 섬유재를 추출하여, 목재와 목재를 잇는다.

(위쪽): 설계가들의 숙박시설뿐만 아니라, 설계작업에 필요한 책상과 도구들도 산호세 주민들이 직접 만든다.

(반대쪽): 설계팀은 그 지역의 전체 마스터플랜을 만들었을 뿐만 아니라, 각각의 건물들도 설계하였다.

해하고, 그 지역에 맞는 기술을 수용하였다. 지역주민들은 상당한 열의를 보였으며, 설계가들은 그 지역에서 쉽게 얻을 수 있는 건축재료, 건축공법, 그리고 높은 습도로 야기되는 부패성 환경 등이 설계에 충분히 고려될 수 있도록 자문해주는 어드바이저의 역할을 주로 수행하였다.

각각의 건축물에는 그 지역의 향토재료가 사용된다. 촌타 야자수는 주로 오두막의 벽면재로 사용되었고, 자타타 식물의 잎은 지붕재로 사용되었다.

손상되기 쉬운 야생의 경관이라는 제한적 환경 안에서 방문객 편의시설을 중앙에 입지시키고, 개별적인 소규모 오두막을 호수 주변에 독립적으로 배치시키는 것은, 그 지역에 물리적인 영향력을 최소화하는 데 중요한 역할을 한다. 또한 팀은 지역주민들에게 시장관리, 시설관리, 음식물의 저장 및 관광지원 기술 등을 교육시켰다.

1998년에 개장하여, 산호세 사람들에 의해, 여러 해 동안 운영되고 있는 찰라란 에코로지에는 현재 24개의 숙박시설이 있다. 각각의 숙박시설은 태양열 에너지를 이용하여 관리에 필요한 전력을 얻어내며, 우물에서 마시기에 적합한 물을 얻는다. 체계적으로 설계된 산책로의 네트워크는 방문객들이 정글을 탐사하고 산책할 수 있도록 한다. 생태관광을 위한 시설들은 방문객들과 지역주민들 사이에 훌륭한 균형을 이루며, 모두의 욕구를 충족시킨다. 2001년 2월, 그 지역주민들이 숙박시설에 관한 소유권을 모두 인계받았으며, 현재 74가구가 에코로지를 운영하며, 경제적 이익을 창출해 내고 있다.

현재 이곳의 생태관광은 북아메리카의 몇몇 생태관광 전문 여행사에 의해 제공되고 있으며, 그 지역의 숙박시설은 『아웃사이드 매거진Outside magazine』과 『워싱턴 포스트Washington Post』에 의해 소개되고 있다. 찰라란은 안개가 자욱한 정글 호수를 배경으로 정글을 탐험하고, 야생생태를 관찰하는 이들에게 이색적인 아름다움을 제공하며, 찰라란의 에코로지와 숙박시설은 그 자연과 조화를 이루며 대자연의 안락함을 제공한다.

프로젝트 크레딧

프로젝트 코디네이터: Joe Vieira, Conservation International

마스터플랜: Design Workshop, Inc.

설계 책임자: Kurt Culbertson

조경설계: John Suarez

건축설계: Rich Carr

발주기관: Conservation International

협력자: Guido Mamani, Zenon Limaco, Alejandro Limaco, Villagers, Tourism Entrepreneurs

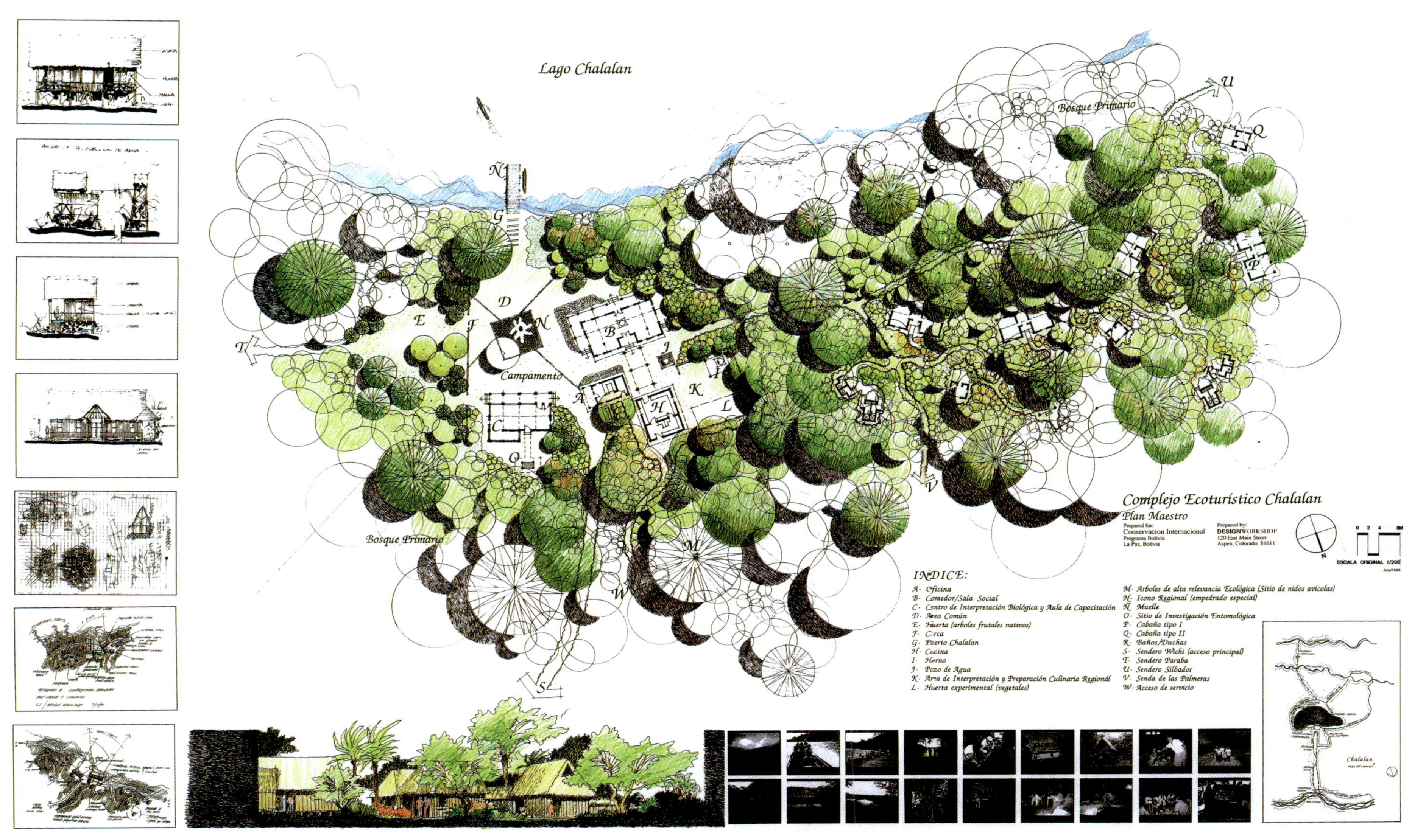

Lago Chalalan
Bosque Primario
Bosque Primario
Campamento
Complejo Ecoturístico Chalalan
Plan Maestro
Prepared for:
Conservacion Internacional
Programa Bolivia
La Paz, Bolivia
Prepared by:
DESIGNWORKSHOP
120 East Main Street
Aspen, Colorado 81611
ESCALA ORIGINAL 1/200
July/1996
INDICE:
A- Oficina
B- Comedor/Sala Social
C- Centro de Interpretación Biológica y Aula de Capacitación
D- Área Común
E- Huerta (arboles frutales nativos)
F- Cerca
G- Puerto Chalalan
H- Cocina
I- Horno
J- Pozo de Agua
K- Area de Interpretación y Preparación Culinaria Regionál
L- Huerta experimental (vegetales)
M- Arboles de alta relevancia Ecológica (Sitio de nidos avícolas)
N- Icono Regional (empedrado especial)
Ñ- Muelle
O- Sitio de Investigación Entomológica
P- Cabaña tipo I
Q- Cabaña tipo II
R- Baños/Duchas
S- Sendero Wichi (acceso principal)
T- Sendero Paraba
U- Sendero Silbador
V- Senda de las Palmeras
W- Acceso de servicio
Chalalan

(왼쪽 위): 지역주민들은 방문객들을 열대우림으로 안내하여 그들의 풍부한 야생 동식물, 수려한 경관 등에 대해 설명한다.

(오른쪽 위): 식당과 라운지는 호수경관이 가장 잘 보이는 지점에 위치하며, 각각의 오두막은 산림과 조화를 이루어 군집 배치된다.

찰라란의 오두막을 지면에서 떨어뜨려 건축하여, 건축재의 부패를 막았으며, 곤충들을 안으로 들어오지 못하도록 방충망을 설치하였다.

딜레마   남부 레이크 타호의 경제와 환경은 수십 년에 걸쳐 점차 쇠약해져 갔다. 1980년대 중반까지, 그들의 문제는 불치병과도 같았다. 난개발 속에서 도시는 경제와 환경문제에 점차 병들어간다.

레거시 목표

커뮤니티

도로변의 상가개발을 유도하고 중앙광장을 설립하여, 사람들이 활발히 교류할 수 있는 환경을 개발함으로써, 도시의 침체를 막는다.

환경

수목의 보호, 보행자 환경의 향상, 빌딩의 건축면적 차감, 대중교통 네트워크 향상 등의 방법으로 교통체증과 대기오염을 줄이고, 우수를 정화함으로써, 호수의 수질을 향상시킨다.

경제

재개발되고 있는 다운타운과 스키장을 연결시켜서, 남부 레이크 타호를 관광객들의 목적지로 만든다. 개인 투자금과 공적 자금이 적절하게 도입되도록 하여, 자산가치를 높이고, 세입을 증가시킨다.

예술

주변의 수려한 경관과 조화될 수 있는 건축환경을 만들어 그 도시의 스타일을 만들어간다. 산과 호수에 펼쳐진 연속적인 경관을 효율적으로 드러냄으로써, 하나의 경관 회랑을 탄생시킨다.

주제   주민, 공무원, 개발자들은 타호의 미래를 위해 환경적으로 지속가능하며, 재정적으로도 성공할 수 있는 비전을 창조함으로써, 관광객들과 투자자들을 유치한다.

파크 애비뉴 재개발계획
Park Avenue Redevelopment
South Lake Tahoe, California

경제를 재생시키는 것은 환경을 보호하는 데 매우 중요한 역할을 한다.

개요

남부 레이크 타호의 커뮤니티는 스키 리조트 곤돌라와 통합형 환승센터를 포함하여, 약 2,600억 원 규모의 복합용도 개발 프로젝트를 진행한다. 이를 위해 타호는 심각한 환경문제와 경제적 어려움을 극복해야만 했고, 11년의 계획, 승인, 양도, 건설과정에서 민관의 파트너십을 형성해야만 했다. 공공개발 과정은 지역 유권자들의 도움을 얻고, 관계법령을 정비하는 데 큰 도움을 주었다. 그 지역의 경제성장을 방해해 왔던 엄격한 환경 제한법이 개선될 수 있도록 최종계획은 타호 지역개발과와 여러 지역단체들을 설득한다.

역사/배경

1950년대와 1960년대에, 캘리포니아의 레이크 타호는 훌륭한 레크리에이션 환경가치 때문에 여행객들에게 많은 사랑을 받아왔으나, 난개발이 진행된 이후, 개발로 인한 환경파괴는 날로 심각해졌다. 1969년, 캘리포니아 주와 네바다 주는 타호 지역계획과를 설립하고, 엄중한 환경보호 시행령을 통과시켰다. 그러나 그로 인해, 타호에는 성장을 위한 투자자금의 지원이 중단되었으며, 이는 또 다른 문제를 초래했다.

상황은 점점 악화되어 갔다. 호수의 수질은 향상되지 않았으며, 타호 지역계획과는 환경보호를 위한 자금이 없었으며, 그 지역의 경제 또한 심각하게 훼손되고 있었다. 또한 남아있는 개발자들은 호수주변의 개발권을 획득하기 위해 서로 경쟁하였다.

1984년, 캘리포니아 주 입법부에 의해, 남부 레이크 타호는 노후지구로 지정되었고, 도시재생 자금을 지원받을 수 있게 되었다. 이는 도시경제가 재생될 수 있는 재정적 메커니즘을 만들어 주었고, 지방정부 채권을 발행받아, 도시환경 개선사업에 쓰일 수 있도록 하였다.

첫번째 정비 프로젝트는 1986년부터 1988년에 건설된 엠버시 스위트Embassy Suites 호텔이었다. 일자리 창출과 세입의 증대라는 측면에서 좋은 시작이었다. 남부 레이크 타호와 스키장 사이에 곤돌라를 건설하는 것은 그 지역 다운타운의 상권을 활성화시키는 데 지대한 영향을 줄 수 있다고 믿었다. 그러나 그 당시 경제불황 때문에 도심 재개발 프로젝트는 무기한 연기되었다.

경과

곤돌라를 설치하는 것에 대해서 주민들의 반대는 매우 심했으며, 이는 극복할 수 없을 것처럼 보였다.

다른 도시계획 회사들과 개발자들도 남부 레이크 타호를 재개발하려고 시도하였으나, 엄중한 환경법안과 투자금 유치의 어려움을 겪었다. 지방 공무원들과 스키장 관계자들은 재개발촉진위원회를 구성하여, 상권 활성화를 위한 몇 가지 계획들을 마련하였고, 이에 복합용도 개념을 추가시켜, 스키장과 중심상가가 서로 연결될 수 있는 방안을 마련하게 된다.

1992년, 디자인 워크숍은 중심상가 중, 34에이커에 해당하는 지역의 마스터플랜을 계획하고, 건축가, 토목설계사, 교통계획가, 상권분석가, 경제학자, 토양학자, 수질학자, 식물학자, 스키장 설계자, 곤돌라 엔지니어 등, 이 지역 재개발에 필요한 여러 분야의 전문가들을 계획에 참여시킨다.

타호의 어려운 경제환경과 노후한 숙박시설 등 많은 요인들이 그 지역의 재개발에 불리하게 작용하였지만, 이러한 요인들이 도시 재개발이라는 본질을 강화시키고, 남부 레이크 타호의 변화를 선도하였다.

부지분석, 환경영향 평가, 자본금 유치 계획, 재개발 법안상정 상태 등을 고려해 볼 때, 그 지역을 악화시키는 가장 큰 요인은 바로, 자금지원이 안 된다는 것이었다. 난개발 방지계획을 수립하기 위한 자금, 수질개선 기술의 도입을 위한 자금, 도시의 비전을 세우기 위한 자금 등이 없다는 것이다.

시장을 활성화시키고 도시경제를 향상시키기 위한, 첫번째 일은 재개발추진위원회를 만들어, 타호 개발계획과와 함께 긍정적인 재개발 유도방안을 마련하고, 투자자들을 유치하는 것이었다.

기존의 환경법을 위반하지 않고, 개발 프로그램의 모델을 증명하는 것은 중요한

Tahoe Aims for Change: From Seedy to Sleek

By JIM CARLTON

South Lake Tahoe, Calif.

THIS CROWDED RESORT TOWN is trying to lose its seedy image by going green.

The bustling south shore of Lake Tahoe, unlike the more open and upscale north-shore area, is undergoing an estimated $500 million makeover to replace most of its 1950s and 1960s-era budget motels with sleeker, more environment-friendly buildings. Already in place are an Embassy Suites Resort and two Marriott vacation properties, plus a new $28 million gondola that conveniently whisks skiers from the town's center to the slopes of the nearby Heavenly Ski Resort.

PROPERTY REPORT

The facelift, being paid for with a combination of municipal bonds and California state funds, is winning accolades from environmentalists, among others, because it has been designed to take up as much as a fifth less land space than the earlier construction.

Not only will that bring an aesthetic improvement to the year-round mountain resort, but it is expected to significantly reduce the engine oil and other contaminants that flow with rain and snow runoff into Lake Tahoe on the border between California and Nevada. In recent decades, overdevelopment on Lake Tahoe's shores has turned its famed crystalline waters cloudier.

This miniature golf course has been torn down to make way for a more upscale South Lake Tahoe.

"We think the environmental benefits of this project are substantial," says Rochelle Nason, executive director of the League to Save Lake Tahoe, a local environmental group, which had bitterly resisted many other large-scale developments in the past.

The Lake Tahoe redevelopment scheme, following a type of development known as "land intensi-fication," is one of the more ambitious involving this Western tourist attraction. Urban planners say such development, featuring fewer but taller buildings that use less land, could serve as a model to many sprawling urban areas, such as greater Los Angeles.

Blessed by stunning scenery, including Ponderosa pine forests and snow-capped mountains hemming a mirror-like lake, the resort has long been a draw for its hiking and water sports in summer, and skiing in winter. Tahoe's location bordering Nevada, once the only state in the U.S. that allowed casinos, had made it a gambling destination, too.

But the gambling business, some locals say, didn't spur the right kind of development. "A lot of the motels were designed for people to have a roof over their head and a bed so they could go gamble," recalls Lew Feldman, a local attorney who has represented the project's developers, including Marriott.

Outside the casino district, the lakefront began to fill in the 1970s and 1980s with new subdivisions catering to second-home owners. Prompted by a public outcry over the pell-mell growth, the Tahoe Regional Planning Agency was formed in 1970 to rein in development. Given final say on all projects around the lake's entire 72-mile shoreline, the agency succeeded in corralling the region's runaway growth. However, it also came under fire from some motel owners who said it prevented

Please Turn to Page B8, Column 1

Tahoe Aims to Change Seedy, Polluted Ways

Continued From Page B1

them from making modest upgrades to their aging establishments.

Agency officials deny they hampered motels from making improvements and regular maintenance. Planners say that economic problems—caused by a glut of motels—prevented the lodging owners from keeping their property in good repair.

Whatever the cause, South Lake Tahoe had gained such a bad reputation by the 1980s that local officials say their

community began to lose tourism business to other resorts. Then, the proliferation of casinos nationwide further siphoned off gamblers.

Meanwhile, during those decades, lake pollution continued. According to the League to Save Lake Tahoe, the lake's cleanliness has declined to the point that the water's clarity has sharply diminished. A white plate that could be seen at 102 feet in 1965 can now be seen at only about 70 feet. In 1997, the region's efforts gained national attention when President Clinton attended a federal government summit here to coordinate various state, county and federal environmental projects in the area, including erosion-control efforts.

"The city of South Lake Tahoe decided they had to change their direction, or they wouldn't have a future," says Richard Shaw, a principal of Design Workshop, an Aspen, Colo., design firm that has helped spearhead the local makeover.

In 1989, city officials declared much of their half-mile motel strip along U.S. Highway 50 (which runs from Maryland's coast to Sacramento, Calif.) a blighted zone and formed a redevelopment agency to clean it up. Using its power of eminent domain, the city demolished about a half-dozen motels and shops lining the edge of U.S. 50 nearest

New hotels and shops, set back from the street, have been designed to fit in with Tahoe's natural surroundings.

the Nevada border after paying off the owners. Then, in 1990, in place of the tumbledown motels, a 400-room Embassy Suites Resort was built.

The following year, the redevelopment agency commissioned Design Workshop to develop a map for a much larger project on roughly 34 acres of land where nearly two dozen motels, mostly one-story wood-frame buildings with neon signs, and small businesses were situated. The project was endorsed by the local planning agency and environmentalists because it was designed to reduce the footprint of de-veloped land and add retention basins to catch and filter street runoff before it could wash into the lake.

Through the 1990s, however, the city encountered some obstacles in pursuing the plan. Some motel owners sued for, and won, more money after their properties were condemned. Owners of the now-razed Red Carpet Inn, for example, said they managed to increase to $4.1 million from $3.2 million the total the city paid for their property.

More hurdles had to be overcome after the projects were issued construction permits in 1996. For example, the regional planning agency has a 28-foot, or three-story height limit, but the plan called for buildings as high as 76 feet, or six floors, so buildings would take up less land. Developers gained an exemption after showing that the buildings would be set back about 75 feet from the highway so their added height wouldn't obscure mountain views.

Other troubles popped up. For example, the project's principal developer, Maine-based American Skiing Co., then-owner of Heavenly Ski Resort announced in early 2000 it was in such financial straits it could no longer back two big vacation-ownership hotels it was planning to build. But Marriott stepped in to take the place of American, which has since sold the resort to Colorado's Vail Resorts. Vail officials said a major reason they decided to buy Heavenly was the redevelopment plan for South Lake Tahoe.

Since then, the redevelopment has proceeded fairly smoothly. In November, Marriott opened its 261-room Timber Lodge and 199-room Grand Residence Club. More attractions, including a new cinema complex and ice-skating rink, are set to open next winter. Across the street on the north side of U.S. 50, a hotel and convention center is planned on property owned mostly by Harrah's Entertainment Inc.

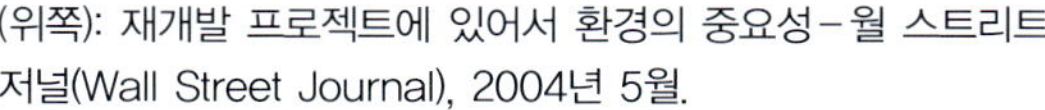

(위쪽): 재개발 프로젝트에 있어서 환경의 중요성 – 월 스트리트 저널(Wall Street Journal), 2004년 5월.

(오른쪽): 남부 레이크 타호와 헤븐리 스키 리조트를 연결하기 위한 곤돌라 – 자동차 운행을 감소시켜 대기오염을 줄일 수 있다는 장점을 피력함.

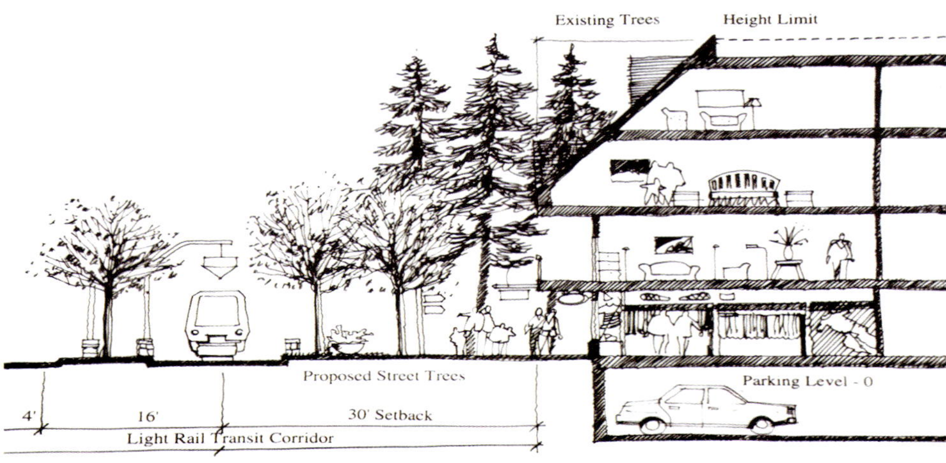

복층의 주차장과 상가, 편의시설 등은 밀도를 만들어내어, 사람들의 이용을 증가시키고, 곤돌라의 건설을 유도한다.

일이었다. 산을 조망할 수 있도록 건물의 높이를 32피트로 제한하였기 때문에, 개발이 수평적으로 확대되는 것은 불가피하게 되었다. 또한 토지소유권 문제로 보행자 도로에 건축물 후퇴선을 설치할 수도 없었다. 그래서 설계팀은 산의 조망을 보호하면서 지방 환경법을 지키기 위해, 건물들을 재배치하기 시작했고, 주요 조망지점에는 경관회랑을 설치하였으며, 주차장은 차폐될 수 있도록 유도하였다. 또한 수질개선과 지하수 오염을 막기 위해 인공습지, 우수정화 시스템 등을 도입하여 호수로 유입되는 물을 정화시켰다.

곤돌라 주변에 환승시설을 설치하여 스키장을 이용하는 관광객들의 편의를 도모하였고, 불필요한 자동차 배기가스를 줄여 대기환경을 향상시켰다.

재개발 계획에 의해서 새롭게 변화하는 환경과 타호 개발계획과의 목표를 동시에 달성시키기 위해서는 새로운 지침이 만들어져야 한다는 것을 설계팀은 피력한다. 점차적으로 공무원들은 기존의 지침들이 도시의 중장기적 목표에 부흥하는 데 난항을 겪을 수 있고, 경관과 환경을 보호하는 것에 소극적이라는 것들을 인지하였으며, 새로운 방법으로 그 개발이 순응되기를 원했다.

지방정부, 투자자들, 주민들은 각각 그들이 필요한 재개발 원칙을 제안했고, 이들

은 점차 타협되어 융합되기에 이르렀으며, 재개발을 위해 정부는 약 500억 원의 채권을 발행하였다. 1996년, 공적 자금이 성공적으로 유치되고, 아메리칸 스키회사는 헤븐리Heavenly 스키 리조트와 호텔 개발권을 인수하였다. 이는 스키 리조트와 상권의 잠재적 연결을 유도하는 데 결정적인 요인으로 작용하였다. 아메리칸 스키회사는 곤돌라 건설을 위한 자금을 확보하였으며, 1999년, 비로소 약 280억 원을 들여 곤돌라 건설에 착수하였다. 하지만, 이 회사는 그 호텔 부지를 메리어트Marriott 사에게 팔았으며, 그로부터 2년 후, 헤븐리 스키장을 다시 베일 리조트에 팔았다. 그래서 설계팀은 지방정부 지침을 수정하는 업무에 주력하였고, 2002년 11월에, 실질적인 프로젝트 계획이 재개된다.

결과

재개발이 실현되는 데 11년이라는 세월이 걸렸다. 비록 초기단계에는 공적 지원도 조금은 있었지만, 그 지역의 수많은 프로젝트들이 실패하여 사람들은 좌절하기만 했다. 부지규모와 프로젝트의 복잡성을 고려했을 때, 사람들은 문제를 해결하기보다는 관망하는 태도로 일관했고, 이러한 태도는 결국, 재개발의 방해요인, 그 자체가 되었다. 하지만 그 당시 합리적인 태도와 분석적인

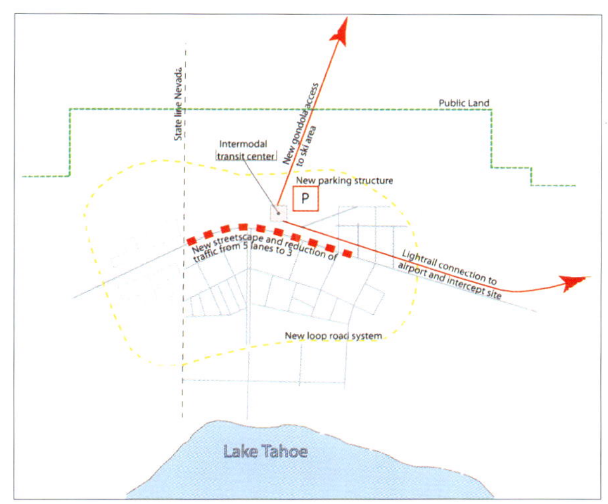

경전철과 순환형 도로의 도입으로 고속도로에서 유발되는 교통체증을 줄이고, 방문객의 접근을 용이하게 한다는 초기 콘셉트는 건물들의 높이제한이 조망권 확보에 미비한 영향을 준다는 것을 증명한다.

재개발은 보행환경을 향상시키며, 공공장소를 만들어, 사람들
의 활동을 유도한다.

접근으로 재개발의 가능성을 타진하는 이
들도 있었다. 이러한 작은 노력들이 당면한
문제를 해결하기 시작하였으며, 결과적으로
성공의 결실을 달성하게 만들었다.

지역의 경제가 좋아지고, 이 지역을 찾
는 사업자들과 방문객들도 늘어났다. 두 개
의 큰 구조물에는 700개의 호텔방이 입주되
었고, 지속적으로 요구되는 방문객들의 수
요와 지방정부의 재정을 충당시켰다. 도시
의 미관을 향상시키기 위해서 타호의 자연
과 조화를 이루는 건축물 스타일 및 도시
공공디자인 지침이 마련되었다. 사회적 다
양성을 구현시키기 위해서 프로젝트의 약
20%에 해당하는 주거지가 저렴주택으로 설
계되었다. 또한 본 프로젝트는 인근의 다른
프로젝트를 유치하는 데도 성공적이었다.
본 재개발 프로젝트에 있어서 괄목할 만한
특징은, 주요 도로부를 따라 상가들을 배치
시킴으로써, 중심 상가거리를 구현시켰으
며, 보행자 환경과 공공광장, 공공 디자인의
향상을 가져왔다.

결과적으로 10%의 교통량이 줄어들었
으며, 재개발 과정에서 100%의 침엽수가 보
존되었고, 인공습지를 통해 약 1,000파운드
의 오염물질을 여과시켜 수질개선 및 환경
보호에 이바지하게 되었다.

프로젝트 크레딧

마스터플랜: Design Workshop, Inc.
마스터플랜 총책임자: Richard Shaw
프로젝트 매니저: Deanna Weber, Steve Noll, Taber
    Sweet
조경설계가: Gyles Thornely, Suzanne Richman,
    Corey Brooks, Rob Breeden, Rich Carr, Rich
    Sharp, Denise George
발주기관: City of South Lake Tahoe Redevelopment
    Agency, Marriott, Heavenly Ski Area, Trans
    Sierra Investments
마스터플랜 건축가: Cottle Graybeal Yaw, Jung
    Brannen
건축가: Jung Bramien Architects, Theodore Brown
    and Partners
협력자: Collaborator: Lew Feldman, Shaw and
    DeVore, LLC

DISCOVERY
GALLERY

(반대편): 시계탑 곤돌라 빌딩－두 호텔 사이에 위치하며 1층에
상가를 제공한다.

(위쪽): 개인 수영장
(아래쪽) 차도와 보행도로 사기의 턱을 낮추고, 친환경 재료를
도입하여 가로경관을 향상시킨다.

곤돌라는 스키어들을 재개발 중심상가와 공공광장으로 모여들
게 하여, 이 지역의 관광산업을 활성화시킨다.

LEGACY

이 책에서, 우리는 지난 수년 동안의 프로젝트들을 통하여, 레거시 디자인의 본질을 증명하려고 노력하였다. 그러나 이 책은 또한, 함께 머리를 맞대고, 양질의 설계를 위해 노력했던 '사람들' 을 위한 책이다. 우리는 높은 이상을 추구하며, 지속적인 학회 및 교류활동에 참여하면서, 대외적 관계를 넓히고, 아메리카 대륙에 약 10여 개의 지부를 개설하여 우리의 비전을 공유해 왔다.

협동적인 업무환경은 사람들과 함께 생각하고, 질문하며, 서로를 자극하고, 또 서로에게 도움을 준다. 이는 개개인의 능력보다, 더 높은 성취를 달성시킬 수 있도록 한다. 우리는 도시계획, 조경, 커뮤니티 계획에 있어서, 최고의 질을 추구한다. 레거시는 시간이 지남에 따라 평가되는 '질' 이라고 말할 수 있다. 디자인 워크샵은 이 '시간' 이라는 요소와 그 성격을 올바로 이해하고, 이를 실현하기 위한 구조를 정립해 왔다. 레거시는 생산물도 아니고, 과정도 아니다. 이는 사고하는 방법이다. 신뢰와 투명성, 전체론에 바탕을 둔, 하나의 문화라고 말할 수 있다. 레거시를 향하여 여행하는 우리는 항상 더 좋은 환경을 만들며, 더 나은 이상을 추구하기 위해 계속 항해할 것이다.

맺음말

임원진 소개

컬트 컬버트슨Kurt Culbertson   미국 조경가협회의 특별회원이자, 디자인 워크샵의 최고경영자로, 루이지아나 주립대학교를 졸업하고, 서던 메소디스트 대학교에서 경영행정학 석사를 취득하였다. 미국 도시토지협회의 정회원이며, 젊은경영인협회 록키마운틴 챕터의 챕터장을 역임하였다. 그는 현재, 문화조경재단의 공동 회장직을 역임하고 있으며, 애리조나, 플로리다, 아이다호, 네바다, 뉴맥시코, 서던캐롤라이나, 텍사스, 유타, 버지니아, 와이오밍의 조경가로 등재되어 활동하고 있다.

리처드 쇼Richard Shaw   1976년에 디자인 워크샵에 입사한 그는 미국 조경가협회의 특별회원으로, 유타 주립대학교를 졸업하고, 하버드 대학교, 디자인 대학원에서 석사학위를 취득한다. 미국 도시토지협회의 정회원이며, 하버드 대학교, 디자인 전문가 개발과정에서 리조트 디자인을 가르쳤다. 그는 작은 스케일의 정원부터 큰 스케일의 도시계획까지, 다양한 프로젝트들을 진행해 오면서, 많은 수상실적을 보유하고 있다. 조경재단의 임원으로서 그는 애리조나, 네바다, 와이오밍의 조경가로 등록되어 활동하고 있다.

그레그 오치스Greg Ochis   1981년에 입사했다. 미네소타 대학교에서 조경학을 전공하고, 콜로라도 주립대학교에서 부동산 건설개발에 대한 석사학위를 취득한다. 미국 도시토지협회의 정회원이며, 미국 조경가협회 콜로라도 부동산지회의 임원으로, 아이오와의 조경가로 등록되어 활동하고 있다.

레베카 짐머맨Rebecca Zimmermann   부동산 자문 서비스, 시장경제 분석, 관광계획 등을 주로 담당한다. 트리니티 대학교를 졸업한 후, 1985년에 디자인 워크샵에 입사해서, 1992년 콜로라도 주립대학교에서 경영행정학 석사학위를 취득한다. 미국 도시토지협회의 정회원으로, 협회 부동산학교의 강사로 활동하였다. 관광 및 관광연구연합의 회원이기도 한 그녀는 수많은 관광계획 및 리조트 재개발 계획 프로젝트들을 수행하면서, 여러 방송매체에서 스포트라이트를 받은 바 있다.

토드 존슨Todd Johnson   미국 조경가협회의 특별회원인 그는, 1996년에 디자인 워크샵에 합류한다. 키비타스Civitas, Inc 건축회사의 창립 경영자였던 그는, 유타 주립대학교에서 조경학을 전공하고, 하버드 대학교, 디자인 대학원에서 석사학위를 취득했다. 미국 도시토지협회의 정회원으로서, 콜로라도 주립대학교, 건축도시계획학부의 겸임교수로 활동한다.

테럴 버지Terrall Budge   2000년도에 디자인 워크샵에 입사하여 솔트레이크 지사장을 역임하고 있다. 디자인 워크샵의 신임주주로서, 솔트레이크 지사장을 역임하고 있다. 유타 주립대학교에서 조경학사를 취득한 후, 하버드 대학, 디자인 대학원에서 우수한 성적으로 석사학위를 취득했으며, 탁월한 디자인 재능을 인정받아, 제이콥 와이든먼 상Jacob Weidenman Prize을 수상하기도 하였다. 최근에는, 친환경 건물인증 자격을 획득하였으며, 미국 도시토지협회 및 조경가협회의 정회원으로 활동하고 있다.

글랜 월터스Glenn Walters   2002년에 디자인 워크샵에 입사했다. 그는 창조적 토지계획, 조경, 부동산개발을 전공했다. 그는 조지아 대학교에서 조경학사 학위를 취득했으며, 펜스테이트에서 조경석사를 취득했다. 미극도시계획협회,미국조경가협회, 미국도시토지협회의 회원으로 활동중이며, 친환경 건물인증 자격을 가지고 있다. 현재 조경재단의 위원을 맡고 있는그는 조지아, 노스캐롤라이나, 사우스캐롤라이나의 조경가로 등록되어 있다.

짐 맥그레이Jim MacRae   복합용도개발, 타운센터, 연구시설, 커뮤니티 설계를 전문적으로 하고 있다. 그는 약 10년간 로스앤젤레스 소재 Emmet L. Wemple & Associates에서 부장으로 근무하다가 1996년 디자인 워크샵에 입사했다. 산루이스오비스포에 있는 캘리포니아 폴리테크닉 대학에서 조경학사를 취득했으며, 덴버의 콜로라도 대학에서 도시디자인학 석사를 마쳤다. 친환경 건물인증자격을 가지고 있는 그는 ICSC의 정회원으로 활동하고 있으며, 현재 아리조나, 캘리포니아, 콜로라도, 텍사스에 조경가로 등록되어 있다.

제프 짐머맨Jeff Zimmermann   리조트 계획, 골프 코스 설계, 공원 디자인, 커뮤니티 개발을 전문으로 하고 있다. 1990년에 입사해서 현재는 회사의 리더십 팀장을 맡고 있다. 미네소타 대학에서 조경학사를 취득하였으며, 당시 미국조경가협회에서 공로상을 수상하기도 하였다. 그 후, 그는 하버드 대학과 창의적 리더십 센터에서 지속적인 교육을 받아 왔으며, 미국 도시토지협회, 골프코스관리자협회, 미국조경가협회의 회원으로 콜로라도에 조경가로 등록되어 있다.

레베카 리오나르도Rebecca Leonard   2005년 디자인 워크샵에 입사했다. 그녀는 커뮤니티 계획, 도시디자인, 재개발, 관광계획, 지역계획를 맡고 있다. 그녀는 벨스테이트 대학교에서 환경디자인 학사와 지역계획학 석사학위를 취득했으며, 미국조경가협회, 미국도시계획협회 등의 위원으로 활동하고 있다. 또한 친환경에너지 건물인증과 도시계획사로 등록되어 있다.

그동안 디자인 워크숍과 함께한 사람들

Sari Aboulafia	Judy Bathgate	Terrall Budge	Cindy Cohon	Claudia Erle	Denise George	Paul Hellund	Gregory Johns
Nick Aceto	Jay Battleson	Roger Burkhardt	Walter Cole	Kelly Escorcia	Geoffrey Gerring	Ken Hendrickson	Dorinda Johnson
Carol Adams	Cari Bayens	Mimi Burns	Breena Colgan	Paula Espinosa	Hillary Gerstenberger	Heather Henry	Jerrod Johnson
Peter Adams	Jeramy Beals	Carmen Busch	Stephanie Collinsworth	Megan Espinosa	Geoff Gildner	Chad Herd	Kristofer Johnson
Marquita Affenburg	Jennifer Bear	Casey Byers	Holly Colson	Paula Espinosa	Florencia Giner	Brenda Herman	Natalie Johnson
Mike Albert	Mark Bedell	Shawn Byron	Anne Condon	Katherine Essex	James Giunta	Bonny Hershberger	Rebecca Johnson
Patricia Albright	Dave Bell	HyunJung Byun	Dina Consiglio	Michelle Estes	Christine Glazier	Mark Hershberger	Scott Johnson
Jeremy Alden	Linda Bellville	Maria Cagnina	Jack Conviser	Amy Evans	William Goodner	Jay Hicks	Todd Johnson
Laura Aldrete	Christopher Bennish	Kathryn Cahir	Brian Cook	Mathew Evans	Pam Granade	Megan Higgins	Nancy Johnson
Tiffany Alexander	Emily Benton	Darla Callaway	Troy Cook	Natalie Shea Faber	Andrea Grant	Lindsay High	John Johnston
Valerie Alexander	Robb Berg	Craig Campbell	Susan Corban	Stephen Faber	Alan Gray	Jason Himick	Sophie Johnston
Hesham Al-Hatabeh	Kate Bergeron	Jill Campbell	Brian Corbett	Jennifer Fay	David Gregory	Amanda Hindman	Shafee Jones-Wilson
Alisa Allen	Eric Bernard	Sara Campbell	Amy Cornish	Mark Feldmann	Bruce Greig	Joe Hochrein	Scott Jordan
Joe Allen	Rachel Berney	Cameron Campbell	Jerod Costner	Bruce Ferguson	Amber Gress	Ash Hoden	Erik Junge
Tawny Allen	Christopher Bernotas	Pedro Campos	K.C. Cress	Isabel Fernandez de Boggs	Stephanie Grigsby	Larry Hoetmer	Lindsay Kalback
Ashley Allis	Robin Betz	Jessica Canfield	Kurt Culbertson	Jason Ferster	Natalie Grillo	Michael Hoffman	Kathleen Kambic
Amir Al-rubaiy	Marc Beyer	Julie Cantola	Blake Cullimore	Benjamin Fish	Bradley Gustafson	Matt Hogan	Scott Kameron
Jim Alsup	Tara Bhuthimethee	Amy Capron	Jim Curtis	Jack Fisher	Jennifer Haas	Sarah Homuth	Bill Kane
David Amalong	Ryan Blau	David Carlson	Craig Czerny	David Fitzgerald	Ty Hall	Dale Horchner	Monica Kearns
Corinne Ambron	Amie Blue	Rich Carr	Glen Dake	Jamie Fogle	Caprice Hamlin	Claudia Meyer Horn	Susie Best Keefe
Lisa Ames	Amara Boesch	Valeria Carrizo	Gustavo Dallmann	Sara Fontaine	Whit Hammond	Elyse Hottel	Sarah Kelley
Richard Amore	Kathy Bogaski	Pat Carroll	Dana Dapolito	Vince Foote	Justin Hamula	Amy Houghton	Lara Kelly
Eric Anderson	Zachary Boggs	Diedra Case	Julia Daruich	Daniel Ford	Scott Hanson	Kimberly Howe	Kate Kennen
Kelly Anderson	Jeramy Boik	Fernando Castillo	Tracy Davidson	Shannon Forry	Scott Hanson	Eliot Hoyt	David Kenyon
Joseph Andreasen	Mariana Boldu	Christina Cenzano	David Davis	Shannon Forry	Bryan Harding	Kirby Hoyt	Laura Kessel
Lorna Armani	Rick Borkovetz	Andrea Callonere Cerqueira	Heather Davis	Marilyn Foss	Brandon Hardison	Wen Huang	Jarrett Kest
Rafeeq Asad	Bradley Borthwick	Mary Alison Chanslor	Carla Delcambre	Drake Fowler	Chrisy Hardy	Kimberly Hubbert	Nicole Kiersztyn
Chad Atterbury	Marla Bousquet	Joseph Charles	Anne Desjardins	Mary Fox	Charles Hare	Christina Huerta	Christopher Kiley
Norecia Austin	Phyllis Boyd	Eddie Chau	Mary Dewing	Brian Frailey	Teresa Harrington	Larry Huey	Seung Kyum Kim
Michael Bader	Kobi Bradley	Rosa Chavez	Eric Dillon	Kenneth Francis	Luke Harris	Gayle Hughes	Yun Soo Kim
Amanda Bailey	Michael Bradley	Ting-chieh Chen	Janna Dimmig	Marjorie Frankel	Trevor Harwood	Lindy Hulton-Larson	Kevin Kirby
Deborah Baird	Peter Braun	Robin Cheri	Sherry Dorward	Felicia Fredd	Trevor Harwood	Patricia Hunsinger	Lisa Kirby
Shannon Baker	Rebecca Braun	Larisa Cherny	Megan Doskocil	Bret Frk	Jim Haswell	Javaz Huntington	Catherine Kirk
Scott Baker	Robert Breeden	Kenneth Cheung	Emily Dowgiallo	Katherine Fry	Megan Haughey	ZhenZhou Huo	Lisa Kirschner
Monica Balabani	Juan Garcia Brenes	Dominic Chidgey	Fenglin Du	Christopher Fuller	Megan Haughey	Will Iadevaia	Wiriya Kitkrailard
Christian Balcer	Pamela Britton	Alejandra Chiesa	Shaobo Du	Anna Gagne	Sharen Hauri	Todd Ingram	Silvia Kjolseth
Steve Balgooyen	Geraldine Brockwell	Robert Chipman	Andrew Dwight	Izzi Gailey	Jennifer Hawkes	Elias Isaacson	Thomas Klein
Jennifer Balzer	Corey Brooks	Scott Chomiak	Sara Egan	Cherrie Galante	Justin Hay	Shira Jacobs	Chad Klever
Robin Banks	David Brown	Julie Choules	Trevor Ehlers	Celine Garcia	John Haynes	Ela Jaszczak	Justin Carl Kmetzsch
John Barbour	Steven Brozo	E. Christensen	Dave Ellis	Devin Gardiner	Bruce Hazzard	Joanna Jaszczak	Connie Kneisel
Kirsten Barr?	Thomas Brunet	Beth Churchill	Anne Emilie Gravel	Laura Garibotti	Jamie Heath	Philip Jeffreys	Angela Knightley
Hillary Barrett-Osborne	Vincent Bruno	Erin Clark	Donald Ensign	George Gavalas	Leslie Hebron	Jill Jennings	Moon-Gi Koh
Cristian Basso	Michael Budge	Kate Clark	Nathan Erickson	Ariel Gelman	Emily Hegvik	John Jennings	Judy Kolberg

Alex Kone
Philip Koske
Karl Koto
Rebecca Kring
Angie Kronenwetter
Alexis Kruse
Kristofor Kvarfordt
Conners Ladner
Juan Lagarrigue
Susan Lamprell
Matthew Landis
Micah Langdon
Karen F. Langhart
Dee Lares
Bill Larson
Michael Larson
Heather Larson
Matt Lasek
Ginger Laser
Allison Lassiter
Dinah Layton
Linda Lee
Eunjeng Lee
HaeIn Lee
Insil Lee
Karrie Leib
Jenny Leijonhufvud
David Lendon
Gregory Leonard
Rebecca Leonard
David Liechty
Sara Lilyblade
Scott Lindars
Yu-ju Liu
Yuwen Liu
Nancy Locke
Juliana Maria Lopez
Mark Lopez
Mike Lusi
Lorelei MacKinnon
James MacRae
Matthew Madden
Nicole Madden
Todd Majcher
Sean Malby
Brian Mannelly
Jacqueline Mansfield

Cristian Mardones
Matthew Marquis
Maria Jimena Martignoni
Sophie Martin
Sophie Martin
Kurt Massey
Carol Mathe
Joseph Mathis
Sam Mathis
Tetsu Matsuda
Marcy Mattil
Derek McCall
Ken McCown
Mary Beth McCubbin
Cathy Mcginnis
Julie McGrew
Lisa McGuire
Keith McKeown
Scott McLean
Jeff McMenimen
Meg McMillan
Erik McMurray
Grant Meacci
Andy Meeker
Allyson Mendenhall
Melanie Meriwether
Stacey Merkl
Drew Meyer
Jesse Michael
Kristi Mikkelson
Matthew Milano
Leigh Ann Miles
Matthew Miles
Laura Miller
Suzanne Miller
Jennifer Mills
Daniel Milnes
Anne Misheau
Shannon Mitchell
Michael Mitchell
James Mitton
Heath Mizer
Maria Molins
Kasia Molska
Anna Mondragon
Nancy Monteith
Monique Monteverde

Kim Montgomery
Ethan Moore
Jennifer Moran
Devon Morgan
Heather Morgan
Andrea Moschetti
Val Moses
Layne Moss
Sebastian Mouzo
Shari Moyse
Sara Muir Owen
Alison Mulholland
Steve Mullen
Ann Mullins
Chad Murphy
Cecilia Murray
Jocelyn Murray
Deb Nakano
Ekpanith Naknakorn
Stacy Naus
Judith Navarro
Steven Neale
Mariela Neder
Glenn Negretti
Aaron Nelson
Bob Nevins
Gweneth Newman
David Nicholas
Lynn Nichols
Josh Noble
Rebecca Nolan
Steve Noll
Peter North
Carrie Norwood
Emily Oaksford
Susan Oberliesen
Gregory Ochis
Heidi Ochis
Hunter Oden
Faith Okuma
Katherine Olson
Katy O'Meilia
Dennis Oost
Valerie O'Rourke
Marcos Ortiz
Sebastian Ortiz
Cameron Owen

Travis Owen
Liza Oz-Golden
Timothy Padalino
Jan Page
Britt Palmberg
Douglas Parker
Jordan Parker
Marie Paul
Sarah Peck
Carla Peralta
William Perkins
Nino Pero
Scott Peters
Kirsi Petersen
Jennifer Pickett
Benjamin Pierce
Cristhian Pinto Eid
Olga Pitenko
James Pitts
Joe Porter
Margaret Porter
Rose Marie Price
Juliana Prosperi
Theresa Pruett
Marcus Pulsipher
Angga Putra
Cynthia Raber
Kartika Rachmawati
Susan Raol
Lisa Rashbaum
Brittain Redcay
Bill Reich
Conrad Rhoades
Jennie Rice
Jennie Rice
Suzanne Richman
Ana Riera
Kathy Rilzeff
Jonathan Robertson
Adrian Rocha
Robyn Rodgers
Betsy Roggenburk
Michael Roman
Eric Roverud
Mariana Rovzar
Deni Ruggeri
Kelly Ruhland

Cornelia Russig
Marc Ryan
Sarah Sachs
Marsha Sager
Wayne Sanderson
Jim Sandridge
Alesha Sands
Luiz Sergio Santana
Peggy Santana
Sheri Sanzone
Sophie Sauve
Olivia Saw
John Saydek
Christina Scarpitti
Patty Schenk
Meredith Schildwachter
Melanie Schmidt
Leah Schneiderman
Todd Schoeder
Max Schroder
Dee Schuler
Susan Schwellenbach
Jill Scott
Shannon Scovell
Becky Seely
Carolina Segura
Suzanne Serna
Solange Serquis
Sara Sevy
Coleen Shade
Rich Sharp
Karen Shaw
Richard Shaw
Sarah Shaw
Matt Shawaker
Xiangdon Shi
Jane Shoplick
Pablo Silveira
Laura Silverman
Keith Simon
Kelly Simpson
Jacob Sippy
Jared Siroky
Seth Slifer
Caitlin Sloop
Stephanie Smiley
Karla Smith

Kelan Smith
Reshelle Smith
Scott Smith
Terri Smith
Les Smith
Scott Smith
Deanna Snyder
Thomas Snyder
Tattana Maria Soares
Roger Socha
Mark Soden
Cheryl Somerfeldt
Glenda Son
Nicholas Soper
Aaron Souza
Will Sparks
Steven Spears
Carol Sperat
Paul Squadrito
Glenn Stach
Elizabeth Stacishin-Moura
William Staley
Marilee Stander
Amanda Starcher
Jenny Staroska-McCoy
Marcy Steinberg
Tina Stenquist
Paula Stepp
Michael Stevens
Patti Stevens
Tom Stevens
Greg Stewart
Jacqueline Stokes
Steven Storheim
Kim Strachan
Leslie Stutzman-Solitario
John Suarez
Chon Supawongse
Annie Sutherland
Jennifer Sutherland
Chris Sutterfield
Kim Swanson
Taber Sweet
Dana Sylvester
Trimbi Szabo
Amanda Szot
Michael Tablada

Lin Takeuchi
James Tanner
Ramona Tanniehill
Jennifer Tarbet
Alan Tautges
Scott Taylor
Sarah Tennian
Lai-teck Teo
Laura Tepper
Rachel Tepper
Anne Thiltgen
Briana Thomas
Henry Thomas
Linda Thompson
Gyles Thornely
Alexis Thurlow
Elin Tidbeck
Sara Tie
Julie Timmer
Sean Timmons
Emily Titera
Leila Tolderlund
Merrilee Toliver
Andres Toneatto
Emilienne Tremblay
Dipti Trivedi
Philippe Troukens
Kristy Truesdale
Bruce Trujillo
Kristin Turner
Rebecca Turner
Kat Tutkaluk
Alfredo Vaca
Maria Cecilia Valinotto
Benny Van Der Wal
Jennifer Van Gilder
Jessica Van Woerkom
Binaifer Variava
Donald Vehige
Alvaro Velasquez
Sulin Vincent
Sylvie Viola
Ad Vogele
Kotchakorn Vora-Akhom
Curtis Walls
Pete Wallstrom
Chris Walsh

Kristen Walsh
Glenn Walters
Fan Wang
Jinglan Wang
Charles Ware
Lori Washburn
Stuart Watada
Missy Waters
Emie Watters
Gregg Way
Deanna Weber
Andrew Wells
Joe Wells
Todd Wenskoski
Chappell Wescoat
Rick Wesselman
Marcelo Westermann
Kristen White
Myron Wick
Dick Wilkinson
Kimberly Williams
Pamela Wilson
Alexis Winters
Gregory Witherspoon
Matt Wittman
Jeff Wohlfarth
Anna Wolf
Greg Wolfgang
Carlie Wood
Jerome Wood
Aaron Wood
Julie Woodruff
Douglas Woodruff
Linda Woods
Gary Worthley
Kristi Wright
Stephen Wyda
Brandon Wyszynski
Sergio Yamada
Allison Yela
Daisuke Yoshimura
Jessie Young
Jeffrey Zimmermann
Rebecca Zimmermann
Rebecca Zinn
Michelle Zodrow

참고문헌

Adler, Mortimer. *The Time of Our Lives*, New York : Holt, Rinehart and Winston, 1970.

Aguilar, Orson. *Why I Am Not an Environmentalist*, http://www.alternet.org/envirohealth/22002/ May 17, 2005.

Anderson, Ray. *Mid-Course Correction*, White River Junction: Chelsea Green Publishing, 1998.

Bacon, Edmund N. *Design of Cities*, New York: Viking Press, 1967.

Baudrillard, Jean. *Simulacra and Simulation*, Ann Arbor: University of Michigan Press, 1994.

Carter, Stephen L. *Civility: Manners, Morals, and the Etiquette of Democracy*, New York: Basic Books, 1998.

Christensen, Clayton M., Anthony, Scott D., and Roth, Erik A. *Seeing What's Next*, Boston: Harvard Business School Press, 2004.

Cronon, William. *Uncommon Ground: Rethinking the Human Place in Nature*, New York: W.W. Norton & Company, Inc., 1996.

Daly, Herman E. *Beyond Growth: The Economics of Sustainable Development*, Boston: Beacon Press, 1996.

DeBord, Guy. *The Society of the Spectacle*, New York: Zone Books, 1994.

Diamond, Jared. *Guns Germs and Steel*, New York: W.W. Norton & Company, Inc., 1996.

Doppelt, Bob, *Leading Change Toward Sustainability*, Sheffield: Greenleaf Publishing, 2003.

Doxiadis, Constantine. *Anthropolis: City for Human Development*, New York: Norton, 1974.

________. *Ecology and Ekistics*, Boulder, Colorado: Westview Press, 1977.

________. *Ekistics: An Introduction to the Science of Human Settlements*, London: Hutchinson, 1968.

Gardner, Howard. *Changing Minds: The Art and Science of Changing Our Own and Other People's Minds*, Boston: Harvard Business School Press, 2004.

Gladwell, Malcolm. *Blink: The Power of Thinking Without Thinking*, New York: Little, Brown and Company, 2005.

________. *Tipping Point*, Boston: Little, Brown and Company, 2000.

Grove, Andrew S. *Only the Paranoid Survive: How to Exploit the Crisis Points that Challenge Every Company*, New York: Currency Doubleday, 1999.

Hegemann, Werner, and Elbert Peets. *The American Vitruvius: An Architects' Handbook of Civic Art*, New York: Princeton Architectural Press, 1988 reprint.

Jacobs, Jane. *The Death and Life of Great American Cities*, New York: Random House, 1961.

________. *Systems of Survival: A Dialog on the Moral Foundations of Commerce and Politics*, New York: Random House, 1992.

________. *The Nature of Economies*, New York: Modern Library, 2000.

Kemmis, Daniel. *Community and the Politics of Place*, Norman, Okla.: University of Oklahoma Press, 1990.

Klaus, Susan L. *A Modern Arcadia: Frederick Law Olmsted Jr. and the Plan for Forest Hills Gardens*, Amherst: University of Massachusetts Press, 2002.

Kuhn, Thomas, *The Structure of Scientific Revolutions*, Chicago: University of Chicago Press, 1970.

Kunstler, James Howard. *The Geography of Nowhere*, NewYork: Simon & Schuster, 1993.

McHarg, Ian. *Design with Nature*, Garden City, N.Y.: Natural History Press, 1969.

May, Rollo. *The Courage to Create*, New York: W.W. Norton & Company, Inc., 1975.

Naisbitt, John. *Megatrends*, New York: Warner Books, 1982.

Olsen, Joshua. *Better Places, Better Lives: A Biography of Jim Rouse*, Washington, D.C.: Urban Land Institute, 2003.

Porter, Joe. "Collaborative Community-Building," *Practicing Planner*, Vol. 2, No. 4, Winter 2004. http://www.planning.org/practicingplanner/member/04winter/case1.htm

Putnam, Robert D. *Bowling Alone: The Collapse and Revival of American Community*, New York: Simon & Schuster, 2000.

Ray, Paul and Sherry Anderson. *The Cultural Creatives*, New York: Harmony Books, 2000.

Root-Bernstein, Robert and Michele. *Sparks of Genius*, Boston: Mariner Books, 2001.

Schama, Simon. *Landscape and Memory*, New York: Vintage Books, 1994.

Schon, Daniel. *The Reflective Practitioner: How Professionals Think in Action*, New York: Basic Books, 1983.

Schwartz, Peter. *The Art of the Long View: Planning for the Future in an Uncertain World*, New York, Doubleday, 1991.

Senge, Peter, Otto C. Schwarmer, Joseph Jaworski and Betty Sue Flowers. Presence, *Human Purpose and the Field of the Future*, Cambridge: The Society for Organizational Learning, 2004.

Shaw, George Bernard. *Man and Superman: A Comedy and A Philosophy*, Baltimore, Maryland: Penguin Books, 1931. First published 1903.

Shaw, Sarah Chase. *New Gardens of the American West*, New York: Watson Guptill, 2004.

Sorkin, Michael. *Some Assembly Required*, Minneapolis: University of Minnesota, 2001.

Surowiecki, James. *The Wisdom of Crowds: Why The Many Are Smarter Than the Few and How Collective Wisdom Shapes Business, Economies, Societies, and Nations*, New York: Doubleday, 2004.

Thoreau, Henry D. *The Natural History Essays*, Salt Lake City: Peregrine Smith Books (reprint), 1980.

Treib, Marc. "Must Landscapes Mean? Approaches to Significance in Recent Landscape Architecture," *Landscape Journal*, Vol. 14: No. 1, 1995.

Unwin, Raymond. *Town Planning in Practice: An introduction to the art of designing cities in suburbs*, New York: Princeton Architectural Classic Reprint, 1994 (originally published in 1909).

Yankelovich, Daniel. *Coming to Public Judgment: Making Democracy Work in a Complex World*, Syracuse, N.Y.: Syracuse University Press, 1991.

________. *The Magic of Dialogue*, New York: Simon and Schuster, 1999.

수상내역

The Village at Ribbon Creek, Kananaskis County, Alberta, Canada, Merit Award, Colorado Chapter - American Society of Landscape Architects, 1982

North Village at Mt. Crested Butte, Colorado, Honor Award, Colorado Chapter - American Society of Landscape Architects, 1984

Castle Rock Master Plan, Castle Rock, Colorado, Merit Award, Colorado Chapter - American Society of Landscape Architects, 1985

Village at Blue Mountain, Collingwood, Colorado, Honor Award Colorado Chapter - American Society of Landscape Architects, 1985

The Meadows, Castle Rock, Colorado, Merit Award, Colorado Chapter - American Society of Landscape Architects, 1986

Wolf Creek Valley, Mineral County, Colorado, Honor Award Colorado Chapter - American Society of Landscape Architects, 1986

Canyon Village Lodging Redevelopment, Yellowstone National Park, Honor Award, Colorado Chapter - American Society of Landscape Architects, 1987

Seventh Street Esplanade, Glenwood Springs, Colorado, Merit Award, Colorado Chapter - American Society of Landscape Architects, 1987

Berger Residence, Aspen, Colorado, Merit Award, Colorado Chapter - American Society of Landscape Architects, 1988

Cherry Creek Redevelopment, Denver, Colorado, Merit Award, Colorado Chapter - American Society of Landscape Architects, 1988

Red Mesa Communication, Denver, Colorado, Merit Award, Colorado Chapter - American Society of Landscape Architects, 1988

Estrella New Community, Goodyear, Arizona, Merit Award, Colorado Chapter - American Society of Landscape Architects, 1989

Kananaskis Village, Alberta, Canada, Merit Award, Colorado Chapter - American Society of Landscape Architects, 1989

Kananaskis Village, Alberta, Canada, National Regional Merit Award, Canadian Society of Landscape Architects, 1989

Getz Residence, Aspen, Colorado, Honor Award, Colorado Chapter - American Society of Landscape Architects, 1990

Little Nell Hotel, Aspen, Colorado, Honor Award, Colorado Chapter - American Society of Landscape Architects, 1990

The Hills Park Las Vegas, Nevada, Merit Award, Colorado Chapter - American Society of Landscape Architects, 1991

Bow Canmore Visual Impact Assesment, Alberta, Canada, Merit Award, American Society of Landscape Architects - National, 1991

Banff Downtown Enhancement Conceptual Plan, Alberta, Canada, 1st Place, International Design Competition, 1992

Banff Downtown enhancement Conceptual Plan, Alberta, Canada, National Citation Award, Regional Merit Award, Canadian Society of Landscape Architects, 1992

Bow Canmore Visual Impact Assesment, National Merit Award, Regional Honor Award, Canadian Society of Landscape Architects, 1992

Aguas Claras Minas, Gerais, Brazil, Honor Award, Colorado Chapter - American Society of Landscape Architects, 1992

Banff Downtown Enhancement Conceptual Plan, Alberta, Canada, Honor Award, Colorado Chapter - American Society of Landscape Architects, 1992

Rosa Vista Resort Community, Urban Design Citation, Progressive Architecture, 1993

Summerlin New Community, Nevada, Gold Nugget Merit Award for Best Community Site Plan, Pacific Coast Builders, 1993

The Hills at Summerlin, Las Vegas, Nevada, Merit Award, Arizona Chapter - American Society of Landscape Architects, 1993

Special Events Piece, New Year's Card, Gold Award, Society for Marketing Professional Services, 1994

Special Market Brochure, Gold Award, Society for Marketing Professional Services, 1994

Snowmass Ski Area, Colorado, Ski Area Award, Colorado Chapter - American Society of Landscape Architects, 1994

Starr Pass,Tucson, Arizona, Merit Award, Arizona Chapter - American Society of Landscape Architects, 1994

Verde River Greenway, Cottonwood, Arizona, Honor Award, Arizona Chapter - American Society of Landscape Architects, 1994

Loveland: In the Nature of Things report, Colorado, Merit Award, Colorado Chapter - American Society of Landscape Architects, 1995

Special Events Piece, New Year's Card, Gold Award, Society for Marketing Professional Services, 1995

Special Market Brochure, Silver Award, Society for Marketing Professional Services, 1995

Flathead County Master Plan, Montana, Honor Award, Colorado Chapter - American Society of Landscape Architects, 1995

High Desert Community, Albuquerque, New Mexico, Honor Award, Colorado Chapter - American Society of Landscape Architects, 1995

Maricopa Association of Governments Desert Spaces Plan, Arizona, Merit Award, Arizona Chapter - American Society of Landscape Architects, 1995

Mill Creek, Illinois, Honor Award, Illinois Chapter - American Society of Landscape Architects, 1995

The Life and Times of George Edward Kessler, Research & Communication Merit Award, Colorado Chapter - American Society of Landscape Architects, 1995

Town of Vail Comprehensive Open Lands Plan, Colorado, Merit Award, Colorado Chapter - American Society of Landscape Architects, 1995

Snake River Basin Plan, Colorado, Outstanding Efforts in Smart Growth and Development, Colorado Governor's Award, 1995

Little Nell Base Redevelopment, Aspen, Colorado, Award of Excellence, Urban Land Institute, 1995

Flathead County Regional Master Plan, Montana, Merit Award, American Society of Landscape Architects - National, 1995

North Lake Tahoe Tourism Development Master Plan, California, Merit Award, American Society of Landscape Architects - National, 1995

Town of Vail Comprehensive Open Lands Plan, Colorado, Merit Award, American Society of Landscape Architects - National, 1995

Town of Vail Comprehensive Open Lands Plan, Colorado, Honor Award, Colorado Chapter - American Planning Association, 1995

Direct Mail Piece, Corporate Announcements, Silver Award, Society for Marketing Professional Services, 1996

Award, Colorado Chapter - American Society of Landscape Architects, 1992

Donnell Residence, Jacobs Residence, New Mexico, Western Garden Design Award of Excellence, Sunset magazine, 1996

Special Events Piece, New Year's Card, Gold Award, Society for Marketing Professional Services, 1996

Clark County Wetlands Park, Nevada, Excellence in Communications, Landscape Architecture Magazine, 1996

Clark County Wetlands Park, Nevada, President's Award of Excellence, Colorado Chapter - American Society of Landscape Architects, 1996

I-25 Conservation Corridor Plan, Colorado, Merit Award, Colorado Chapter - American Society of Landscape Architects, 1996

Los Padillas Elementary School, New Mexico, Honor Award, Colorado Chapter - American Society of Landscape Architects, 1996

Santa Fe County Visual Inventory and Analysis, New Mexico, Honor Award, Colorado Chapter - American Society of Landscape Architects, 1996

McDowell Mountain Ranch, Scottsdale, Arizona, Merit Award, Pacific Coast Builders Gold Nugget Awards, 1996

Design Workshop, Inc., Company of the Year, Service category, Colorado Association of Commerce and Industry, Colorado Business magazine, Coopers & Lybrand L.L.P., 1996

San Luis Valley Trails and Recreation Master Plan, Colorado, Smart Growth Award, Colorado Governor's Office, 1996

Santa Fe County Visual Inventory and Analysis, New Mexico, Smart Growth Award, Colorado Governor's Office, 1996

McDowell Mountain Ranch Community Center & Trails, Scottsdale, Arizona, Environmental Excellence Award of Merit, Valley Forward Association, 1996

Las Campanas Golf Clubhouse, Grand Award, National Association of Home Builders, 1996

Barr Lake Conservation Vision, Colorado, Land Stewardship Award, Colorado Chapter - American Society of Landscape Architects, 1997

Rio Grande Botanic Garden, Award of Excellence, New Mexico chapter - American Society of Landscape Architects, 1997

Los Angeles River Corridor, California, Honor Award for Communication, American Society of Landscape Architects, 1997

Rocky Mountain Arsenal National Wildlife Refuge, Commerce City, Colorado, Honor Award, Colorado Chapter - American Society of Landscape Architects, 1997

San Luis Valley Trails and Recreation Master Plan, Colorado, Honor Award, Colorado Chapter - American Society of Landscape Architects, 1997

I-25 Conservation Corridor, Colorado, Smart Growth Award, Colorado Governor's Office, 1997

Clark County Wetlands Park, Nevada, Merit Award, American Society of Landscape Architects, 1997

Maricopa Association of Governments Desert Spaces Plan, Arizona, Environmental Excellence Award of Merit, Valley Forward Association, 1997

South "Y" Transit Transfer Station, South Lake Tahoe, California, Helen Putnam Award - Public Works & Transportation Excellence, League of California Cities, 1997

W.A. Hover Building (Denver office of Design Workshop), Community Preservation Award, Historic Denver Inc., 1997

Barelas Streetscape, Albuquerque, New Mexico, Community Award of Excellence City of Albuquerque Environmental Planning Commission, 1997

High Desert Community, Albuquerque, New Mexico, Community Award of Excellence, City of Albuquerque Environmental Planning Commission, 1997

High Desert Sustainable Community, Award of Honor, New Mexico Chapter - American Society of Landscape Architects, 1997

Ski Tip Town Homes, Award of Merit for Best Condo/ Attached Home, PCBC/Western Building Show and Builder Magazine, 1997

Tesuque Residence, Award of Excellence, New Mexico Chapter - American Society of Landscape Architects, 1997

Arbolera de Vida Master Development Plan (Sawmill Neighborhood), President's Award of Excellence for Planning and Urban Design, Colorado Chapter - American Society of Landscape Architects, 1998

Chalalan Ecolodge, Merit Award for Design, Colorado Chapter - American Society of Landscape Architects, 1998

Commons Neighborhood, Honor Award for Planning and Urban Design, Colorado Chapter - American Society of Landscape Architects, 1998

"Landschaft und Gardenkunst: The Contribution of German-Americans to the Development of American Landscape Architecture" research project, Research & Communication Merit Award, Colorado Chapter - American Society of Landscape Architects, 1998

Platte Canyon Outdoor Resource Master Plan, Smart Growth and Development Award, Colorado Governor's Office, 1998

Canyon Forest Village Master Plan, Merit Award, American Society of Landscape Architects - National, 2000

Pikes Peak Resource Plan Management, Merit Award, American Society of Landscape Architects - National, 2000

Arbolera de Vida, Community Building by Design Award, American Institute of Architects / HUD, 2001

La Posada Resort and Spa, Honor Award, New Mexico chapter - American Society of Landscape Architects, 2001

The Colony at White Pines, President's Award of Excellence, Colorado Chapter - American Society of Landscape Architects, 2002

Redstone Parkside, 2002 Award of Merit for Design/Planning, The Envision Utah - Governor's Quality Growth Award, 2002

Superstition Area Land Trust and Superstition Area Land Plan, Award of Merit, Valley Forward Association, 2002

Lake Tahoe Sand Harbor Restoration and Facilities Upgrade, Merit Award, Washoe County Design Awards Program, 2002

Summerlin, Merit Award, Awards for Excellence: New Community, Urban Land Institute, 2002

Mesdag Residence, Honor Award, Colorado Chapter - American Society of Landscape Architects, 2002

Light Residence, Merit Award, Colorado Chapter - American Society of Landscape Architects, 2002

Wexner Residence, Honor Award, Colorado Chapter - American Society of Landscape Architects, 2002

Wise Residence, Honor Award, Colorado Chapter - American Society of Landscape Architects, 2002

Stock Farm, Merit Award and Land Stewardship Award, Colorado Chapter - American Society of Landscape Architects, 2002

Fitzsimmons Army Base Redevelopment, Award for Technology-led Economic Development, U.S. Department of Commerce, 2003

The Commons/ Riverfront Park, Charter Award, Congress for the New Urbanism, 2003

Rocks at Reatta Pass, Best Community Site Plan, Gold Nugget Award, Pacific Coast Builders, 2003

Grand Junction Veterans Cemetery, Exceptional Design Services, Division of Veteran Affairs, 2003

Santa Fe Community College District Plan and The Villages of Rancho Viejo, Innovation in Private Zoning, New Mexico chapter - American Planning Association, 2003

Goldwater Boulevard Tributary Wall, Honor Award, Arizona ASLA, 2003

16th Street Mall Extension, Honor Award for Urban Design, Colorado Chapter - American Society of Landscape Architects, 2003

Fitzsimmons Army Base Redevelopment, Merit Award for Planning, Colorado Chapter - American Society of Landscape Architects, 2003

Rancho Viejo Water Management Manual, Honor Award and Land Stewardship for Planning, Colorado Chapter - American Society of Landscape Architects, 2003

Crown Residence, Merit Award, Colorado Chapter - American Society of Landscape Architects, 2003

Pole Residence, Merit Award, Colorado Chapter - American Society of Landscape Architects, 2003

Teton Club, Merit Award, Colorado Chapter - American Society of Landscape Architects, 2003

Tessler Residence , Merit Award, Colorado Chapter - American Society of Landscape Architects, 2003

Dorros Residence, Merit Award, Colorado Chapter - American Society of Landscape Architects, 2003

Marriott Grand Residence Club, California Construction, Best of 2003

Rocks at Pinnacle Peak Multi-Family Residential, Crescordia Environmental Excellence Award, Valley Forward Association, 2003

Kierland Commons, Site Development and Landscape Design - Commercial Plazas, Crescordia Environmental Excellence Award, Valley Forward Association, 2003

Rocks at Pinnacle Peak, Best Community Site Plan (0 to 15 Years), Award of Merit Excellence and Value, Gold Nugget Awards Program, Pacific Coast Builders, 2003

Lair of the Golden Bear Family Camp, University of California, Berkeley, Merit Award, Northern California Chapter - American Society of Landscape Architects, 2004

Dorros Residence, Award of Excellence (Regional Awards), Sunset Western Gardens Design Award, 2004

Aspen Sundeck, Merit Award for Planning, Gold Nugget Award, Pacific Coast Builders, 2004

The Inn on Biltmore Estate, Award of Excellence (Large-Scale Projects), North Carolina Chapter - American Society of Landscape Architects, 2004

Kierland Commons, Honor Award, Arizona Chapter - American Society of Landscape Architects, 2004

Rocks at Pinnacle Peak, Merit Award, Arizona Chapter - American Society of Landscape Architects, 2004

Santa Fe Community College District Master Plan, Merit Award, Colorado Chapter - American Society of Landscape Architects, 2005

Gardens on El Paseo, Merit Award, Colorado Chapter - American Society of Landscape Architects, 2005

Union Park Design Guidelines, Honor Award, Colorado Chapter - American Society of Landscape Architects, 2005

Private residence, Aspen, Colorado, Honor Award, Colorado Chapter - American Society of Landscape Architects, 2005

Book/monograph, Marketing Excellence Award, Colorado Chapter - Society for Marketing Professional Services, 2005

Nevada Department of Transportation, Project of the Year, Nevada Chapter - American Society of Landscape Architects, 2005

Mesa Arts Center , Tempe, Arizona, Award of Excellence, Urban Land Institute, 2006

Private residence, Denver, Colorado, Dream Garden Award, Sunset magazine, 2006

사진제공

All photographs are ⓒ D.A. Horchner/Design Workshop unless specified below and all illustrations are by Design Workshop unless noted below.

Location notes as follows: (a) above, (b) below, (l) left, (c) center, (r) right

차례

005 (l) ⓒ Sergio Ballivian

서론

013 Design Workshop

018 (l) Design Workshop

021 Tom Craig/Opulence Studios, Inc.

Chapter 1. 자연

030 (l) NASA photo

031 ⓒ Sime/eStock Photo

032 ⓒ Wendy Shattil/Bob Rozinski

033 Photograph in permanent collection of the Kings County Library, Hanford, CA. Also part of the San Joaquin Valley and Sierra Foothills Photo Heritage Project.

036 Design Workshop

039 (l) Design Workshop

041 (b) Design Workshop

043 Design Workshop

051 ⓒ Willard Clay

057 Photograph by John Fielder

069 Courtesy of U.S. Geological Survey

071 Courtesy of U.S. Geological Survey

Chapter 2. 장소

078 (l) ⓒ Julia Timmer

079 (l) ⓒ Sergio Ballivian

080 ⓒ Michael S. Yamashita/CORBIS

083 ⓒ Royalty Free/Corbis

088 Design Workshop

089 Courtesy of City of Albuquerque

093 ⓒ Greg Griffith/ Mountain Moments Photography

094 Design Workshop

095 (r) ⓒ Greg Griffith/ Mountain Moments Photography

098 ⓒ Greg Griffith/ Mountain Moments Photography

099 (l) ⓒ Greg Griffith/ Mountain Moments Photography

100 Used with permission, Biltmore Estate, Asheville, NC.

121 (a) Photo Courtesy of The Charitable Resources Group, Sewickley, PA.; (bl) Photo Courtesy of Judge John G. Brosky; (br) Photo Courtesy of Stanley J. Roman

122 (a) Design Workshop (b) Map from Greater Pittsburgh Convention and Visitors Bureau (www.visitpitts – burgh.com)

123 Design Workshop

125 Design Workshop

127 Design Workshop

128 Design Workshop

Chapter 3. 커뮤니티

132 (l) ⓒ Margaret Bourke-White/Time Life Pictures/ Getty Images

133 Design Workshop

134 ⓒ John Loengard/Time Life Pictures/Getty Images

140 (a) ⓒ Eagle's Eye Photo Imaging, Albuquerque, NM

146 Design Workshop

150 ⓒ Jay Simon

151 Illustration by Carl Dalio/carldalio.com

162 (a, b) Design Workshop

167 Illustration by William Rotsaert for Rancho Viejo de Santa Fe, Inc.

168 Design Workshop

Chapter 4. 연결

177 (a) Courtesy of the Georgia Historical Society, Savannah; (b) ⓒ Dia Max/ Getty Images

178 (a) Photo courtesy of DigitalGlobe; (b) "Illustration" by Elliot Arthur Pavlos, from DESIGN OF CITIES by Edmund Bacon, copyright ⓒ 1967, 1974 by Edmund N. Bacon. Used by permission of Penguin, a division of Penguin Group (USA) Inc.

179 ⓒ Bob Krist/CORBIS

180 ⓒ Lester Boswell/Getty Images

191 (bl) Courtesy of Cottle Carr Yaw Architects; (al, ar, br) Design Workshop

192 Design Workshop

193 (b) Design Workshop

194 (l) Design Workshop

206 Denver Public Library, Western History Collection, X-24537

208 Denver Public Library, Western History Collection, X-24514

212 Illustrations by Sneary Architectural Illustration

214 Image, Courtesy of Colorado Historical Society (F26,913), All Rights Reserved

215 Image, Courtesy Colorado Historical Society (Map G4314D4A5, 1874, G5a), All Rights Reserved

217 Landiscor, Inc.

222 ⓒ Dann Coffey/danncoffey.com

224 Illustrations by Sneary Architectural Illustration

Chapter 5. 변화의 선도

229 (l) Design Workshop ; (c) Drawing by Jeffery Joyce

230 ⓒ WalterDaran/HultonArchive/Getty Images

231 ⓒ 1959 Arnold Newman

232 ⓒ Phil Schermeister/CORBIS

234 Illustration by Sneary Architectural Illustration

236 Design Workshop

237 ⓒ CORBIS

238 (a) Design Workshop ; (b) ⓒ Kevin R. Morris/CORBIS

243 ⓒ Court Leve/Gravity Hook

248 Base map courtesy of Coconino County US Geological Survey

249 Design Workshop

251 (l) Drawings by Jeffery Joyce

252 ⓒ Sergio Ballivian

253 ⓒ Sergio Ballivian

254 ⓒ Joe Vieira

255 ⓒ Joe Vieira

256 Design Workshop

258 (l) ⓒ Sergio Ballivian

259 (l) ⓒ Sergio Ballivian

262 (a, c) ⓒ Tahoe Daily Tribune; (b) Design Workshop

263 (l) Reprinted by permission of The Wall Street Journal, Copyright ⓒ 2003, Dow Jones & Company, Inc. All Rights Reserved Worldwide. Lic#1377740437120

265 (br) Design Workshop

레거시를 향하여

도시의 미래 비전

레거시를 향하여

도시의 미래 비전